U0312113

国家新闻出版广电总局规划教材

新媒体艺术设计丛书

三维艺术基础

徐 涛 李凯凯 著

中国广播影视出版社

图书在版编目（CIP）数据

三维艺术基础 / 徐涛　李凯凯著. —北京：中国广播影视出版社，2016.9

（新媒体艺术设计丛书）

ISBN 978 – 7 – 5043 – 7619 – 0

Ⅰ．①三… Ⅱ．①徐 ②李… Ⅲ．①三维动画软件 Ⅳ．①TP391．41

中国版本图书馆 CIP 数据核字（2016）第 024480 号

三维艺术基础

徐　涛　李凯凯　著

责任编辑	陈宪芝	
装帧设计	亚里斯	
责任校对	谭　霞	

出版发行　中国广播影视出版社

电　　话　010-86093580　010-86093583

社　　址　北京市西城区真武庙二条 9 号

邮　　编　100045

网　　址　www. crtp. com. cn

微　　博　http：//weibo. com/crtp

电子信箱　crtp8@ sina. com

经　　销　全国各地新华书店

印　　刷　涿州市京南印刷厂

开　　本　710 毫米×1000 毫米　1/16

字　　数　542（千）字

印　　张　33.5

版　　次　2016 年 9 月第 1 版　2016 年 9 月第 1 次印刷

书　　号　ISBN 978 – 7 – 5043 – 7619 – 0

定　　价　78.00 元

总　序

　　国家新闻出版广电总局"十三五"规划新媒体艺术设计丛书系列是在媒体融合的新时代背景下应运而生的一套丛书，该套丛书主要面向应用型教育和高等职业教育学生。在教材的编写方面，注重实用性，将工作过程和教学过程融入教材编写过程，对于任课教师和学生来说，将非常的好用和实用。

　　本套教材在借鉴原有教材的基础上，注重结构编写的创新和体例的创新，并紧密结合最前端的技术，将知识进行分解和图形化展示，让学生的学习变得轻松和有趣。本书的教材编写参考了应用型本科教学的课程指导意见和高职目录的指导意见，教材建设跟课程的建设和研发有机结合起来。是针对当前教学形势进行课程改革的最新成果。

　　相信本套教材能够在高校的课程改革和实践中得到有效的应用，弥补部分教材的缺失问题，给艺术设计专业学生的学习提供帮助。本套教材编写过程中参考了很多前人的资料和成果，在此一并表示感谢。由于我们的水平和能力有限，书中如有不妥之处，还请同行和读者批评指正。

编　者

2016 年 6 月

目　录

绪　论

　　艺术的实现必须通过某种媒介表现出来，正像颜料和画布之于油画、砖石和玻璃之于建筑、舞台之于戏剧，三维艺术必须借助计算机才能表现出来，就像电影一样，它是艺术与技术的结合，随着技术的发展，三维艺术也越来越绽放自己的光彩。

　　很多同学在学习三维艺术的入门阶段，往往面对众多的三维软件、复杂的界面、专业的英文而无从下手，以至于望而生畏，三维艺术由于诞生时间较短，很多知识不系统，学习起来往往也很难找到头绪。笔者从事三维艺术教育行业多年，由于工作繁忙，一直未有机会对自己的知识进行整理和系统化，正好借此书出版的机会，把自己的项目经验和教学中的知识点系统地梳理，让三维艺术的初学者能够较快找到入门的路径。

　　本书并非完善全面的教材，主旨是整理三维艺术的知识点，让读者能够真正了解和掌握系统的制作流程，即使一个很小的例子，笔者也希望从建模到最后的渲染，让读者能够真正地把握全面的过程，以及流程模块在交接时应该注意的问题，而非像其他类似教材一样针对知识点分散学习。

一、三维艺术的前世今生

　　2009 年，由詹姆斯·卡梅隆执导，二十世纪福克斯出品的恢宏巨制——《阿凡达》（*Avatar*）（图 1－1）展现于世人面前，只要进入影院观赏此作的观众无不惊叹：这是人类创作的顶尖艺术！

　　在卡梅隆所创造的虚幻世界里，有 60% 以上的镜头是由计算机 CG（Computer Graphics，简称 CG）动画制作完成。但是这些镜头仍然离不开演员的真实表演，通过新开发的动作捕捉设备捕捉演员的动作和表情数据，输入到计算机中完成VFX（Visual Special Effects）特效制作（图1-2　1-3）。截止到2010年9月4日，《阿凡达》以累计全球27亿5400万美元的票房，刷新了全球影史票房纪录。同时本片还获得了第82届奥斯卡金像奖最佳艺术指导、最佳摄影和最佳视觉效果奖。

可以说本片获得最佳视觉效果奖是实至名归，但是本片在与《拆弹部队》争夺奥斯卡最佳影片时落败，《拆弹部队》最终还获得了第82届奥斯卡最佳导演、最佳原创剧本、最佳剪辑、最佳音效剪辑、最佳音响效果奖。而《阿凡达》获得的三个奖项都是与视觉艺术相关的，说明电影

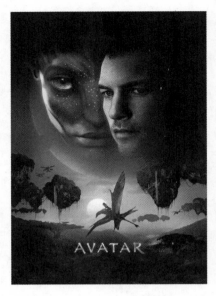

图1-1　电影《阿凡达》海报

的艺术的追求并非就是三维艺术的追求方向，过分追求三维艺术和技术会使电影艺术的纯粹性走向歧途，在这一点上，奥斯卡的评委们有着清醒的认识。现在国内的CG制作者和艺术家们，片面和过分地追求三维艺术带来的视觉冲击，在电影和电视艺术里增加了大量华而不实的特效镜头，反而让作品的艺术性大大降低。在本书开始学习之前，笔者郑重的告诫所有三维艺术的学习者：不要过分重视软件技术和虚幻的三维艺术表面，应该在学习三维艺术的同时加强自己的理论基础和艺术修养的学习，这样才能创作出真正的艺术。

电影《阿凡达》可以说是迄今为止三维艺术的金字塔，在三维艺术的发展历史上无出其右者，但是我们也不能忽视三维艺术发展史上做出卓越贡献的前辈们。

图1-2　电影《阿凡达》里使用绿屏合成三维场景

图1-3 电影《阿凡达》表情捕捉合成

电影可以说和特效相辅相成，就像是一卵诞生的双胞兄弟，谁也离不开谁。早在电影发展的黎明时期，电影大师乔治·梅里爱就痴迷于电影特效的制作（图1-4），险些将电影引入歧途。但是作为电影的重要组成部分，特效还是起着极其重要的作用。早期的电影特效和三维艺术虽然基本牵扯不上关系，但是作为三维艺术的前身和启发者，在电影诞生后的近一个世纪里，发挥着至关重要的作用。当时的电影大多使用停机再拍、微缩比例模型和定格动画等方法制作电影里复杂的特效（图1-5），电影特效的工作者们往往为导演天马行空的创意如何实现而苦思冥想，有时为一段几秒钟的镜头要耗费数月的时间。

图1-4 乔治·梅里爱使用定格动画拍摄法拍摄的《月球》特效

图1-5 电影《星球大战》的微缩模型拍摄

真正的三维物体（还不能称为艺术）诞生于1972年，埃德·卡特莫尔（Ed Catmull，他后来成为皮克斯的奠基人）和福瑞德·帕克（Fred Parke）创作了第一部三维电影《一只计算机动画手》（*A Computer Animated Hand*，图1-6），在这部动画片里，我们似乎能看到现在我们在三维软件里常常使用的polygon（多边形）的身影。这可以说是世界上第一个三维的图形，它的诞生具有划时代的意义。

在1972，格林伯格博士在康奈尔大学执教。他在上课时间，创造了另一个著名的早期 3D 电影，被称为"康奈尔的视角"（图 1 – 7）。格林伯格在三维艺术历史中占有重要的地位，众多三维艺术的大师们都师从于他，包括罗伯·特库克（Robert Cook，渲染软件 RenderMan 之父），RenderMan 的共同开发者和现在的皮克斯的软件工程部副总裁马克·莱伍（Marc Levoy），早期三维艺术的先驱者韦恩·莱特（Wayne Lytle）。格林伯格还编写了康奈尔之盒，测试并甚至用于测试渲染引擎和描绘真实世界。

图 1 – 6　《一只计算机动画手》　　　　图 1 – 7　《康奈尔的视角》

1973 年，布通·冯恩（Bui Tuong Phong）发明了著名的"Phong 着色模型"（图 1 – 8），这种技术我们至今仍然在现在的三维软件 3D Max、MAYA、Softimage 中使用，很快我们将在材质编辑器的章节中讲述这种材质的节点编辑方法。包括 Blinn 着色器和 Lambert 着色器，都是因为其模型发明者吉姆·布林（Jim Blinn's）和乔恩·海因茨·兰伯特（Johann Heinrich Lambert）而命名，这些着色器也是我们现在在三维软件中最常用的着色方法。

FLAT SHADING　　　　　　　PHONG SHADING

图 1 –8　Phong 着色器的优化

在 1975 年，一个著名的复杂物体"犹他茶壶"（Utah Teapot）被制作成 3D 的数字化模型。制作者是犹他大学的马丁·纽维尔（Martin Newell）。这意味着目前在三维软件中最为常用的多边形绘制技术的诞生，我们可以键入每个多边形的坐标到计算机内，通过计算机对坐标的读取确定物体的形状。这在当时是一个非常复杂的过程，纽厄尔制作了茶壶数据并公开提供给其他人使用，这也是在 3D 历史上这个特殊的茶壶常常出现的原因。我们至今仍然在著名的三维软件 3D Max 的创建命令面板中找到它。

1975 年，乔治·卢卡斯正在着手制作恢宏巨制《星球大战》，为了实现前无古人的壮阔镜头，他创立特效工作室工业光魔（ILM），并组建了一个专业的视觉特效团队。由于《星球大战》系列电影的成功，工业光魔得以进行越来越多的 3D 测试，并寻求将 3D 技术应用于电影特效的方法。1979 年，他们聘请了电脑动画专家埃德·卡特莫尔帮助建立他们的 CG 部门。卢卡斯卓越的具有前瞻性的眼光让工业光魔工作室走在了 3D 特效领域的前沿，历史的发展证明卢卡斯创立 CG 特效部门的正确性。此后工业光魔工作室参与了数百部电影的特效制作，包括《星球大战》《夺宝奇兵》《侏罗纪公园》《哈利·波特》《捉鬼敢死队》《终结者》等著名的电影系列。

1976 年，斯蒂芬·雷斯伯格（Steven Leisberger）偶然情况下看到一个剧本，开始策划划时代的特效电影《特隆》（Tron 图 1-10），这部电影 1982 年才拍摄完成，里面有大量的 CG 特效，并开创了电影、游戏、文学的新思维，里面许多特效都是在只有 2M 内存的计算机里完成的，可以想象当时特效工作者制作的艰辛。

图 1-9　《康奈尔的视角》

图 1-10　《TRON》

在 1984 年 12 月，图形工作组（卢卡斯电影公司的电脑图形部门的一部分）创作了一部短片《安德烈和沃利的冒险》。这部不到 2 分钟的影片却在很大程度上影响了未来 3D 艺术的发展方向，因为他使用了包括运动模糊、变形、挤压和拉伸以及复杂的 3D 场景。这引起了人们对 3D 电影产业的无限遐想。

图 1-11　《安德烈和沃利的冒险》

1985 年，Alias 在旧金山西格拉菲（SIGGRAPH）展会上展出了自己的最新三维软件，Alias 展示了他们自己研发的高级可视化工具，并开发出了 Power-Animator 和 AliasSketch，这些软件就是现在著名的三维软件 MAYA 的前身，后来 Alias 把这些软件整合，最终于 1998 年发布了 MAYA1.0（图 1-12）。MAYA 是目前市场占有率最大的三维动画软件。

1986 年，史蒂夫·乔布斯被苹果（Apple）公司的董事会赶走后买下了图形工作组，即卢卡斯电影公司的电脑部门。通过重组，成立了皮克斯（Pixar 图 1-13）动画工作室。埃德·卡特莫尔（Ed Catmull）成为共同创始人和首席技术官，影响世界三维动画发展史的皮克斯成为一家具有 44 名员工的小公司。

图 1-12　MAYA 1.0

图 1-13　Pixar 工作室

同样在 1986 年，渲染方程（Rendering Equation）被引入进三维软件，极大提高了渲染速度，现在这种渲染方程通常以发明者吉姆·卡吉亚（Jim Kajiya）名字命名。渲染方程的计算方法异常复杂，但在改进计算机渲染 3D 方式方面极其重要。

1988 年，欧特克指派给约斯特工作组（The Yost Group）一个新的开发项目，本来这个项目是作为欧特克的工程软件 AutoCAD 的一个工具包进行开发的，最后调整为开发一款新的软件，就是 3D Studio，这就是目前著名的三维动画软件 3D Max 的前身，笔者有幸在学习三维软件的早期接触过这款古老的以 DOS 为平台的三维软件，的确非常优秀。

1991 年，詹姆斯·卡梅隆导演的《终结者 2》（图 1 – 14）公映。这是第一次使用三维特效表现逼真的人体动作，并且使用完全的三维技术对电影的主要角色进行刻画（之前的三维技术大多用于刻画场景和其他特效）。

图 1 – 14　《终结者 2》里 T – 1000 的三维刻画即使放到今天也是相当惊人

1993 年，维塔数字（Weta Digital）工作室成立，这家位于新西兰的数字特效工作室，为以后电影特效产业的发展做出了卓越贡献。Weta Digital 工作室参与制作的第一部电影是彼得·杰克逊的《梦幻天堂》。他们对电影特效和插件的研究影响着世界特效产业的发展。彼得·杰克逊帮助 Weta Digital 工作室获得了稳定的项目和知名度，以后的二十年中，Weta Digital 工作室负责了大量的电影特效的制作，包括后来著名的《魔戒》系列（图 1 – 15）、《金刚》《阿凡达》。

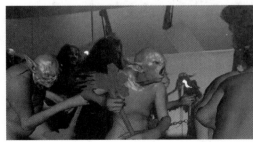

图 1 – 15　《魔戒》三维特效

1995 年，经过多年的三维经验积累，皮克斯公司终于完成了世界上第一部 3D 动画长片《玩具总动员》（ *Toy Story* 图 1 – 16）。这部长达 80 余分钟的动画片由迪士尼发行，就像 1938 年迪士尼拍摄的第一部 2D 动画片《白雪公主》一样，震惊了世界，成为世界动画史上又一部具有里程碑意义的电影。之后迪士尼公司几乎就没有再拍过大制作的二维动画片，而把大量的投资转向了三维动画，各大动画公司和工作室也纷纷调整自己的制作方向，转而投向三维动画市场。

图 1 – 16　《玩具总动员》

1997 年，拉里·韦恩伯格（Larry Weinberg）通过 Fractal Design 公司发布了 Poser 的 1.0 版本。这个软件的初衷是为艺术家们设计一个模特软件，但是像许多软件一样，Poser 调整了自己的发展方向，成了一个成功的三维角色造型软件。Poser 多年来几经易手，最后 Smith Micro 公司拥有了他的版权。Poser 具有多种免费接口，拥有优秀的易用性，所以被广大 3D 艺术家所喜爱。

图 1 – 17　Poser 和它的界面

1999 年，Pixologic 公司的创始人奥弗·阿龙（Ofer Alon），在 SIGGRAPH

展会上展出了他们研发的最新软件——ZBrush。从此三维技术进入了一个崭新的时代，人们可以像制作雕塑一样详细地刻画自己的 3D 模型（图 1 - 18）。ZBrush 研发初期的目的也仅仅限于开发一款 2D 的图像处理软件，3D 仅仅是它很小的一部分功能，但是随着 3D 技术的发展，法线贴图（Normal Map）作为一种高级的贴图技术被研发出来，成了 ZBrush 的最重要的一部分功能。法线贴图的出现也改变了游戏产业的发展方向，Xbox360 和 PS3 等一代次时代游戏主机也主要是围绕法线贴图技术进行研发的。

图 1 - 18　使用 ZBrush 雕刻的阿凡达模型

2003 年，三维艺术进入了一个新的发展方向。快速的 3D 打印机（图 1 - 19）被研发出来，它可以用非原始的方式把数字化的产品生成真实的物体。数字化 3D 不仅成了电脑美术和图像打印的一种手段，而且现在可以转化为真实世界的对象。

图 1 - 19　3D 打印机和它的模型

2009 年，詹姆斯·卡梅隆拍摄了有史以来制作规模最大，最雄心勃勃的 3D 电影《阿凡达》。它展现了一个照片般逼真的虚拟世界，展现了目前人类世界上最顶尖的三维技术。我们目前很荣幸的处在三维技术发展的一个新的巅峰，能够欣赏到如此多的三维艺术家的顶尖作品，对我们今后的艺术之路应该会起到非常有益的影响。

二、三维软件介绍

三维软件种类繁多，每个软件都有自己的特点和优势，如何选择自己要学习的三维软件，要根据自己将来从事的行业和自身的能力特点，我们首先要介绍一下常用的三维软件，并针对常用的功能展开学习。

目前，电影特效和三维动画在制作的过程中会面临各种各样的问题，不可能使用某款三维软件解决所有的问题，不同的软件具有不同的优势和特点，也具有解决某些问题的快捷方法。

2010 年 5 月，软件巨头 BortherSoft 公布了电影《阿凡达》的制作软件名单，我们可以一窥电影特效行业的制作过程。参与制作的总共有 25 个软件，它们分别是：

Autodesk Maya（总体制作）

Pixar Renderman for Maya（渲染）

Autodesk SoftImage XSI（总体制作）

Luxology Modo（模型设计）

Lightwave（低分辨率的镜头预览）

Houdini（烟雾、爆炸等特效）

ZBrush（外星生物设计）

Auodesk 3DS Max（空间截图，控制室屏幕和 HUD 的效果图）

Autodesk MotionBuilder（动作捕捉）

Eyeon Fusion（图像合成）

The Foundry Nuke Compositor（图像合成）

Autodesk Smoke（色彩校正）

Autodesk Combustion（后期合成）

Massive（模拟植被生态）

Mudbox（创作漂浮的山）

Avid（图像剪辑）

Adobe After Effects（合成和实时的可视化交互）

PF Track（运动追踪、背景更换）

Adobe Illustrator（屏幕布局）

Adobe Photoshop（前期概念设计、贴图绘制）

Adobe Premiere（预览和粗剪）

可以看到一个复杂的项目，往往会使用多种软件，但是项目通常是团队合作的，我们不必全部学会，只需要根据需求学习某个领域的软件即可。我通常把三维软件分为平台类三维软件和专业三维软件，平台类三维软件是我们必须要学习的，它是基础和全面的，像 3D Max、MAYA、softimage3D，在开发者刚开始做研发时，开发者就把它们作为一款全面的、多功能的三维软件进行开发，它具有三维艺术制作的全部功能，只要我们学习三维制作，就无论如何绕不开他们。它们集成了三维动画的建模、贴图、材质、灯光、动画、粒子、特效、渲染的所有模块。像 MAYA，直接就在模块菜单选择栏里有 Animation（动画模块）Polygons（多边形模块）Surfaces（NURBS 模块）Dynamics（动力学模块）Rendering（渲染模块）nCloth（布料模块），这些模块如果掌握的纯熟的话，可以说制作任何想要的效果都是没有问题的，但是有些模块在易用性上可能会有些问题，所有需要一些专业的三维软件莱进行补充。比如我们希望制作一杯水摔在地面的镜头，用 MAYA 的粒子掌握好进行制作，细致的调整，MEL语言的高手还可以编写自己的语言对工作进行优化，但是如果使用专业的流体制作软件 RealFlow 进行制作的话，只需要很简单的几个设置步骤就能完成，但是杯子摔碎的镜头还是需要用 MAYA 的动力学进行制作，渲染也需要用 RealFlow 计算完成之后导入到 MAYA 里进行。MAYA 这个平台是必需的，所以我们称这类软件为平台类制作软件，而 RealFlow 这种专门针对某个领域进行优化的软件或者插件，我们称为专业三维软件。

现实中即使较小的项目也很少是通过单一的软件来进行制作的，一般都会涉及多个软件，图 1－21 是笔者参与制作的无锡数字电影科技馆的阿凡达飞龙互动体验项目，当时飞龙的建模是在 3D Max 和 ZBrush 里完成的，展 UV 使用的是 UVLayout，贴图是在 ZBrush 里完成的，动画又回到 3D Max 进行调整，最终单独渲染。场景的制作由于非常巨大，而镜头又不能切换，如此多的山、森林和河流是很难在 3D Max 里计算的，所以背景使用了专业的环境软件 VUE 来进行制作，VUE 软件没有集成粒子系统，无法制作瀑布，所以又必须把镜头动画导入到 3D Max 用粒子进行瀑布制作，最终使用 After Effects 进行合成，才得到我们最后的效果。

所以，在平台三维软件的基础上针对自己的专业和从事的行业学习某些专业三维软件是非常有必要的，下面我们就着重介绍一下市场上主流的平台三维软件和专业三维软件。

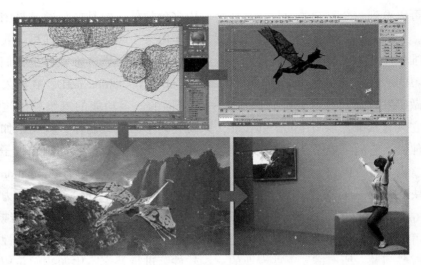

图 1 -21　无锡数字电影科技馆阿凡达飞龙互动体验项目

（一）平台三维软件

目前市场上主流是平台三维软件主要有 3D Max 、MAYA 、softimage3D、lightwave 3D 和 CINEMA 4D。

（1）3DS Max

1988 年，约斯特工作组（Yost Group）成立并与欧特克（Autodesk）公司签订合约关系，为 AutoCAD 开发一个三维工具包，开发代号为 THUD，平台是微软的 DOS 系统。由于在 DOS 上的 640K 内存的限制，该应用程序在开始只包括四个模块：建模，放样，编辑器和材质编辑器，后来丹·席尔瓦（Dan Silva）加入了项目开发，又加入了第五个模块：关键帧，这也是最后的模块。这时 THUD 变成了一个独立的 3D 软件开发项目，被命名为 3D Studio。

1990 年的万圣节，欧特克发布 3D Studio 1.0（图 1 -22），这时世界上第一款在个人电脑系统上运行的三维动画软件。它集成了三维建模，渲染和动画系统，相对于运行在 SGI 工作站上的 XSI 系统高昂的运行成本，3D Studio 仅以3495 美元的价格发售，此后的版本一直以这个价格发卖。

3D Studio 1.0 有着出色的功能，在那个只有 386 的年代，一款具有样条曲线绘制能力，放样建模，几何图形，关键帧动画的三维软件，绝对是革命性的。它大大降低了三维动画的制作成本，并把原来主要集中在 Unix 工作站三维动画软件向个人 PC 平台转移。1992 年、1993 年、1994 年，欧特克分别发售了 2.0、3.0、4.0 版本。逐渐增加了镜头特效，改进了材质编辑器和渲染器。3D Studio 最大的特点就是引入了 "Plug – In" 的组成方式，让第三方可以随意地开发自己需要的插件，这种传统一直延续到现在。

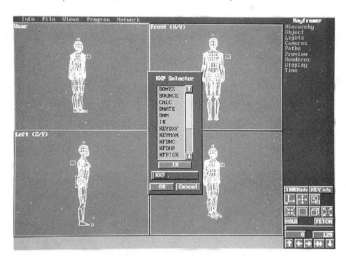

图 1–22　3D Studio 1.0

　　为了摆脱 DOS 平台的内存和 CPU 限制，欧特克决定把 3D Studio 转移至 Windows NT 平台进行开发，1996 年 4 月，终于发布了 Windows 平台的新版本，更名为 3D Studio MAX，从 1997 年，欧特克公司又推出了 3D Studio MAX R2.0 和专门 3D 建筑软件 3D Studio VIZ。笔者认为，真正让 3D Studio MAX 成为一个完整的三维动画软件的还是 1998 年推出的 3D Studio MAX R2.5 版本，这个版本引入了 SGI 工作站才有的 NURBS 建模，并支持了 OpenGL 硬件图形加速，特别是通过 character studio 插件（后来这个插件在 5.0 版本之后被集成到 3D MAX 当中）的推出，让 3D Studio MAX 真正有了角色动画的编辑能力。笔者对 2.5 版本印象最为深刻，使用时间也最长，是一个相当成熟的版本。1999 年欧特克发布了 3D Studio MAX R3.0，这个版本对软件的用户界面进行重构，允许用户进行自定义。这四个版本都是由欧特克下属的 Kinetix 发行。

　　2000 年，欧特克以子公司 Discreet 的名义发布了 MAX 的 4.0 版本，3D Studio MAX 的改了名的 3DS Max，3DS Max 4.0 对 3D Studio MAX 3.0 进行了许多改进，它含括了新的角色动画 IK 体系，还集成了细分（subdivision）表面和多边形建模方式，3DS Max 终于获得了自由的建模方式，同时还增加了动态着色（ActiveShade）及元素渲染（Render Elements）功能设置。同时 3D Studio MAX 4.0 版本提供了与高级渲染器的接口，在 SGI 工作站上进行特效渲染的 mental ray 和 Renderman 渲染器，得以在 3DS Max 上使用，可以渲染出如照片般品质的影像。

2002 年，欧特克发布了 3DS Max5（以 Discreet 名义发布），在渲染器中增加了热辐射（radiosity）和（光线追踪）light tracer 两种全局光照明引擎，有了曝光控制、贴图烘焙、配合新引擎的光度学灯光、天光、IES sky、IES SUN 和区域阴影，特别是加入了 character studio 插件插件，这个插件的便捷性在众多三维软件中相当优秀，角色能够保存和导入动画，为 3DS Max 在游戏产业大展拳脚打下了坚实的基础。本版本参与开发了育碧公司的《Splinter Cell》（图1 – 23）。

图 1 – 23 3DS Max5 参与开发的《*Splinter Cell*》

2003 年，欧特克发布了 3DS Max6（以 Discreet 名义发布），终于内置了 MentalRay 渲染器，在渲染方面，3DS Max 已经没有死角，内置的 particle flow 节点粒子系统，让流体特效控制更加自由。电影《死神来了2》中那个可怕的汽车事故场景就是使用本版本的 3DS Max 制作的。

2004 年，欧特克发布了 3DS Max7（以 Discreet 名义发布），对多边形建模工具进行了改进，增加了 skin wrap、skin morph、turbo smooth、配合次时代游戏开发的法线贴图的烘焙、增强了 reactor 控制器，为 mentalray 渲染器增加了 sss 材质。暴雪公司曾经使用本版本开发了著名的 MMORPG 游戏《魔兽世界》（图1 – 24）。

2005 年，欧特克发布了 3DS Max8（这是欧特克以 Discreet 名义发布的最后一个 3DS Max 版本），重大的改进是增加了毛发系统和 cloth 布料，在展 UV 中增加了 Pelt 工具，极大的提高了展 UV 的速度。到这个版本为止，3DS Max 终于成了一个集毛发、布料、粒子、动力学、渲染器多个模块为一体的功能强大的三维动画软件。微软公司使用此版本开发了著名的主视角射击游戏《Halo2》（图 1-25）。

图 1-24　3DS Max7 参与开发的《魔兽世界》的模型及贴图

2006 年，欧特克收回了 3DS Max 的发行权，自己发布了 3DS Max9，这个版本最大的改变就是增加了 64 位系统的支持，支持了 3.2G 以上的内存，极大的提高了工作效率。对视图显示做了优化，显示场景的多边形面数成倍增加。内置的 MentalRay 渲染器升级到了最新的 3.5 版本，增加了建筑和设计材质、天空和日光，增加了专业的 ProBoolean 与 ProCutter 复合对象。微软公司使用此版本开发了著名的主视角射击游戏《战争机器》（图 1-26）。

图 1-25　3DS Max8 参与开发的《Halo2》　　图 1-26　3DS Max9 参与开发的《战争机器》

2007 年，欧特克发布 Autodesk 3DS Max 的 2008 版本，之后的版本都是通过年份来进行命名的。本版本不光更新了界面，更进行了核心的性能优化。增加了场景资源管理器，选择预览中 EPoly 模式增加了 MAXScript 的 ProEditor。本版本参与的著名游戏有 Harmonix 公司出品的《吉他英雄》等。

2008 年，Autodesk 3DS Max 的 2009 版本，增加了 Reveal 渲染工具，专业的 ProMaterials 库，Biped 骨骼工具优化，增加了新的 UV 编辑工具，并增加了 Mudbox、Maya 和 MotionBuilder 的软件的接口。本版本参与制作的著名的游戏有《辐射 3》《孤岛惊魂 2》《摇滚乐队》《波斯王子》等。

　　3DS Max 经过 12 年的发展，已经成为一个具有众多模块的庞大系统，Autodesk 公司通过不断的吸收各种插件对 3DS Max 进行完善，有些功能模块由于诞生时间较长，演算速度缓慢，给 3DS Max 的运行带来了极大的负担，所以 Autodesk 公司决定对软件进行一个彻底的改造，这就是著名的"神剑计划（Excalibur 简称 XBR）"，即通过几代软件的更新，削减不必要的模块，更换软件的运行核心，以适应计算机硬件的发展需要，逐渐更新 UI 布局，适应大屏显示器的工作需要。让 MAX 支持以 ASCII 格式储存，并且可以使用 DIFFS 功能。所以我们看到之后的 3DS Max 版本，与之前的版本有着明显的区别。

　　2009 年 Autodesk 3DS Max 的 2010 版本，相对之前版本增加了 350 个新功能。增加了动画包整合的 mental mill 技术，并通过硬件渲染在视口直接显示渲染般的效果，如阴影、高光和环境等等。增加了 Graphite 建模工具，整合了新的材质浏览器。本版本参与了好莱坞著名的电影《钢铁侠》和《2012》。

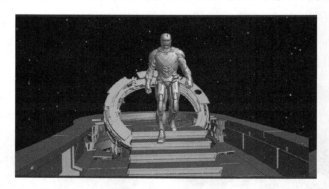

图 1－27　3DS Max 2010 制作的《钢铁侠》镜头

图 1－28　3DS Max 2010 制作的《2012》镜头

2010 年 Autodesk 3DS Max 的 2011 版本，终于增加了类似 MAYA 的节点材质编辑器——Slate 材质编辑器，增加了 Quicksilver 硬件渲染引擎，提高渲染速度。3DS Max 2011 是第一个完全支持 Windows 7 操作系统的版本。

2011 年 Autodesk 3DS Max 的 2012 版本，支持新的文件格式——.wire。增加了全新的分解与编辑坐标功能。材质编辑器里增加了类似矢量的程序贴图。增加了对矢量置换贴图的使用支持。开始摒弃陈旧的 Reactor 动力学系统，增加了新核心的 MassFX 动力学系统。针对多线程 GPU 更新了视图显示核心。

2012 年 Autodesk 3DS Max 的 2013 版本，增加了 Nitrous 视口显示模式，对显卡硬件进一步优化，新的动力学系统里增加了增加了 mCloth（布料系统）与 Regdoll（布娃娃系统）柔体动力学系统。支持 6 国语言切换，对石墨建模工具进行更新。

2013 年 Autodesk 3DS Max 的 2014 版本，优化了显示速度，自适应界面曝光控制，增加了动力学 MassFX mParticles 流体粒子，增加了群组动画功能集，可直接分层渲染输出 PSD 格式。

2014 年 Autodesk 3DS Max 的 2015 版本，增加了 Shader FX 节点编辑器，让游戏工作者不必导入引擎也能浏览最终效果，增加了模型放置工具 Placement Tool，更新了 Particle Flow 的界面，让界面更接近新的材质编辑器效果，增加了四边形倒角工具 Quad Chamfer，Active Shade 支持 mental ray，让使用 mental ray 的使用者也可以实时浏览最终效果。

（2）MAYA

Maya 是三个三维产品线的结合体：美国加州 Wavefront 公司的 The Advanced Visualizer，法国的 Thomson Digital Image（TDI）公司的 Explore 和加拿大 Alias 公司的 Alias Power Animator。Alias Power Animator 曾经在好莱坞的《星际迷航》《阿甘正传》《生死时速》《变相怪杰》《永远的

图 1-29 Alias Power Animator 制作的《真实的谎言》镜头

蝙蝠侠》和《真实的谎言》（图1-29）等电影中大显身手。1993年，Wave-front公司收购了TDI。在微软公司收购Softimage的竞争压力下，1995年硅谷图形公司（SGI）收购了Alias和Wavefront公司并合并成一个公司，把他们的产品线统一。在90年代中期，MAYA软件推出之前，好莱坞电影三维特效领域：Alias工作室的模型软件、Softimage公司的动画软件和RenderMan渲染软件所垄断。

合并后的公司被称为Alias｜Wavefront公司。Alias和Wavefront公司在合并之前均在开发他们的下一代软件。Alias的下一代产品叫作"Alias Sketch"，合并之后，它被移植到了SGI平台上并增加了许多功能。当时这个项目的代号是"Maya"，梵语译为"illusion"（错觉）。需要注意的是：Maya的开发与迪士尼的密切合作有着千丝万缕的联系，所有的界面定制都来自迪士尼的要求，内部核心和工作流程也让Maya更为开放和统一，这么做等于让Alias放弃建立多年的用户界面和自己的工作流程。这对Maya的开放性有很大的提高，也让Maya在不久的未来建立了行业标准，并成功抢占了大部分市场。之前的大部分软件为了独占市场，采用了自己定制的核心，不够开放。

经过多次讨论后，新公司决定采用Alias的"Maya"的架构，并同他们融合Wavefront的代码。

在1998年Maya发布1.0版本后，Alias｜Wavefront公司就停产以前所有的动画的软件线，包括著名的Alias Power Animator，采取一系列措施鼓励消费者升级到Maya。Maya从开发初期就是针对多平台，并且有免费的Maya Personal Learning Edition（PLE）版本，得以让普通的计算机用户接触顶尖的三维系统，从而加速了三维软件的普及，最终它成功地拓展其产品线，接管了很大的市场份额，领先了其他视觉特效公司，包括之前如日中天的Softimage。比如工业光魔工作室（Industrial Light and Magic）和蒂皮特工作室（Tippett Studio）都从Softimage更换为Maya作为主力的三维动画软件。1999年，工业光魔使用Maya软件参与制作了电影《星战前传：幽灵的威胁》（图1-30）、《木乃伊》（图1-31）等影片，获得一致好评，业界普遍认为Maya软件在易用性、动画、特效和速度上要领先其他平台的三维软件。Maya逐渐确立了业界的新标准。

Alias｜Wavefront公司更名为Alias。Alias在2005年被囊中羞涩的SGI卖给了到安大略湖教师养老金基金和私募股权投资公司Accel-KKR公司。2005年10月，Alias再次被转卖给了软件巨头Autodesk，最终Maya被更名为现在的"Autodesk Maya"。Autodesk对Maya投入了大量的研发资金，Maya的发展前景一片光明。Maya 的版本变迁情况如下：

1998 年 Maya1.0 ，同一年推出了 Windows 版

1999 年 Maya2.0

1999 年 Maya2.5

2001 年 Maya3.0

2001 年 Maya4.0

2003 年 Maya5.0

2004 年 Maya6.0

2005 年 Maya6.5

2005 年 Maya7.0

2006 年 Maya8.0

2007 年 Maya8.5

2007 年 Maya2008

2008 年 Maya2009

2009 年 Maya2010

2010 年 Maya2011

2011 年 Maya2012

2012 年 Maya2013

2013 年 Maya2014

2014 年 Maya2015

Maya 推出后，迅速挤占了 softimage 原先占据的影视特效市场，降低了动画制作的成本，大批的公司和工作室采用 Maya 作为制作影视特效的首选，比较著名的影片如《蜘蛛侠》（图 1 –32）、《哈利·波特》（图1 –33）、《冰河世纪》系列、《魔戒》、《侏罗纪公园》、《海底总动员》、《变形金刚》（图 1 –34）、《阿凡达》、《少年派的奇幻漂流》（图 1 –35）等电影，都是把 Maya 作为主要创作软件。

图 1 –32　Maya 制作的《蜘蛛侠》镜头

图1-33　Maya制作的《哈利·波特》镜头

图1-34　Maya制作的《变形金刚》镜头

图1-35　Maya制作的《少年派的奇幻漂流》镜头

（3）softimage3D｜XSI

他曾经俯视世界，在那个三维动画的蛮荒时代，披荆斩棘，制定业界的标准和规则；他曾经荣耀无限，让电影熠熠生辉；他曾经被抛弃，但是他自己始终没有放弃；他曾经被忘记，但是终于又回到舞台的中心；当他回到舞台中心时，他说：我太累了，我要离开了，谢谢大家！他就是 Softimage，一款伟大的三维软件，没有他，电影特效和三维动画至少退步十年。2014 年 3 月，Autodesk 正式发出通知，Autodesk 将在 2016 年 4 月停止 Softimage 的产品支持，其技术维护也将在 2016 年 4 月为止。建议用户迁移到 3DS Max 和 Maya 上，而 Softimage 2015 将是最后一个版本。

在笔者学习三维动画之初，每次看《泰坦尼克号》《迷失世界》时，内心深处总是对那个遥远而伟大的名字充满憧憬：Softimage！那时 Softimage 只能运行在昂贵的 SGI 工作站上，对于普通电脑用户是可望而不可即。但是对于每一个爱好三维动画的人来说，Softimage 就像三维动画的圣殿，是我们的终点，终有一日我们要去朝圣的。但是世界变化太快了，圣殿也有坍塌的一天。在笔者学习的过程中，Softimage 渐渐被超越，不再可望不可即，我从他身边走过，却不再留恋他。

早期运行在 SGI 工作站上的 Softimage 的产品，称为 Softimage｜3D，20 世纪 80 年代末 90 年代初，他几乎是好莱坞电影特效行业唯一的选择，参与制作了例如《侏罗纪公园》《泰坦尼克号》《黑客帝国》《黑衣战警》《幽灵的威胁》《克隆人进攻》《角斗士》等一系列优秀的电影。

1988 年，Softimage 公司在 SIGGRAPH 展会上公布了 Softimage｜3D1.0，这是一个集建模、动画和渲染为一体的软件，构建了 SOFTIMAGE｜3D 未来十几年的软件构架。Softimage｜3D 在建模上注重以细分建模做基础，所以在业界具有最优秀的细分建模能力。

1990 年 Softimage｜3D 2.0 加入了新的动画工具，引入了对象约束概念，增加样条模型。

1991 年 Softimage｜3D 2.5 增加了动画模块，引入反向动力学概念，为三维软件制定了新标准，增加了骨骼工具。本年度 SOFTIMAGE｜3D 主导制作了的特效史上经典电影《终结者 2》（图 1-36）公映，获得了奥斯卡最佳视觉特效。

图 1－36　《终结者 2》中经典的 T－1000 由 SOFTIMAGE ｜ 3D 2.5 打造

1992 年 Softimage ｜ 3D 2.52，增加了动作捕捉接口。

1993 年 Softimage ｜ 3D 2.6，增加集群动画，变形动画，波动变形，粒子系统，加入了 mental ray 渲染器，创造性的加入了 Toonz 二维渲染，为二维动画制作开启了新的思路。SOFTIMAGE ｜ 3D 参与制作的《侏罗纪公园》（图 1－37）公映。本片获奥斯卡最佳视觉效果奖。

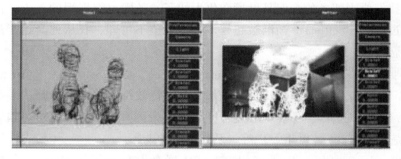

图 1－37　制作《侏罗纪公园》的 Softimage ｜ 3D 界面

1994 年 Softimage ｜ 3D 2.65，Softimage 公司被微软收购，之后被移植到 Windows NT 平台上。增加了新的扩展约束，增加了新的渲染方式，完善了数据库管理。本年度 Softimage ｜ 3D 参与制作的《星际迷航》《变相怪杰》（图 1－38）公映。

图 1－38　经典的《变相怪杰》特效

1995 年 Softimage ｜ 3D 3.0，增加了 NURBS 曲面建模，挤压拉伸变形，高级多边形建模，支持了 SEGA Saturn 的游戏模型导入导出，支持 2D/3D 画笔，完善了 Toonz3.5 渲染。

1996 年 Softimage ｜ 3D 3.5，第一次增加了对 Windows NT 的平台支持，优化了用户数据库和图片库。本年度 Softimage ｜ 3D 参与制作的游戏《VR 战士》发卖，电影《独立日》（图 1－39）公映。

图 1－39　Softimage ｜ 3D 参与制作的《独立日》特效镜头

1997 年 Softimage ｜ 3D 3.7，支持了索尼的 PlayStation 游戏模型导出导入，支持顶点描绘，支持了 Direct3D 的导出/导入，支持烘焙贴图。本年度使用 Softimage ｜ 3D 制作特效的著名电影包括《泰坦尼克号》（奥斯卡最佳视觉特效）、《迷失世界》《异形》《再生侠》《蝙蝠侠等罗宾》，并且参与制作了著名的游戏《生化危机》。

1998 年，Avid Technology 并购 Soffimage 公司，Softimage ｜ 3D V3.8，支持 GDK 游戏开发套件，支持 dotXSI 文件格式，增加了游戏滤镜，支持多边形面数的精简。

1999 年 Softimage ｜ 3D V3.8 Service Pack 2 支持高级渲染 － 焦散的支持、全局照明，支持任天堂 NIFF 工具包、索尼的 PlayStation HMD 工具包。本年度使用 Softimage ｜ 3D 制作特效的著名电影包括《星球大战前传：幽灵的威胁》（图1－40）、《木乃伊》（图 1－41）、《黑客帝国》（奥斯卡最佳视觉特效）、《精灵鼠小弟》。

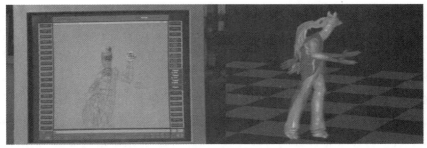

图 1－40　Softimage 制作的《星球大战前传：幽灵的威胁》中的加加·宾克斯

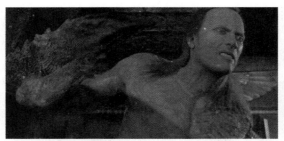

图1-41　Maya制作的《木乃伊》中的蝎子王

2000年Softimage更换了内部构架，名字也更换为SOFTIMAGE｜XSI 1.0，以示与之前构架的区别，更新了用户界面和工作流程，增加了交互渲染方式，支持渲染通道增加了动画混合器，ActiveScripting之后的SOFTIMAGE｜XSI 1.5增加了多边形建模，细分曲面，和贴图工具，增加脚本运算符插件，增加了来自PhoenixTools的柔体和流体等动力学工具。本年度发卖了Softimage｜3D v3.9。

2001年Softimage｜XSI 2.0在Siggraph展会发布，内置合成模块，增加了Hair和Fur模块，支持Linux，增强了与Flash，EPS，AI和SVG等软件的接口。

2002年，这时Softimage｜XSI，发布了Softimage｜3D v4.0和Softimage｜XSI v3.0，增加了群体的动画系统。

2003年2003，Softimage｜XSI v3.5。

2004年Softimage｜XSI 4.0更新刚体动力学，新的XGS实时着色器通道，在合成模块中增加了新的矢量和栅格油漆工具。

2005年Softimage｜XSI v5.0是第一个支持Windows 64位系统版本，极大的增强了软件性能，更新了用户界面，更新了PhysX刚体动力学。

2006年Softimage｜XSI v5.1，增加了与Autodesk 3DS Max兼容的键盘映射和GATOR插件，支持Collada导入/导出，兼容AutodeskMaya工作流程。

Softimage｜XSI v6.0更新了动画工具，动画层，运动传递工具，更新了素材管理、动画图层管理器，还在合成器中增加了弹性变形器。

2007年Softimage｜XSI 6.5，大多是释放XSI基本和XSI的高级间价格调整和重新洗牌的功能。

2008年Softimage｜XSI 7.0，10月23日，欧特克宣布从Avid技术手中收购所有3D Softimage公司的业务资产，包括XSI、FaceRobot、CrossWalk、ModTool和CAT，以及XSI内置的合成模块。Autodesk表示将继续发展SOFTIMAGE｜XSI产品。

2009 年，欧特克公司（Autodesk，Inc.）正式发布用于视觉特效和游戏制作的软件 Autodesk Softimage7.5（图 1-42），此举标志着欧特克从 Avid Technology 公司收购的知名三维软件 SOFTIMAGE | XSI 正式更名为 Autodesk Softimage。UV

图 1-42　Autodesk Softimage7.5 启动界面

展开 Softimage 现在提供 UV 展开功能。增加了 GLSL 着色器和新的色彩管理模式。

2009 年 Softimage | XSI 正式更名为 Autodesk Softimage，Autodesk 公司 2009 年发布了 Autodesk Softimage 2010，采用了最优化的核心架构，而且支持可定制的增强型交互式创作环境（ICE，Interactive Creative Environment）系统。整合了大名鼎鼎的面部绑定和动画工具集 Face Robot。

2010 年 Autodesk Softimage 2011 增加了 Rendering Sandbox 渲染盒子，视觉化的 ICE 构架——ICE Kinematics，面部表情自动同步，渲染器更新到 Mental Ray 2011，PhysX 2.83 刚体动力学更新。

2011 年 Autodesk Softimage 2012 增加了 ICE 建模，增加了全新的 UV 松弛和 UV pinning 选项，增加矢量置换贴图支持，全新的 ICE Compounds、Preset FX、Shaders 和 Model Library，增加 Polygonizer 工具集，增强的 SDK 和事件，MatchMover 专业摄像机跟踪。

2012 年 Autodesk Softimage 2013，新的 ICE 建模工具，纹理编辑器、浏览器、Schematic View、场景分层管理器、渲染树、Bone Primitive、参考模型和权重编辑器都得到了增强。

2013 年 Autodesk Softimage 2014，最新的摄像机序列（Camera Sequencer），导演场景控制，改良的 CrowdFX 和互动式创作环境（ICE）功能，Autodesk Softimage 2014 采用 Autodesk FBX 2014 格式，可以有效的与其他 Autodesk 的软件互动。

2014 年 Autodesk Softimage 2015，这也是 Softimage 最后的版本，经历了二十七年风雨的 Softimage 终于在无奈中画下了句号。Autodesk Softimage 2015 的 GigaCore 基础构架更新为 GigaCore III，优化了资料管理方式，制作大场景动画时速度获得较大提升，Softimage 2015 整合了完整的 Face Robot 工具集。

（4）LightWave3D

LightWave3D 在诞生之初，由于性价比高，得以在市场上迅速普及，是装机量最大的三维软件。1988 年，年轻的天才程序员艾伦·海斯庭斯（Allen Hastings）凭着一己之力开发出了 Amiga 平台（Amiga 是一种早期的个人电脑系统）上的 Videoscape 3D（动画和渲染 图 1－43）、Aegis Modeler 3D（模型图 1－44）等 3D 软件，这就是 LightWave3D 的前身。这时 Newtek 公司发现了艾伦，并且很快将他邀入了公司，并为他提供了充足的环境、时间和资金来完善开发他的软件。就这样，LightWave3D 逐步发展完善起来了。

图 1－43　Videoscape 3D 界面

图 1－44　Modeler 3D 包装

1990 年看 Newtek 公司在 Amiga 平台上推出了 LightWave3D 1.0（图 1－45）。当时以不到 5000 美元的零售价发卖，而市场上其他的三维软件例如 Softimage3D 往往要花费数万美元，由于性价比高，LightWave3D 得以迅速占领市场，一度遥遥领先其他三维软件。

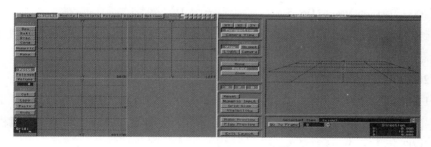

图 1 −45 Videoscape 3D 界面

1992 年 LightWave3D 2. 0

增加了镜头光晕，优化了界面。

1993 年 LightWave 3D 3. 0/3. 1

1994 年 LightWave3D3. 5

1995 年 LightWave3D4. 0

这是第一个 Windows 版本。

1995 年 LightWave3D5. 0

本版本针对英特尔、SGI、DEC Alpha、Macintosh 电脑，并且是在 Amiga 平台上的最后一个版本。

1997 年 LightWave 3D 5. 5

1998 年 LightWave 3D 5. 6

1999 年 LightWave3D6. 0

这是一个经过重新设计的版本，LightWave 3D 增加了集线器 并且引入自动同步布局和建模之间传输文件。LightWave3D 细分表面建模技术以前一直非常优秀，建模的效率也很高，本年公映的《泰坦尼克号》的模型（图 1 − 46），是由 Digital Domain 公司使用 LightWave3D 建造的。

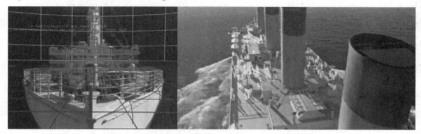

图 1 −46 LightWave3D 打造的 "泰坦尼克号" 模型

2000 年 LightWave3D6.5

经过重新设计的 LightWave 3D，经常被抱怨其稳定性，6.5 版本解决了这个问题。同时还增加了布料动力学和运动设计。

2001 年 LightWave3D7.0

LightWave 3D7.0 增加了新的光能传递方法和集成新的角色动画工具：运动混合机非线性动画，新骨骼的设置更快，新的细分选项，加快了动画工作流程。

2002 年 LightWave3D7.5

提高光能传递速度，优化了 OpenGL 性能，增加了对 BVH 动作捕捉支持，增加了 Powergons（多边形附加脚本）。

2004 年 LightWave3D8.0

LightWave3D 开发团队这时发生了分裂，主制团队（就包括天才的 Light-Wave3D 之父 Allen Hastings）离开，开发了新软件 Luxology Modo，由于 Maya 和 XSI 的大幅度降价的打压，再加上德国的优秀软件 Cinema 4D 的异军突起，市场份额被不断蚕食。新团队开始整合他们的许多外部的插件，并添加强大的功能，如：骨骼工具（一个完整的骨编辑系统），Dopesheet（编辑时间线），新动力学系统，新的 OpenGL 加速。

2005 年 LightWave3D8.2

更新 UV 贴图细分曲面方法，改进 VIPER 和 IK 的助推器。

2006 年 LightWave3D9.0

2008 年 LightWave3D9.5

增强了基于磁盘的缓存的光能传递缓存模式。优化了 FiberFX 毛发渲染系统，光线追踪技术，改善 IK，增强了 IK 稳定性。

2010 年 LightWave3D10.0

增加了 Colourspace 管理，VPR 和虚拟演播室。

2011 年 LightWave3D10.1

2012 年 LightWave3D 11

2013 年 LightWave3D11.5

2014 年 LightWave3D11.6.2

LightWave3D 独特的两个功能模块的设计形式可以让初学者很容易上手（LightWave3D 把动画和建模分别用两个不同的程序来完成，两个程序之间可以通过 Hub 软件连接）。同时由于 LightWave3D 的价格以前一直是主流三维软件中最便宜的。功能却也很强大，所以以前一直在好莱坞有很大的影响力，不少优秀的公司都采用它来创作，用户数在世界上曾经是绝对第一。由于中国经销商迪动的努力，LightWave3D 也是第一个推出中文界面的主流三维软件。

LightWave3D 以界面简洁而著称。整个软件分为三个模块：moderler、layout 和 sceamernet。据 newtek 公司称，在 20 分钟内，我们就能够充分熟悉 LightWave3D 那直观的界面和赋予我们创造力的主要功能。

（5）Cinema4D

Cinema 4D 虽然字面上是 4D 软件，但是本事仍然是一款 3D 软件，另外一"D"指的是"时间"这一维度。开发 Cinema 4D 的公司的德国的 MAXON，总部位于德国。Cinema 4D 的前身是 1989 年发表的软件 FastRay，最初只发表在 Amiga 平台上，Amiga 平台是一种早期的个人电脑系统，当时还没有图形界面。两年后，在 1991 年 FastRay 更新到了 1.0，但是，这个软件当时还并没有有涉及三维领域。

1993 年 FastRay 更名为 Cinema 4D 1.0，仍然在 Amiga 上发布

1994 年 Cinema 4D V2 在 Amiga 平台上发布

1995 年 Cinema 4D V3 在 Amiga 平台上发布

1996 年 Cinema 4D V4 发布苹果版与 PC 版

1997 年 Cinema 4D XL V5 发布

1998 年 Cinema 4D SE V5 发布

1999 年 Cinema 4D GO V5 发布 CINEMA 4D NET 发布

2000 年 Cinema 4D XL 发布 首次加入三维纹理绘画模块

2001 年 Cinema 4D ART 发布，加入云雾插件 同年发布 CINEMA 4D R7 首次加入动力学插件

2002 年 Cinema 4D R8 发布首次加入骨骼插件、粒子系统、和高级渲染插件

2003 年 BodyPaint 3D R2 版本发布 Cinema 4D R8.5 发布加入 2D 渲染插件

2004 年 Cinema 4D R9 发布

2005 年 Cinema 4D R9.5 发布，首次发布 64 位版本和毛发系统

2006 年 Cinema 4D R9.6 发布，首次加入 MoGraph 系统

2006 年 10 月 Cinema 4D R10 和 BodyPaint 3D R3 版本发布。

Cinema 4D 是德国 MAXON 公司的旗舰产品，包括 Advanced Render、MOCCA、Thinking Particles、Dynamics、BodyPaint 3D、NET Render、Sketch and Toon、Hair、MoGraph 共九大模块，实现建模、实时 3D 纹理绘制、动画、渲染（卡通渲染、网络渲染）、角色、粒子、毛发、动力系统以及运动图形的完美结合。

Cinema 4D 具有动画（角色动画）、毛发系统、肌肉系统、渲染器、材质系统、NPR 非真实渲染（卡通渲染）、三维纹理绘制与 UV 编辑、表达式等多项功能。

Cinema 4D 的多边形建模非常优秀，Cinema 4D 在 R9 开始，就在 3D 软件业界被评为"多边形建模软件之王"。Cineam 4D R10 拥有专注于多边形建模的数十种高效建模工具，清晰的对象管理、层管理系统，以及高效的操作流程。

Cinema 4D 拥有世界闻名的快速渲染引擎 AdvanceRender（高级渲染器），这个引擎具备强大的渲染能力而又具有多样性，包括许多重要的功能，如全局照明、焦散、光能传递、HDRI、3S 等等。在对硬件的需求上，它比其他的三维软件要求要低，但是却能取得更好的渲染效果，因此，即使很多用惯了其他 3D 软件的人，也愿意在 Cinema 4D 的高速引擎中渲染。

BodyPaint 3D 是现在最为高效、易用的实时三维纹理绘制以及 UV 编辑解决方案，在现在完全整合到 Cinema 4D 中，其独创 RayBrush / Multibrush 等技术完全更改了历史的陈旧的工作流。艺术家只要进行简单的设置，就能够通过 200 多种工具在 3D 物体表面实时进行绘画——无论这个表面多么复杂奇特。使用 RayBrush 技术，我们甚至可以直接在渲染完成的图像上绘制纹理。国内的用户使用 Cinema 4D 应该就是他的 BodyPaint 3D 模块，BodyPaint 3D 具有目前世界上最优秀的 3D 纹理绘制功能，虽然 Maya 和 3DS Max 都推出了相应的工具强化此项功能，但是仍然与 BodyPaint 3D 的三维纹理绘制功能差距较大，我们之后的课程中会详细介绍 BodyPaint 3D 的纹理绘制。BodyPaint 3D 具有开放式接口。其他软件开发商的软件，包括 MAYA，3DS Max，Softimage | XSI 等软件也争相连接引用。Maxon 为这些软件免费提供了稳定、完整的数据接口。

（二）专业三维软件

（1）Mental Ray 渲染器

Mental Ray 是目前市场上主流的渲染器之一，是由德国的 Mental Image 公司开发研制的，现在已经无缝嵌入在 Maya、3DS Max 和 softimage 之中。它具有照片级的渲染质量，正如其名称，它对光线的计算是无与伦比的。

Mental Ray 参与了众多好莱坞电影的渲染，包括《绿巨人》《黑客帝国》《星球大战——克隆人进攻》《后天》等等。

Mental Ray 通过新的算法支持多核处理器和多 CPU 的渲染农场，该软件使用的加速技术，如应用扫描线的可见表面计算和细分次表面光线计算。它也支持焦散和复杂的全局光照用、漫反射、镜面反射、折射技术（如图 1－47）。

图 1－47　Mental Ray 的折射和焦散效果

最为重要的是，我们在三维软件里制作的场景文件格式可以直接导入 Mental Ray 里进行渲染。而市面上主流的三维软件如 Autodesk Maya 、3D Studio Max、SOFTIMAGE 大多集成了自定义的 Mental Ray 材质库，这些材质库无论在哪款软件里制作，都是可以独立应用于 Mental Ray 的。

（2）V－ray 渲染器

V－Ray 是一款新兴的渲染器，目前支持大多数的主流三维软件。

V－Ray 是由 chaosgroup 公司于 1997 年开发的。它采用了先进的渲染计算技术，例如全局照明算法，如路径追踪，光子映射，光照贴图和直接计算全局照明渲染引擎。使用这些技术通可以得到照片级别的渲染质量。（如图 1－48）。V－Ray 对中国的用户具有特殊意义，由于中国的效果图（如图 1－49）和建筑漫游动画产业的蓬勃发展，V－Ray 作为一款简单高效的渲染器，占据了大部分的渲染市场份额，所以在国内的三维动画学习中，学习 V－Ray 还是 Mental Ray 需要做一个"艰难"的选择。依据笔者的经验，Mental Ray 的可控性更强，更具有艺术家的气质，V－Ray 的界面简洁易用，效果更加真实，如果仅仅为了学习效果图或者是建筑动画，那么可以选择 V－Ray，如果最终要得到更加梦幻、具有艺术气质的效果，那么 Mental Ray 是一个不错的选择。

图 1－48　V－Ray 的渲染效果

图 1－49　V－Ray 渲染的建筑效果图

目前支持 V－Ray 的 3D 主流软件有：3DS Max, Cinema 4D, Maya, Sketch-up, Softimage, Blender and Rhinoceros 3D. 等。也就是说，无论学习何种三维软件，V－Ray 基本上都是支持的。

（3）Renderman 渲染器

RenderMan 是一个计算机图像渲染体系，准确地说是一套基于著名的 REYES 渲染引擎开发的计算机图像渲染规范，所有符合这个规范的渲染器都称为 RenderMan 兼容渲染器。这其中最著名的有 3Delight 和 Pixar 公司的 PhotorealisticRenderMan，同时在业界还有一些其他的免费版开源的 RenderMan 兼容渲染器。RenderMan 兼容渲染器其高超的渲染质量和及其快速的渲染能力而被广泛应用在高端运动图像的生产制作过程中，在当今的动画电影和影视特效等高端领域，RenderMan 兼容渲染器是必不可少的一个渲染解决方案（另一个高端解决方案是著名的 MentalRay 渲染器），世界上许多著名制作公司像 ILM 和 Sony 等都使用它作为渲染的最终解决方案之一。

目前最普及的 RenderMan 是 3Delight 因为 3Delight 的开放性和用户口群的庞大，3Delight 已经成为 RenderMan 电影级别渲染器的主流。支持 Maya、Houdini、XSI、Massive、Naiad、Nuke，不久 3Delight 将会支持 MAX，这样符合 renderman 规范的 3Delight 渲染器将会支持全系列三维软件。

图 1-50　RenderMan 渲染的电影《金刚》毛发效果

（4）ZBrush

ZBrush（图 1-51）是一个数字雕刻和绘画软件，它以强大的功能和直观的工作流程彻底改变了整个三维行业。在一个简洁的界面中，ZBrush 为当代数字艺术家提供了世界上最先进的工具。以实用的思路开发出的功能组合，在激发艺术家创作力的同时，ZBrush 产生了一种用户感受，在操作时会感到非常的顺畅。ZBrush 能够雕刻高达 10 亿多边形的模型，所以说限制只取决于的艺术家自身的想象力。它是按照世界领先的特效工作室和全世界范围内的游戏设计者的需要，以一种精密的结合方式开发成功的，它提供了极其优秀的功能和特色，可以极大地增强我们的创造力。在建模方面，ZBrush ［1］可以说是一个极其高效的建模器。它进行了相当大的优化编码改革，并与一套独特的建模流程相结合，可以让我们制作出令人惊讶的复杂模型。无论是从中级到高分辨率的模型，我们的任何雕刻动作都可以瞬间得到回应。还可以实时的进行不断的渲染和着色。对于绘制操作，ZBrush 增加了新的范围尺度，可以让我们给基于像素的作品增加深度，材质，光照和复杂精密的渲染特效，真正实现了 2D 与 3D 的结合，模糊了多边形与像素之间的界限，让我们为它的多变而惊讶，兴奋不已。ZBrush 是一款新型的 CG 软件，它的优秀的 Z 球建模方式，不但可以做出优秀的静帧，而且也参与了很多电影特效、游戏的制作过程（大家熟悉的《指环王 III》《半条命 II》都有 ZB 的参与）。它可以和其他的软件，如 max、maya、xsi 合作做出令人瞠目的细节效果。现在，越来越多的 CGer 都想来了解 ZB。一旦我们学习了 ZB 肯定都会一发不可收拾，因为 ZB 的魅力实在是难以抵挡的，ZB 的建模方式将会是将来 CG 软件的发展方向。ZBrush 最新版本，ZBrush4.0 已于 2010 年 8 月 9 日正式发布。

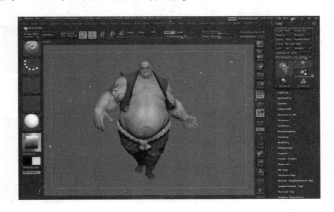

图 1 −51　ZBrush 界面

图 1 −52　ZBrush 雕刻的《加勒比海盗》中的经典形象章鱼船长

（5）Mudbox

Mudbox 是最先进的、高分辨率的、基于笔刷的 3D 雕刻软件，致力于彻底满足专业数码雕刻家的需求。为承担着繁重影视创作工作的影视艺术家而创作。Mudbox 提供了新的思路，并结合熟悉的概念，以新的、令人激动的方法为高端商业建模提供了一个完美的解决方案。以其友好的界面、和谐的结构、如一的行业规范和"办得到"的核心理念，Mudbox 既好学又易用，又与现有的制作流程完美结合。

图 1 -53　Mudbox 界面

图 1 -54　Mudbox 制作的《阿凡达》中岩石山效果

（6）Vue

Vue 全称 Vue XStream，是由 e - on software 公司退出的一款三维景观设计软件，可以为艺术家和影视作品提供逼真的三维场景。软件界面整洁，功能易于使用，并且占用资源较少。它提供了一整套专业工具，极大的优化了三维算法，拥有高精的渲染效果，我们可以在虚拟的环境中渲染项目，其自然环境及光照极效果其逼真。利用 Vue XStream 制作出的自然环境能够和我们的场景和动画很好地相容，提供了相互投影、反射、折射等功能。另外，Vue 还支持以插件形式在 3DS Max、Maya、XSI、Lightwave 或者 Cinema 4D 中进行渲染，是建筑、插画、matte painting 和动画制作的最佳选择。

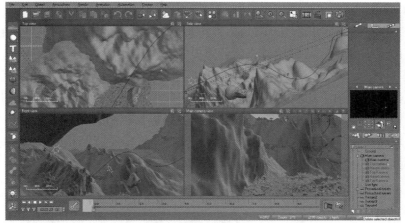

图 1-55 Vue 界面

Vue 的设计与其他 e-on 产品秉承同一理念，即从用户角度出发进行设计的干净整齐的用户界面。所有的功能和控制均隐藏在深层面板中，需要时可轻松调用。强大的功能与简易的操作相结合，给您提供更快的工作流，更高的产量，同时使从其他应用的导入更加流畅。

图 1-56 Vue 制作的自然场景

（7）UVLayout

Headus UVLayout 是一款专门用来拆 UV 专用的软件，手感相当顺手而且好用，和 MAYA 比起来最大的手感差别在于这款是按住快捷建配合直接移动我们的滑鼠来动作，所以我们的手再编辑的时候是用滑的过去不再是点点拉拉，所以用起来相当奇妙！而且他的自动摊 UV 效果相当好虽然和 MAYA 的 Relax 类似不过这款摊的又平均又美相当好用。

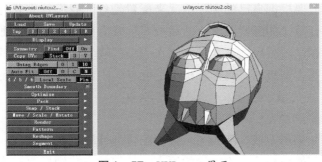

图 1-57 UVLayout 界面

（8）RealFlow

RealFlow 是由西班牙 Next Limit 公司出品的流体动力学模拟软件。它是一款独立的模拟软件，可以计算真实世界中运动物体的运动，包括液体。RealFlow 提供给艺术家们一系列精心设计的工具，如流体模拟（液体和气体）、网格生成器、带有约束的刚体动力学、弹性、控制流体行为的工作平台和波动、浮力（以前在 RealWave 中具有浮力功能）。我们可以将几何体或场景导入 RealFlow 来设置流体模拟。在模拟和调节完成后，将粒子或网格物体从 RealFlow 导出到其他主流 3D 软件中进行照明和渲染。

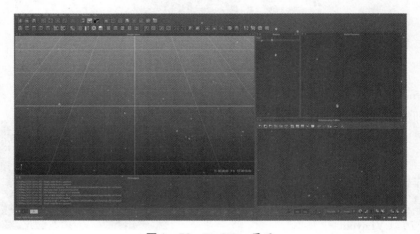

图 1–58　RealFlow 界面

三、学习三维艺术需要的机器配置

俗话说，"工欲善其事，必先利其器。"学习三维艺术，必须有一定的硬件支持，但是也需要根据自己的实际情况来配置硬件。我们首先要分析一下软件在哪些方面对计算机的配置要求，然后按要求来为自己量身定做硬件。

一般同学在学习阶段，不太可能制作大型的项目，学习简单的建模、材质和贴图，即使是古董级的奔腾计算机也能胜任，不必还没开始学习，先最先进的 i7 计算机、高灵敏手绘板、大屏显示器先买上一大堆，殊不知，你要用到如此高的硬件，还早着呢！

当然读者如果不差钱，那我当然推荐配置的计算机越高越好，但是无论你有多少钱，也不能把它花在不需要的地方。就像某高校领导要对本校的三维动画专业重点扶植，先配置了 60 台最先进的 Mac Pro，殊不知苹果系统对三维软件支持有限，放在那里就是个摆设，用起来还费劲，还占地方，所以，有钱也不能跟自己过不去。学三维，一定要用 Windows 系统的机器。

cpu 和内存是三维软件运行最为重要的部件，尤其是 cpu，全部的数据计算都是通过它，cpu 就像汽车的发动机，一般情况下，汽车的发动机性能越好，汽车的速度就越快。现在主流的 cpu 主要有两家：inter 和 Amd，但是 inter 占着较大优势，推荐至少 i5 以上 cpu，经济条件允许可以上 i7 系列 cpu，作为学习来说，i5 其实绰绰有余，如果真正做项目的话，i7 带 k 的 cpu 加上超强散热器超频使用能大大提高制作速度。尤其进入渲染环节，cpu 的优劣显而易见，笔者的 i7 3770k 常年运行在 4.5g 的高频率，为笔者节约了大量渲染时间。现在商业渲染农场的出现一定程度上缓解了我们制作动画和特效时渲染的压力，但是也有很多问题无法解决，比如特殊插件渲染农场没有，进农场前需要反复检测文件有没有错误，经常渲染完了才发现某些地方存在问题，如果在自己的计算机里渲染，有什么问题可以随时调整，可以灵活调节。所以笔者的意见，学习用的话，i5 的 cpu 就可以了，如果做项目，越高越好。

内存也是三维软件要求较高的配件，它就好像马路的宽度，一般情况下，马路越宽，汽车行驶的就更加自如。常用的主流三维软件，像 3DS Max 、maya，现在一般至少要占去 4G 的内存，加上运行余量，8G 内存可以说是标配了，内存频率当然越高越好，低一点也差不多，不做计算量大的项目，平时几乎察觉不到差异。

另外需要配置的就是一个 SSD 硬盘，它不会提高我们的计算速度，但是会提高软件的开启速度和文件的保存速度。大部分三维软件现在体积越来越庞大，动辄几个 G，如果在使用老的机械硬盘，开个软件就需要几分钟，不但影响制作时间，还影响心情，所以推荐配一个 128G 以上的固态硬盘。

显卡是一个绕不开的话题，许多同学借学习之名，向家长要钱配机器，其实主要为了玩游戏，一半的钱花在显卡上，殊不知，显卡对三维软件的运行几乎没有任何帮助，尤其是大家买的游戏显卡，经过笔者反复试验，高端游戏显卡在制作、软件开启、渲染等环节对大部分三维的运行毫无益处，如果大家不玩游戏，用集成显卡都可以，把钱省在 cpu 或者内存上吧，那才是重要的。

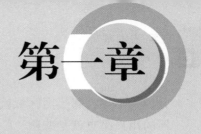

第一章

三维动画的
流程

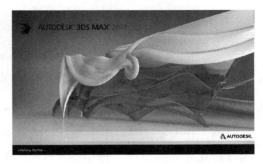

各位同学，大家好，从今天开始，我们正式进入三维艺术的学习。我们从 3DS Max 这个软件开始讲起，因为这个软件是在中国市场上最普及的三维软件，学习门槛比较低，软件和学习资料也较容易找到。

我们从零基础开始讲解，如果有一定基础的同学，可以跳过前几章，从第四章开始学习。

图2-1　3DS Max2014 启动界面

我们使用的软件是 3DS Max2014，我们在第一章里曾经讲过 3DS Max 软件的发展，基本上是每年更新一个版本，笔者的建议和经验是，我们没有必要每新出一个版本就更新一次软件，因为大部分更新的功能对普通用户来说都是没有用的，所以笔者通常都是隔几年更新一次自己的版本，像笔者，max9.0 使用了四年，2011 版本使用了三年，直到前几天才刚刚更换成 2014版本，一个原因就是，3DS Max 的插件实在太多了，像笔者常用的 vray、Fumefx、realflow，经常插件一大堆，更新一个版本意味着所有的插件都有全部更新，这个过程是相当痛苦的，经常 3DS Max 每出一个新版本，我都是安装并尝试，但制作项目总是使用固定的版本。另外一个原因就是 3DS Max 对机器的要求越来越高，虽然从 2010 版本 Autodesk 公司开始实行神剑计划，消减臃肿的不必要的内容，但是削减的内容永远也不如添加的内容多，可能Autodesk 就是针对高配置的用户，我们感受到每换一个版本，机器的负担就更加沉重，像我们看到的图 2-2 3DS Max2014 版本的界面，如果你的显示器分辨率不够，那绘图区域就只有一点点，像笔者这种换几次机器也不换显示器的用户简直就是悲剧。

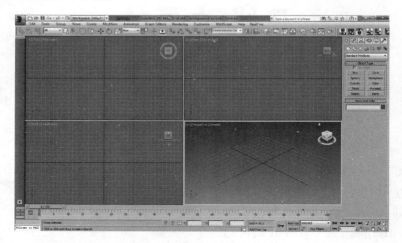

图2-2　3DS Max2014 界面

我们今天讲的例子叫"茶壶的约会"，是一个小动画，我们希望通过这个小动画，让大家认识一下三维动画的一个制作流程。一般制作三维动画，都分为这样几方面的流程：建模——材质——动画——灯光——渲染，我们这个小例子，虽然很简单，但是包含了全部这几方面的内容。

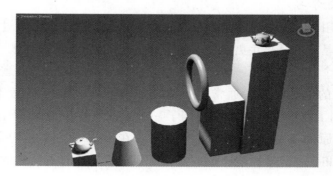

图2-3

大家开启3DS Max之后，可以把石墨建模工具（图2-4）关掉，这样可以节约我们显示器的一点空间。石墨建模工具是原先就是Carl - Mikael Lagnecrantz 开发的PolyBoost插件，后来被Autodesk公司收购，集成在3DS Max中。

图2-4

（一）建模

步骤1 点击右侧工具栏里面 Create（创建）命令——Geometry（几何体）——Box（盒子）创建工具（图2-5），在透视图创建一个盒子，（图2-6）创建方法是按住鼠标左键在透视图进行拖动，确定盒子的长度和宽度，然后松开鼠标的左键，拖动鼠标，可以看到 Box 的高度在变化，这时点击鼠标左键，可以对高度进行确定。如果感觉绘制的不理想，可以直接点击键盘上的 Delete 键把 Box 删除进行重新绘制。

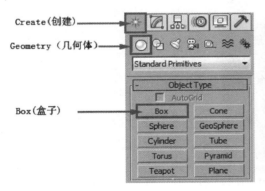

图2-5

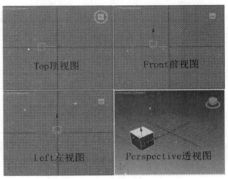

图2-6

3DS Max 的四个默认视图分别是 Top（顶视图）、Front（前视图）、Left（左视图）、Perspective（透视图）。透视图的操作要与其他几个视图区分开来，操作界面的视图右下角有视图控制区域（图2-7），其中 Orbit SubObject（环绕子对象）是工具和 Pan view（平移视图）工具是最为常用的命令，Orbit SubObject 工具可以

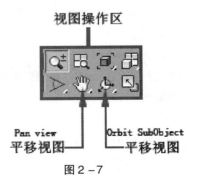

图2-7

旋转透视图的视角，它的快捷操作方式是 Alt + 鼠标中键，Pan view 工具的作用是平移视窗，它可以应用于其他平面视图，它的快捷操作方式是按住鼠标中键（把鼠标滚轮向下按，并非滚动鼠标滚轮）拖动鼠标。

　　一旦有读者误操作使用 Orbit SubObject 工具操作 Top（顶视图）、Front（前视图）、Left（左视图），就会让当前视图变成 Ortzographic（正交）视图（图2－8），这时可以分别使用 T、F、L 快捷键来恢复，另外，透视图的快捷键是 P 键。这些视图的恢复也可以通过在每个视图左上角 Top、Front、Left、Ortzographic 等英文单词上点击鼠标右键（图2－9），出现的菜单上分别选择相应的视图即可，后面也分别有对应的快捷键，各位读者可以自己测试各个视图的快捷键。

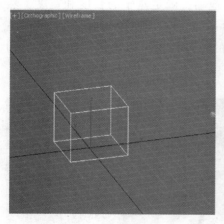

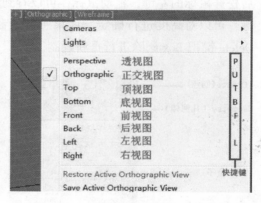

图2－8　　　　　　　　　　　　　　　　　　图2－9

　　步骤2　　这时我们继续创建其他的物体点击右侧工具栏里面 Create（创建）命令——Geometry（几何体）——Cone（圆台）创建工具（图2－10），在 Top 视图任意区域点击鼠标右键，可以看到本来在 Perspective 视图周围的黄色框转移到 Top 视图了，这样就表示 Top 视图已经被激活，可以在 Top 视图进行绘制了，在 Top 视图创建一个圆台（图2－11），创建方法是按住鼠标左键在 Top 视图进行拖动，确定圆台底边的半径，然后松开鼠标的左键，拖动鼠标，可以看到圆台的高度在变化，这时点击鼠标左键，可以对高度进行确定，（高度比 Box 稍高）然后继续拖动鼠标，确定圆台的顶边半径。

　　尽量不要点击鼠标的左键进行视图的激活，因为在 3DS Max 中鼠标的左键一般代表操作，使用右键可以在不影响操作的情况下激活视图。

图2-10

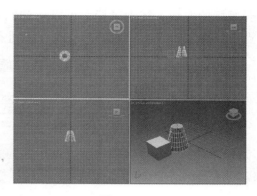

图2-11

步骤3 点击右侧工具栏里面 Create（创建）命令——Geometry（几何体）——Cylinder（圆柱体）创建工具（图2-12），在 Top 视图创建一个圆柱（图2-13），创建方法是按住鼠标左键在 Top 视图进行拖动，确定圆柱的半径，然后松开鼠标的左键，拖动鼠标，可以看到圆柱的高度在变化，这是点击鼠标左键，可以对高度进行确定。（高度比圆台稍高）

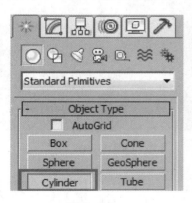

图2-12

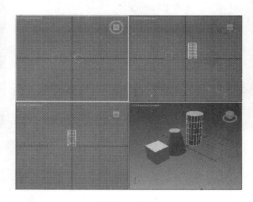

图2-13

步骤4 点击右侧工具栏里面 Create（创建）命令——Geometry（几何体）——Torus（圆环）创建工具（图2-14），在 Left 视图空白处点击一下鼠标的右键，激活 Left 视图，这时 Left 视图可能因为绘制区域不够，在创建时不太方便，可以使用鼠标滚轮放大缩小，使用鼠标中键平移视图（图2-15），调整视图至合适。在 Left 视图创建一个圆环（图2-16），创建方法是按住鼠标左键在 Left 视图进行拖动，确定圆环的总半径，然后松开鼠标的左键，拖动鼠标，可以看到圆环本身的半径即粗细在变化，这是点击鼠标左键，可以对圆环自身半径进行确定。

图 2 –14

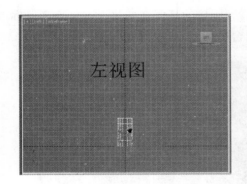

图 2 –15

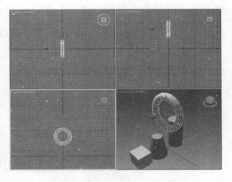

图 2 –16

　　绘图时，一定要活用鼠标的中键和滚轮，这样调整视图的大小，方便我们绘制，另外，鼠标的滚轮进行缩放视图时，有一定的缩放容差，所以使用起来不太精准，可以使用视图缩

图 2 –17

放区域的 Zoom（放大镜）工具（图 2 –17），这个工具缩放精准，它的快捷键是 Alt + Z 键。

　　给大家介绍一点经验：一般情况下，大多数用户都是左手操作键盘，右手操作鼠标，左手会把无名指放在 Ctrl 上，以 Ctrl 为圆心进行圆周活动（图2 –18），一般人手的尺寸，能够触及的也就是 R、F、V 键了，这几个键之内的键在一般的软件里都会把它们设置成为最为常用同时也是比较重要的工具，像 Ctrl + Z 撤销是最为常用的快捷键，所以我们仅仅通过快捷键也能判断出这些命令的常用程度，现在我们讲的 Alt + Z 就是比较常用的快捷键之一，请大家注意。

图 2 – 18

步骤 5 这时，我们发现圆环在圆台和圆柱的中间，不在我们需要的区域，我们使用 Move（移动）（图 2 – 19）工具，在透视图点击一下鼠标右键，激活透视图，沿着 X 轴，按住鼠标的左键，把圆环向右移动，到如图 2 – 20 区域。

图 2 – 19

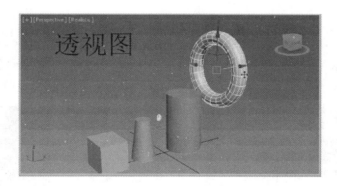

图 2 – 20

轴线的锁定可以避免用户对物体的误操作，箭头的方向是正方向，反之则是负的。

如果有的读者感觉制作的圆环粗细不合适，在选择圆环的情况下，点击

Modify（修改）命令面板，找到 Radius1（半径1，即圆环的总半径）和 Radius2（半径2，即圆环自身的粗细），调整数值至满意即可（图 2 –21）。

　　每个物体都有自身的修改命令面板，也有各自的参数，前提是在选择某个物体的情况下点击修改命令，那么怎么选择物体呢，这就要使用刚刚使用过的 Move（移动）工具进行选择，我们把鼠标放在 Move 工具上不要移动，可以看到弹出的说明框里显示，这个工具的全称是 Select and Move，（图 2 – 22）就是既有选择功能，又有移动功能，用它点击相应的物体，就能选择中这个物体，这个物体周围的线会高亮显示。（图 2 – 23）

图 2 –21

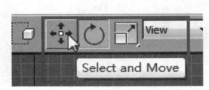

图 2 –22

图 2 –23

　　步骤 6　点击右侧工具栏里面 Create（创建）命令——Geometry（几何体）——Box（盒子）创建工具（图 2 –24），在 Top 视图点击右键，激活 Top 视图，在 Top 视图创建一个盒子，（图 2 –25），Box 的高度比圆柱稍高。

图 2 –24

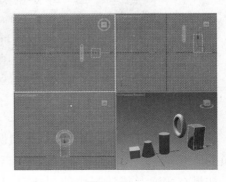

图 2 –25

步骤7 选择 Move 工具，在 Perspective 视图，点击鼠标右键，激活 Perspective 视图，按住键盘上的 Shift 键同时按住鼠标左键，沿着 X 轴，向右移动刚刚绘制的 Box，这时会发现在刚才 Box 的基础上又多出一个 Box，把它移动到刚才的 Box 的右边，松开鼠标左键，会弹出 Clone Options 对话框（图 2－26），点击 OK，这样在原来 Box 的基础上复制了一个新的 Box（图 2－27）。

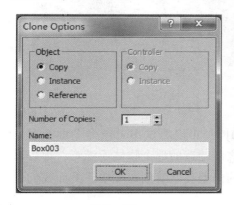

图 2－26

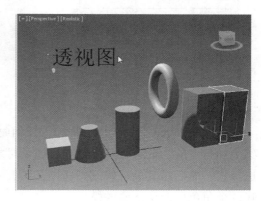

图 2－27

按住 Shift 键再用移动工具进行移动，是 3DS Max 特殊的复制方法，非常方便，不仅仅限于物体，像材质、子物体、时间帧等等都可以复制，以后我们在学习过程中会慢慢接触，请大家记住 Shift 键的功能。

步骤8 确认刚刚复制的 Box 被选择，点击 Modify（修改）命令面板，点击颜色色块（图 2－28），在弹出的 Object Color（物体颜色）面板中选择一个不同的颜色，（图 2－29）点击确定，改变新的 Box 的颜色，以区分之前的 Box，然后把高度的数值调高一些（如图 2－30），修改完毕后得到结果如图 2－31 所示。

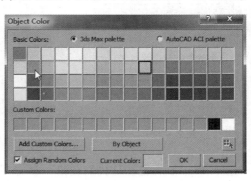

图 2－28

图 2－29

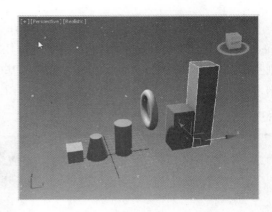

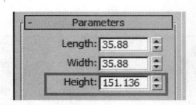

图2－30 图2－31

　　只要用 Move 工具选择了物体，任何物体都可以通过 Modify 命令面板对其颜色和自身的参数进行修改，读者如果对之前建造的那个物体不满意，都可以选择它，然后对其进行修改。这样，场景的模型我们就创建完毕，下面我们创建两个角色即两个茶壶的模型。

　　步骤9　　点击右侧工具栏里面 Create（创建）命令——Geometry（几何体）——Teapot（茶壶）创建工具（图2－32），在 Top 视图空白处点击一下鼠标的右键，激活 Top 视图，在我们创建的最左边的 Box 的位置创建一个茶壶，大小和位置如图2－33。

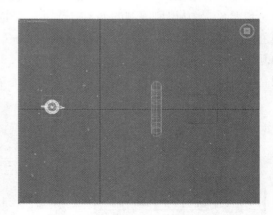

图2－32 图2－33

　　这个 Teapot 茶壶就是我们在第一章提到，1975 年犹他大学的马丁·纽维尔（Martin Newell）制作的著名的"犹他茶壶"。我们今天终于能够亲手创作它了。今天它就是我们动画的角色。

步骤10 但是我们通过透视图看到，茶壶被埋在最左边的 Box 之中（图2－34），没有露出来，我们必须保证茶壶在最开始是在最左边的 Box 的上方的。点击视图控制区域的 Zoom Region（缩放区域）工具（图2－35）在 Front视图里在茶壶周围画一个框，把茶壶区域放大显示，以便进行精细操作（图2－36）。点击 Move 工具，沿着 Y 轴，把茶壶移动到 Box 的上方。

图2－34

图2－35

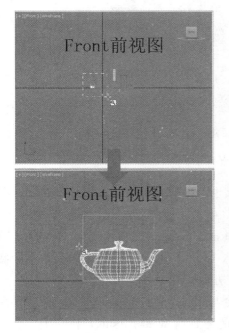

图2－36

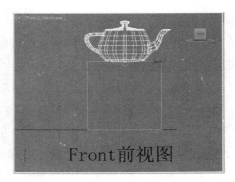

图2－37

步骤11 在 Top 视图，用 Pan View 工具（建议使用鼠标中键进行操作）调整视口至如图 2－38，单击右侧工具栏里面 Create（创建）命令——Geometry（几何体）——Teapot（茶壶）创建工具（图 2－39），在我们创建的最右边的 Box 的位置创建一个茶壶，大小和位置如图 2－40。

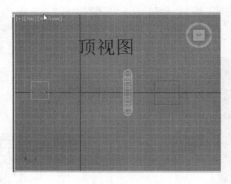

图 2－38

图 2－39

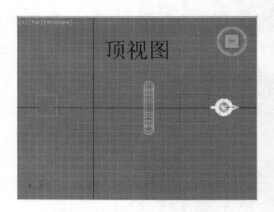

图 2－40

这时我们发现，新创建的茶壶的壶嘴也是朝向右方的，这样是不对的，我们需要把它方向翻转过来。

步骤12 单击上部主工具栏的 Select and Rotate（选择并旋转）命令（图 2－41），在下部状态栏的 Z 轴坐标里输入 180°（图 2－42），这样茶壶就会旋转 180°，如图 2－43，这样壶嘴就朝向左方。

Select and Rotate（选择并旋转）命令与 Select and Move（选择并移动）命令是比较常用的工具，它们的快捷键分别是 E 与 W 键，这也是在左手无名指半径所能覆盖到的区域，可见这两个工具的重要性，请大家一定记住。

图2-41

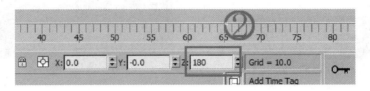

图2-42

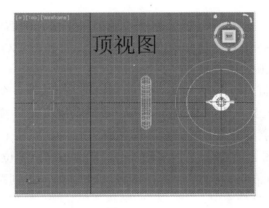

图2-43

步骤12 使用Pan View（鼠标中键）和Zoom（Alt +Z）两个工具把Front（前）视图调整至如图2-44的效果，我们发现新的茶壶也是埋在右侧的Box内部，点击Select and Move（选择并移动）工具，沿着Y轴方向，把茶壶移动到最右侧的Box的顶部（图2-46）。

至此，我们所有的模型都创建完毕，无论是多么复杂的项目，建模总是第一步的，完成了这一步，可以说成功就在眼前了。当然，复杂的项目建模部分不会这么简单，但是原理是一样的，大家总算了解到建模是怎么回事了，下面我们开始下一个环节——材质部分的制作。

图2-44

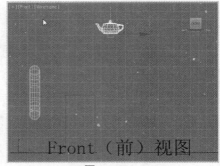

Front（前）视图

图 2-45　　　　　　　　　　　　　　图 2-46

（二）材质

步骤 13　在 Perspective（透）视图空白处单击鼠标的右键，激活透视图，使用 Orbit SubObject（Alt + 鼠标中键）工具和 Zoom（Alt + Z）工具，以及 Pan view（鼠标中键）调整视窗，至如图 2-47 效果。

使用 Select and Move（选择并移动）工具，选择第一个茶壶，（图 2-48）单击上部主工具栏里的 Material Editor（材质编辑器）按钮（图 2-49），弹出材质编辑器对话框，用鼠标左键，按住左侧 standard（标准）材质，拖拽到右侧视口（图 2-50），拖拽左侧 Maps 下的 Bitmap（位图）到视口，在弹出的 Select Bitmap Image File（选择图像文件）中，找到配套光盘/贴图文件/01 第一章 茶壶的约会，选择"蓝茶壶 . jpg"文件，点 Open 打开，（图 2-51）。

图 2-47

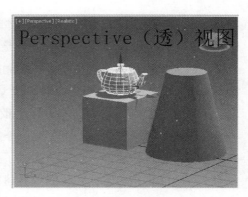

图 2-48

图 2 −49

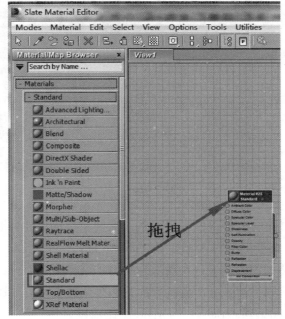

图 2 −50

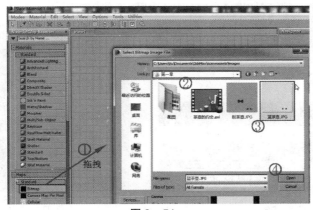

图 2 −51

拖拽 Bitmap 右侧的圆点至 stabdard 材质的 Diffuse Color（漫反射颜色）左侧的圆点，两者做链接，让"蓝茶壶.jpg"对 standard 材质的纹理起作用，如图 2 – 52 所示。

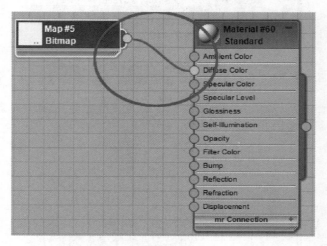

图 2 – 52

在 standard 材质的上部蓝色区域点击，这样 standard 材质被选择中（选择后周围会高亮），选择上部的 Assign Material To Selection（把材质赋予选择的物体），这样观察透视图的茶壶，发现茶壶颜色已经改变。

但是茶壶并没有变成我们想要的材质，而是变成了灰色（图 2 – 54），这时我们打开 Show shaded Material in Viewport（在视口显示材质），如图 2 – 55 所示，再观察透视图，发现茶壶变成了蓝颜色，在透视图空白处点击鼠标左键，取消茶壶的选择，得到如图 2 – 56 左侧效果。

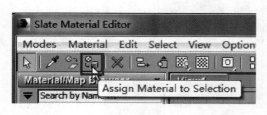

图 2 – 53

图 2 – 54

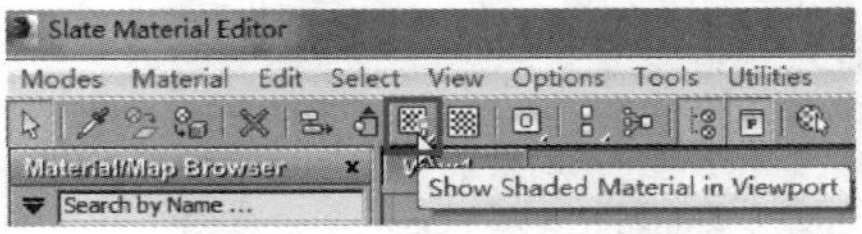

图 2 -55

错误　　　　　　正确

图 2 -56

　　我们发现，现在的眼睛不在我们需要的位置，右侧的效果才是我们想要的。这样就需要我们进行下一个环节就是贴图坐标的展开。进入下一个环节之前，我们按照给蓝色茶壶贴图的方法也给另外一个茶壶贴图，这样贴图的环节完毕。

　　赋予茶壶材质之前一定确保茶壶是被选择状态，否则如果是在没有选择物体的情况下 Assign Material To Selection （赋予材质给选择的物体） 按钮是灰色的，不能点击，如果在选择其他物体的情况下点 Assign Material To Selection （赋予材质给选择的物体），就会把材质赋予别的物体。

　　使用 3DS Max2010 版本以前的读者可能找不到这种材质编辑器，之前的版本是较老界面的编辑器，虽然内核一样，但是不直观，建议读者更新到 2011 以上的版本，以尽快适应节点式的材质编辑器，的确非常的直观和方便。

　　需要注意的是，材质的赋予是一个相当复杂的过程，并且与灯光、渲染环节相互交融，而且还包括材质的各种物理属性的调节，我们这节课是作为一个入门课程，仅仅讲解了贴图环节，所以其他的属性并未调节，以后我们会有专门的章节讲解材质。

（三）UV 展开

　　步骤 14　使用 Move （移动工具），选择左侧蓝色茶壶，点击 Modify （修改）命令面板——Modifier List （修改器列表），找到 Unwrap UVW （UVW 展开）。为茶壶添加一个 UVW 展开修改器 （图 2 -57）。这时透视图的效果如图 2 -58，仅仅是在茶壶上显示了绿色的线，我们需要手工展开。

　　Modifier List 修改器列表下寻找修改器是一个痛苦的过程，大家只需要记住这个修改器的第一个字母，在点击修改器之后直接点击那个字母即可找到那个修改器。比如 Unwrap UVW，点击修改器列表之后直接点 U 就能找到，有的字母可能有许多修改器，那就多点几次相同的字母，那么其他使用这个字母作为开头的修改器也会依次出现。

图 2-57

图 2-58

步骤 15 点击 Polygon（面的子物体）（图 2-59），进入面的子层级，点击 Edit（编辑）下拉菜单，选择 Select All（选择全部 图 2-60），在透视图可以看到选择了全部的面，如图 2-61，然后点击 Open UV Editor（打开 UV 编辑窗口 图 2-62）。

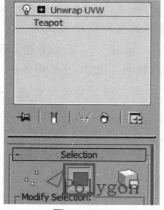

图 2-59

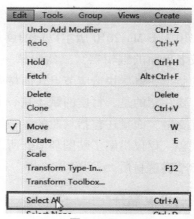

图 2-60

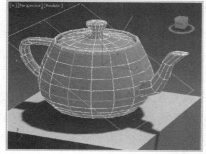

图 2-61

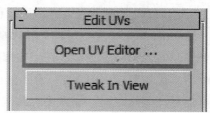

图 2-62

步骤 16 在弹出的 Edit UVWs 对话框中，可以按到现在的 UV 是混乱的，在 Mapping（贴图）下拉菜单，选择 Flatten Mapping（展平贴图 图 2 - 63），弹出 Flatten Mapping 的对话框，直接点 OK（图 2 - 64），可以看到 UV 已经被展平到一个正方形的区域，这时我们关闭 Edit UVWs 对话框，关闭 Polygon 子层级（图 2 - 66），然后在透视图取消茶壶的选择，看到茶壶的贴图坐标已经没有问题（图 2 - 67）。

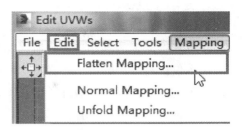

图 2 - 63

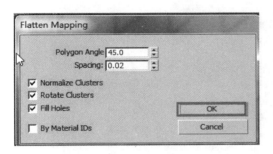

图 2 - 64

图 2 - 65

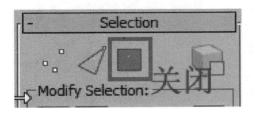

图 2 - 66

图 2 - 67

展 UV 的原理有点像剥皮，把一个三维的物体的皮剥下来，拉平，然后再在平面软件，像 Photoshop 里对贴图进行绘制，因为我们这节课只是给大家了解一下三维动画的制作流程，所以贴图是我早就绘制好的，而且我们这个茶壶的贴图仅仅有一个颜色，不必考虑贴图之间接缝的问题，所以这里我们就用的最简单的展开方式，很破碎，但是不影响我们的例子。以后展 UV 时我会详细介绍各种 UV 的展开方法。

步骤 16 使用同样的方法，展开另外一个茶壶的 UV，展 UV 的环节我们就制作完成。

（四）动画

步骤 17 点击 Zoom Extents All（所有的视窗最大化显示 图 2 –68），可以让所有视窗里所有的物体都显示出来（图 2 –69）。

图 2 –68

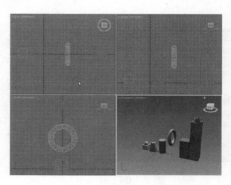

图 2 –69

需要注意的是，有些工具右下角有一个小黑色的三角符号，这表示这里面有隐藏的工具，就像 Zoom Extents All 这个工具，一开始是隐藏的，只要在那个图标上长按，隐藏的工具就会显示出来。

Zoom Extents All 的快捷键是 Shift + Ctrl + Z，建议大家无名指压在 Ctrl 上，中指压在 Shift 上，食指压在 Z 上进行操作（图 2 – 70）。这是个非常常用的工具，建议大家记牢它的快捷键。

图 2 –70

步骤18 在 Front（前）视图，使用 Move（移动）工具选择左侧的蓝色茶壶。（图2–71）

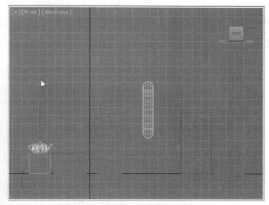

图2–71

步骤19 在茶壶上点击鼠标的右键，在弹出的右键菜单中选择 Object Properties（物体属性 图2–72），在弹出的 Object Properties 对话框中，把 Trajectory（轨迹）前面的勾勾上（图2–73），然后点击 OK，这样物体在做动画时我们可以清楚地看到他的轨迹。

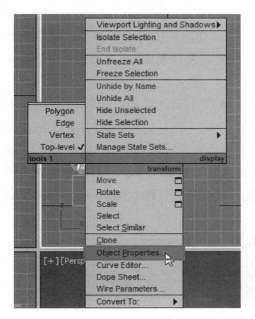

图2–72

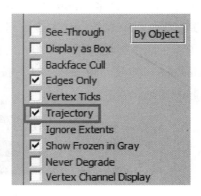

图2–73

步骤20　确认当前激活的视图是 Front（前）视图，点击 Maximize Viewport Toggle（最大化视口切换）工具（图 2－74），可以让我们当前激活的视口充满绘图区域，如图 2－75，因为现在我们主要使用 Front（前）视图做动画，所以其他视口暂时不需要。

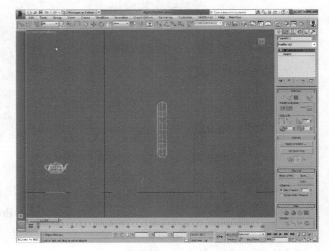

图 2－74　　　　　　　　　　　　　　　　图 2－75

Maximize Viewport Toggle（最大化视口切换）工具可以将当前视口最大化显示，方便我们操作，再点一下可以恢复四视口模式，它的快捷键是 Alt ＋ W 键，也是经常使用的一个快捷键。

步骤21　在动画控制区域（图 2－76），打开 AutoKey（自动关键帧）工具（图 2－77），把时间线移动到第 10 帧（图 2－78），使用移动工具，把茶壶移动到如图 2－79 位置，让茶壶跳起，这时会发现时间线上在第 0 帧和第 10 帧的位置多了两个标记（图 2－80），这表示茶壶的动画已经记录完毕。点击 Play Animation（播放动画 图 2－81）按钮，发现从第 0 帧到第 10 帧茶壶做了一个跳起的动画。

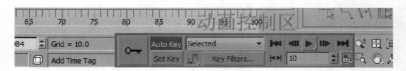

图 2－76

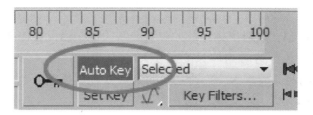

图 2 -77

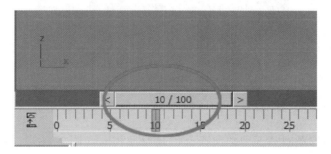

图 2 -78

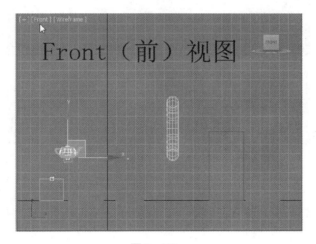

图 2 -79

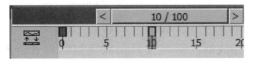

图 2 -80

图 2 -81

使用移动工具移动时，在平面视图，会有两个方向的轴的锁定，即横向的X轴和纵向的Y轴，这时鼠标停放的位置非常关键，当鼠标停放在Y轴时，发现Y轴变成黄颜色，这时物体只能在Y轴上移动，放在X轴上亦然。当鼠标放在两个轴之间时，发现X、Y轴之间的区域变成黄颜色，这时可以同时移动XY轴（如图2-82）。

Y轴锁定　　　　　　X轴锁定　　　　　　XY轴锁定

图2-82

在透视图移动时情况要略复杂，但是原理相同（图2-83）。

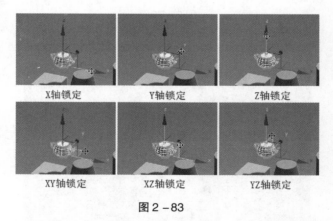

X轴锁定　　　　　　Y轴锁定　　　　　　Z轴锁定

XY轴锁定　　　　　　XZ轴锁定　　　　　　YZ轴锁定

图2-83

这时我要说一下3DS Max的历史，3DS Max原先的轴锁定是隐蔽的，需要通过F5、F6、F7、F8这四个快捷键来进行切换，从4.0版本之后参考了Maya的操作界面，可以直接在视图里进行选择，但是这四个快捷键还是保留下来，分别对应X、Y、Z和双轴切换。大家可以在工具栏的空白处点击鼠标右键，找到Axis Constraint（轴约束　图2-84），打开轴约束面板进行切换（图2-85）。在某些情况下，鼠标位置不好摆放时，需要我们用快捷键或者Axis Constraint面板进行操作，请各位读者谨记。

图 2 -84   图 2 -85

在打开 Auto Key（自动关键帧）之后，原来激活视口的黄颜色变成了当前的红颜色，这其实是一种警告，在这之后一起对物体的操作，都会被记录成动画，所以一定要谨慎操作，一旦调正完成动画，立即将其关闭。

步骤 22 把时间滑块滑动到第 20 帧，将茶壶移动到圆台上方。（图 2 - 86）把时间滑块滑动到第 30 帧，将茶壶移动到圆台右上方空中（图 2 -87）。

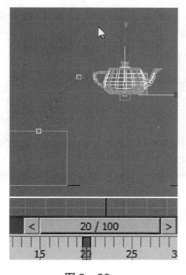

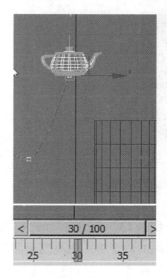

图 2 -86   图 2 -87

把时间滑块滑动到第 40 帧，将茶壶移动到圆柱上方（图 2 - 88），把时间滑块滑动到第 50 帧，将茶壶移动到圆柱右上方的圆环内，让其穿过圆环（图 2 -89），把时间滑块滑动到第 60 帧，将茶壶移动到 Box 上方（图 2 -90）。

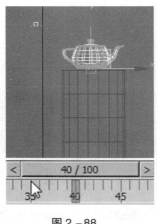
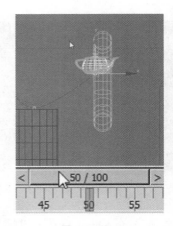

图 2 – 88　　　　　　　　　　图 2 – 89

这时播放动画，发现茶壶从第 0 帧到第 60 帧，做跳跃动画，一直跳到右面的盒子顶端。（图 2 – 91）

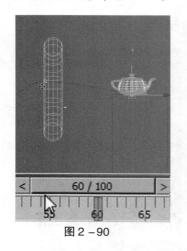

图 2 – 90　　　　　　　　　　图 2 – 91

步骤 23　最后右面的 Box 要上升把蓝色茶壶送至粉色茶壶一样高度，所以最右面的两个 Box 的高度最后是一致的。

这样先选择粉色茶壶下部的 Box，点击 Modify（修改）命令面板，把 Height（高度）的数字选择，点击 Ctrl + C 复制（图 2 – 92），把时间滑块滑至第 90 帧，选择蓝色茶壶下部的 Box，选择 Height（高度）数字，Ctrl + V 粘贴（图 2 – 93），播放动画，发现 Box 的动画从第 0 帧就开始了，选择第 0 帧的关键帧，移动至第 60 帧（图 2 – 94），再播放动画，发现蓝色茶壶下方的 Box 从第 60 帧到第 90 帧做升起动画。

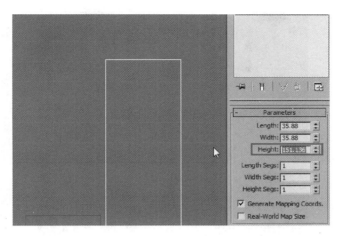

图 2 −92

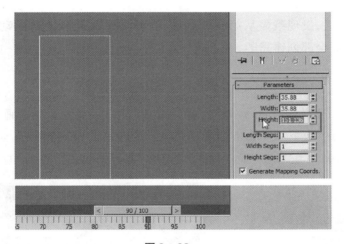

图 2 −93

图 2 −94

步骤 24 选择蓝色茶壶，确保时间滑块是在 90 帧的位置，使用移动工具，把茶壶沿着 Y 轴移动到和粉色茶壶相同的高度（图 2 −95）。

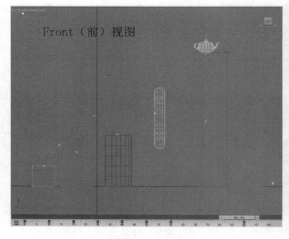

图 2 – 95

　　播放动画，发现茶壶从第 0 帧到第 90 帧做了跳跃和上升的动画，至此，动画部分已经全部创建完毕。

（五）灯光

　　步骤 25　选关闭 Auto Key（自动关键帧）开关，停止记录动画，点击 Creat（创建）命令面板——Lights（灯光）——Standard（标准灯光）——Skylight（天光 图 2 – 96）在 Top（顶）视图，创建一盏天光灯（如图 2 – 97）。

图 2 – 96

图 2 – 97

　　天光是通过天空大气反复折射和反射太阳光照明的，此时如果我们激活透视图，点击主工具栏里的 Render Production（渲染产品）工具（图 2 – 98），可以得到非常亮的效果，如图 2－99 所示。天空光太亮了，这种光源一般只能作为辅助光源来使用，而且天空光的阴影没有开启，所以我们要进一步调整。

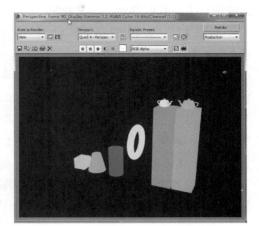

图 2－98　　　　　　　　　　　图 2－99

步骤26　关闭渲染窗口，确保 Skylight 灯光被选择的情况下，点击 Modify（修改）命令面板，找到 Skylight 灯光的 Multiplier（倍增值），调整为 0.15（图 2－100），把 Cast shadow（计算阴影）前面的勾勾上，开启阴影，再次渲染透视图，发现灯光变暗了，计算速度也明显变慢，这是因为开启了阴影的原因，如图 2－101 所示。Multiplier 实际上就是灯光的强度，调整它可以控制整个场景的明暗。

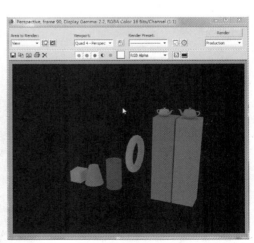

图 2－100　　　　　　　　　　　图 2－101

067

这时整个画面很昏暗，也没有明确的光线来源，整个场景显得非常的平，这是由于场景缺乏主光源造成的，下面我们创建一盏主光源。

步骤 27　关闭渲染窗口，点击 Creat（创建）命令面板——Lights（灯光）——Standard（标准灯光）——Omni（泛光灯 图 2－102）在 Top（顶）视图，创建一盏泛光灯。如图 2－103 所示，在 Front（前）视图用 Move（移动）工具沿着 Y 轴锁定，把泛光灯移至如图 2－104 位置，点击 Modify（修改）命令面板，把 Shadows 下的 ON 开关打上对号，开启阴影（图 2－105）。再次渲染透视图，得到如图 2－106 效果，这个效果基本达到我们的预期。

图 2－102

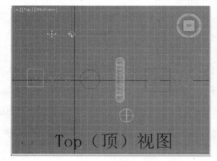

图 2－103

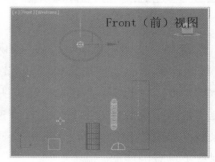

图 2－104

图 2－105

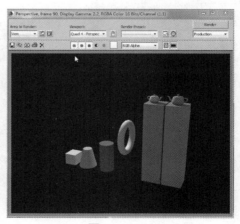

图 2－106

至此，我们灯光已经完全架设完毕，灯光的倍增长默认是 1，阴影默认是关闭的，可以根据自己的需要进行调整。

需要注意的是，当我们打上一盏灯光后，发现整个场景比没有灯光时还要暗，这是因为，没有打灯光前，3DS Max 默认有两盏泛光灯为场景进行照明，当我们打上一盏灯之后，无论灯光的强弱，原来默认的两盏灯会自动消失，所以就出现了打灯反而比不打暗的情况。

（六）渲染

步骤28 关闭渲染窗口，点击 Render Setup
（渲染设置）工具，会弹出渲染设置面板，选择
Active Time Segment（活动时间段 图 2 – 108），
然后点击 Render Output（渲染输出）后面的

图 2 –107

Files（文件保存 图 2 –109）按钮，在弹出的 Render Output File 面板中，设置保存路径、File name（文件名）和 Save as type（文件类型），文件名读者可以根据需要文件自己命名，文件类型选择 avi 格式，点击 Save（保存），如图 2 –110。然后点击 Render（渲染），等待渲染完毕后，我们就会在相应位置找到我们渲染的动画文件，至此，我们的动画就全部制作完毕。

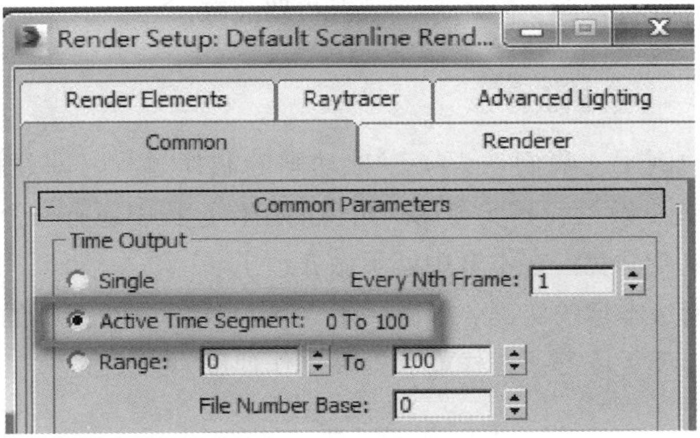

图 2 –108

图 2 –109

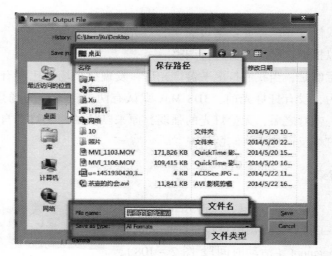

图 2 – 110

我们默认渲染时 single（当前帧），就是我们时间滑块在哪一帧，就渲染哪一帧，这时我们需要把整个动画渲染输出，所以选择了 Active Time Segment，即有多少时间帧就渲染多少时间帧。

保存的文件类型，因为我们今天的练习是让大家认识制作过程，所以直接选择了 avi 格式，在正式的项目渲染时一般会选择 jpeg，输出成图片序列后再在其他视频软件进行合成，防止断电或者机器故障。

小结

通过本次的例子，我们认识了三维动画的制作过程，即建模 – 材质 – 展 UV – 动画 – 灯光 – 渲染，其实在动画角色的制作过程中还有一个骨骼绑定的环节，由于过于复杂，我们在本章中就不做介绍了。

希望读者通过本章的实例，了解一下 3DS Max 的一些基本的工具，把常用的快捷键记熟，反复练习，这样能够提高制作速度。

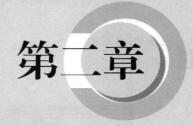

第二章

标准几何体的
建模

（一）椅子

各位同学，第一章节我们学习了标准物体建模技巧，包括立方体、圆台、圆柱、圆环、茶壶等。从本章节开始用这些标准物体堆砌模型。这一节我们以一把椅子为案例进行讲解（图 2-1-1）。这把椅子有标准的尺寸（图 2-1-2），椅子腿部的高度 450mm，椅子面部是长度，宽度为 500mm 的正方形，椅子背部的支架高度为 150mm，支架上的椅背面的高度为 300mm、宽度为 500mm。这里明确尺寸的目的就是提醒在以后实际项目中一定要严谨，特别是一些与引擎、模拟现实相关的项目，通过单位的设置，能得到一个准确的结果。

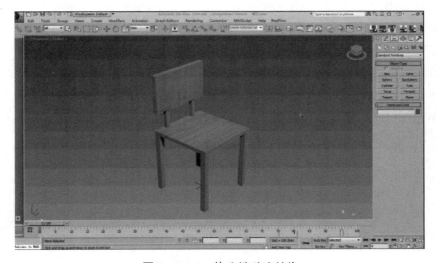

图 2-1-1　椅子模型的制作

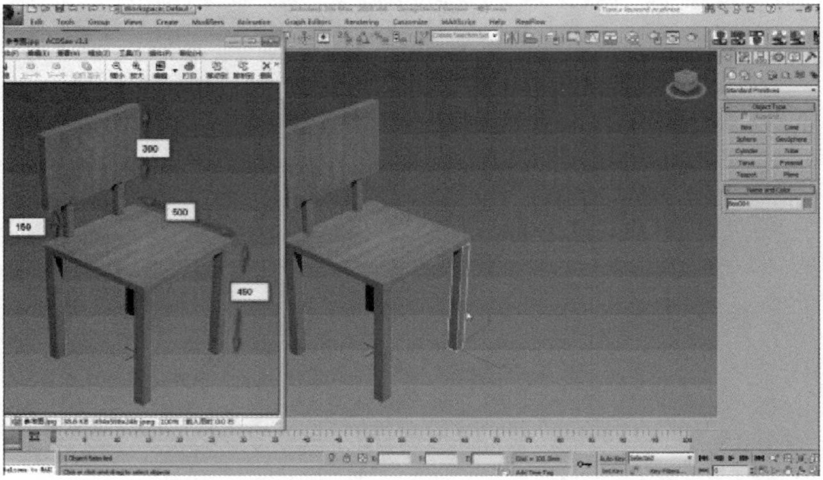

图2-1-2　椅子模型的制作

步骤1　在制作模型之前我们先重置一下操作界面，点图标下拉菜单——
Reset（图2-1-3）。它的作用就是创建了一些模型后，又想新建一个文件，
那么就点一下 Reset。点了 Reset 之后，会弹出一个对话框，问你是不是需要保
存之前的文件。如果你需要保存就点 Save，如果不需要就点 Don't save。笔者选
择不保存（图2-1-4）。然后会弹出问你是不是真的需要重置，笔者选择 Yes
（图2-1-5）。

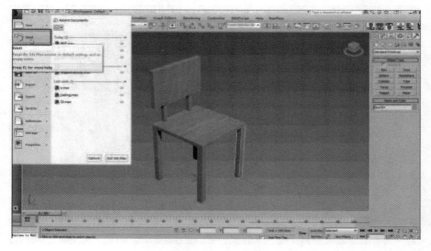

图2-1-3　重置

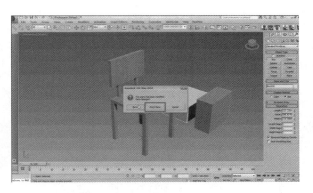

图2-1-4 是否需要保存

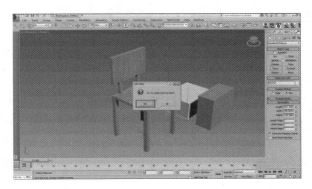

图2-1-5 是否真的重置

现在正式开始椅子模型的制作，我们首先开始制作椅子的腿。我们先把尺寸空间界定一下，打开3DS Max后，我们会看到各个视图当中横竖各有一条黑线（图2-1-6）。

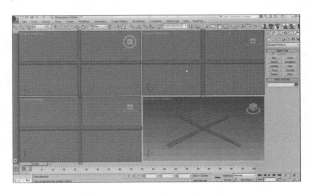

图2-1-6 是否真的重置

它的坐标为 0 点，每一个小方格为 10 个单位。3DS Max 默认的单位是只有数字，没有 m，cm，mm 等具体单位名称的（图 2 - 1 - 7）。

笔者此时在顶视图创建一个 Box，差不多占了 4 个小方格（图 2 - 1 - 8）。

图 2 - 1 - 7

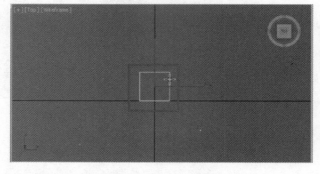

图 2 - 1 - 8　顶视图创建 Box

它的长度大约就是 20 个单位（图 2 - 1 - 9）。

现在如果想按照真实的空间来制作，点 Gustomize——units setup，自定义菜单下面的单位设置（图 2 - 1 - 10），会弹出以下窗口（图 2 - 1 - 11），选择公制单位毫米，然后点击 OK。这样之后，我们会发现只有带有尺寸的物体，单位数字后面都会带有 mm。再点 Gustomize——units setup，在弹出的窗口中点 system units setup（图 2 - 1 - 12）。

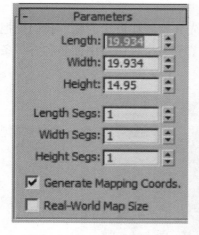

图 2 - 1 - 9　顶视图创建 Box

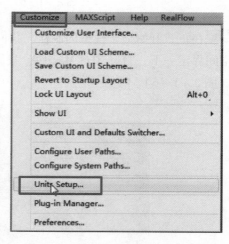

图 2 - 1 - 10　自定义——单位设置

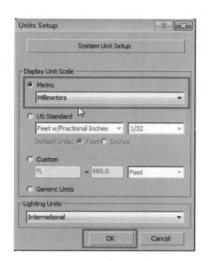

图2-1-11 公制单位设置　　　　　图2-1-12 系统单位设置

　　一般情况下为了统一单位，我们把系统单位和实际尺寸单位统一设置为毫米，这样方便我们进行实际的操作，我们思维速度也会快一些。

　　点击右侧工具栏里面 Create（创建）命令——Geometry（几何体）——Box（盒子）创建工具（图2-1-13）。然后点 Keyboard Entry（键盘输入），我们会分别看到 length、width、height，它们代表长度、宽度、高度。在 Y 轴方向上的称为长度，在 X 轴方向上的称为长度，在 Z 轴方向上的称为长度。这里椅子腿的长度和宽度都为45mm、高度为450mm，然后点击 Creat（创建）（图2-1-14）。

图2-1-13

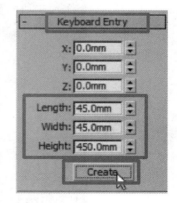

图2-1-14

步骤2 制作椅子面，点击右侧工具栏里面 Create（创建）命令——Geom-etry（几何体）——Box（盒子）创建工具（图 2 – 1 – 15）。

椅子面的长度和宽度都为 500mm、高度为 30mm，在 Keyboard Entry（键盘输入）分别输入，然后点击 Creat（创建）（图 2 – 1 – 16）。

图 2 – 1 – 15

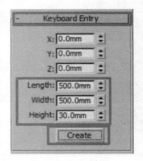

图 2 – 1 – 16

现在界面中完成了两个物体的创建（图 2 – 1 – 17），现在如果我们拖拽椅子面到椅子腿的上面，我们会发现不能实现严丝合缝的对齐。如果制作一些仅有视觉感官的物体的话，可以不需要精确的对齐。但是涉及一些测量、医学数据计算项目的时候，都会"差之毫厘谬以千里"。为了追求严谨，我们这里选择一个新的工具：Align——对齐（图 2 – 1 – 18）。它的快捷键是：ALT + A。

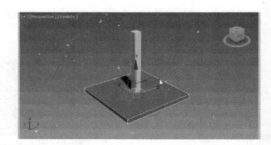

图 2 – 1 – 17

图 2 – 1 – 18

步骤 3 现在制作椅子面和椅子腿对齐，点一下 Align（对齐）。我们在点击对齐工具之前，我们选择的物体时椅子面，所以当前物体（Current Object）就是椅子面，目标物体（Target Object）就是椅子腿（图 2－1－19）。

我们要把椅子面放置到椅子腿的上面，就是将当前物体的最小（椅子面）对齐到目标物体的最大（椅子腿）（图 2－1－20）。

图 2－1－19

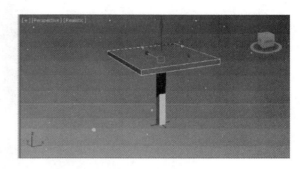

图 2－1－20

现在椅子腿位于椅子面的中部，我们要把椅子腿移动到椅子面的四角，我们如何制作呢？首先切换到顶视图（图 2－1－21）。

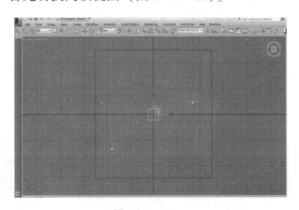

图 2－1－21

我们要把椅子腿对齐到椅子面的左下角，我们可以分两步，第一步先在 X 轴上对齐，当前物体最小对齐目标物体最小（图 2－1－22）；第二步在 Y 轴方向对齐，当前物体最小对齐目标物体最小（图 2－1－23）。这样我们就实现一根椅子腿对齐（图 2－1－24）。

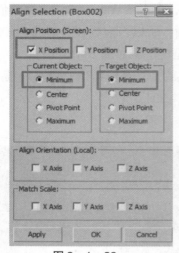

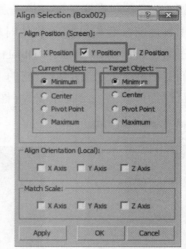

图 2 - 1 - 22　　　　　　　　　　　图 2 - 1 - 23

图 2 - 1 - 24

接下来我们复制一根椅子腿，选中第一根椅子腿，按住 Shift 向右拖拽（图 2 - 1 - 25），然后再对齐，现在选中第二根椅子腿，对齐椅子面，点击对齐工具，选择 X 轴，当前物体的最大对齐目标物体的最大（图 2 - 1 - 26）。

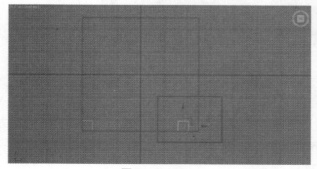

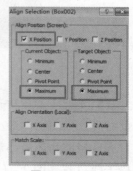

图 2 - 1 - 25　　　　　　　　　　图 2 - 1 - 26

现在我们对齐了两条椅子腿（图2-1-27），然后我们制作剩下的两条椅子腿，按住 Ctrl，加选两条已经对齐的椅子腿，然后按住 Shift，沿 Y 轴方向向上拖动，就会复制出另外两条椅子腿。接着我们对齐刚复制出来的两条椅子腿，当前物体是刚复制的两条椅子腿，目标物体是椅子面。点对齐工具，选择 Y 轴，当前物体最大对齐目标物体最大（图2-1-28），这样四条椅子腿就全部和椅子面严丝合缝的对齐了接（图2-1-29）。

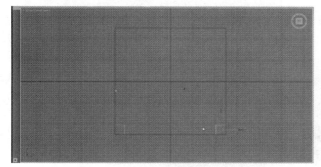

图 2 - 1 - 27

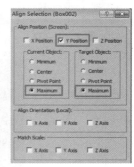

图 2 - 1 - 28

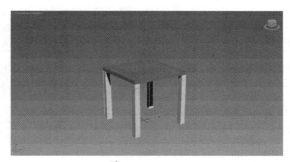

图 2 - 1 - 29

步骤 4 制作椅子后背的支撑和椅背面。首先制作后背支撑，点击右侧工具栏里面 Create（创建）命令——Geometry（几何体）——Box（盒子）创建工具（图2-1-30）。

椅背支撑的长度和宽度都是30mm，高度为高度为150mm，在 Keyboard Entry（键盘输入）分别输入各数值，然后点击 Creat（创建）（图2-1-31），在透视图显示，我们会看到椅背支撑位于椅面的正下方（图2-1-32）。

图 2 - 1 - 30

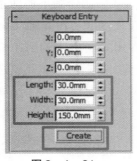

图 2 - 1 - 31

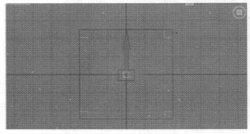

图 2 - 1 - 32

图 2 - 1 - 33

　　切换到顶视图，椅背支撑位于红色方框内，让它对齐红色箭头指向的边，点对齐工具，当前物体椅背支撑，目标物体椅子面，选择 Y 轴，当前物体最大对齐目标物体最大（图 2 - 1 - 34），对齐之后手工移动椅背支撑，沿 X 轴移动 - 100 个单位，在下面的 X 轴的位置输入 - 100 （图 2 - 1 - 35），然后按住 Shift 向右拖动复制另外一个，为了和之前的那根椅背支撑距离保持对称，需要在下面的 X 轴的位置输入 100 （图 2 - 1 - 36）。

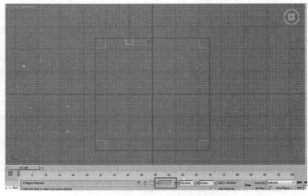

图 2 - 1 - 34

图 2 - 1 - 35

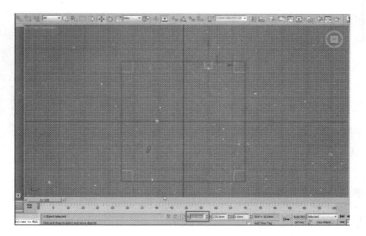

图 2 – 1 –36

这时的椅背支撑（图 2 – 1 –37）在椅子面的下部，我们需要把它移动到椅面的上部，选中两根椅背支撑，椅背支撑是当前物体，椅子面是目标物体，点一下对齐工具，当前物体的最小对齐目标物体的最大（图 2 – 1 –38），这样椅背支撑就对齐到椅面的上面（图 2 – 1 –39）。

图 2 – 1 –37

图 2 – 1 –38

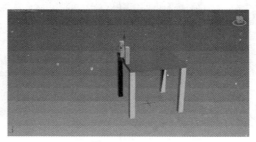

图 2 – 1 –39

接着我们创建椅子靠背，靠背的厚度 45mm、宽度 500mm、高度 300mm，我们前面讲过，X 轴上的长度为 Width，Y 轴上的长度为 Length，Z 轴上的长度为 Height。所以椅背的长度为 45mm、宽度为 500mm、高度为 300mm（图 2-1-39），点击 Creat（创建）（图 2-1-40）。选中椅背，

图 2-1-39

点对齐工具，当前物体就是椅背，目标物体是椅背支撑，选择 Y 轴，当前物体中心对齐目标物体的中心（图 2-1-41）。

图 2-1-40

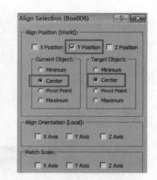

图 2-1-41

再点对齐工具，当前物体还是椅背，目标物体还是椅背支撑，选择 Z 轴，当前物体最小对齐目标物体最大（图 2-1-42），这样整个椅子就创建完毕（图 2-1-43）。

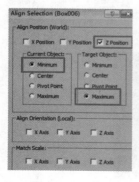

图 2-1-42

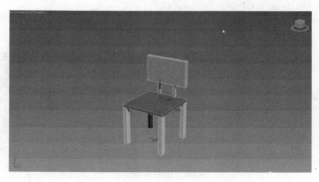

图 2-1-43

步骤5 框选整个模型，把整个椅子模型选中。给椅子附材质，点一下材质编辑器（图2-1-44），快捷键是M。

图2-1-44

用鼠标左键，按住左侧standard（标准）材质，拖拽到右侧视口，拖拽左侧Maps下的Bitmap（位图）到视口，在弹出的Select Bitmap Image File（选择图像文件）中，找到配套光盘/贴图文件\02第二章 椅子 篮球场\第一节 椅子，选择"木纹"文件，点Open打开，然后把位图贴图链接到漫反射上（图2-1-45）。然后选择材质，把它赋予到椅子模型上面（图2-1-46）。赋予材质之后可能椅子模型变成灰色，这时点击一下Show Shaded Material in Viewport（图2-1-47）。

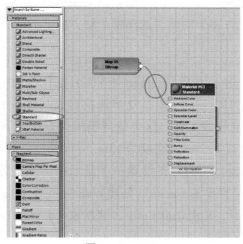

图2-1-45

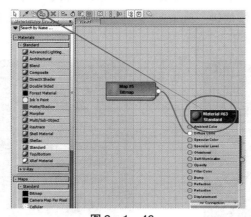

图2-1-46

图 2 - 1 - 47

这样椅子的模型就制作完成，材质纹理的调整我们以后有专门的章节来进行学习（图 2 - 1 - 48）。最后记得保存我们刚才制作的模型，保存完之后，我们以后还能打开修改、调用我们制作的这把椅子模型。

小结

这一节课我们主要学习 Keyboard Entry（键盘输入），通过键盘输入里面标准尺寸来创建出最正规、最真实的三维模型效果。然后还学习了 Align（对齐）工具，哪个物体去对齐哪个物体，选择哪个轴方向上的对齐，都得多加注意。

（二）篮球场

上一节课我们讲解了用 Box 工具和对齐工具制作一把椅子模型，本节课我们继续延伸上一节我们学习的工具，这节课我们要制作一个篮球场，它会用到 Box、圆柱、圆环、圆管等工具，这个篮球场模型是按照真实的篮球场尺寸来制作的，篮球场的长度是 28m，宽度是 15m。

步骤 1 在制作模型之前首先设置一下显示单位设置为 m，系统单位设置为 cm。点击右侧工具栏里面 Create（创建）命令——Geometry（几何体）——Box（盒子）创建工具，Keyboard Entry（键盘输入）——Length：15m，Width：28m，Height：0.3m（图 2 - 2 - 1）。

创建完这个 Box 后，我们会发现这个 Box 占满了整个透视图窗口，这时我们点击一下 Zoom，快捷键：Shift + Ctrl + Z（图 2 - 2 - 2），这样 Box 在各个视窗都完整的显示出来了。

2 - 2 - 1

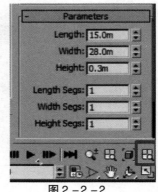

图 2 - 2 - 2

步骤 2 制作篮球场中线的时候，我们要注意它的宽度是 0.05m，我们设置它的高度为 0.31m，比步骤 1 的 box 高了 0.01m，如果中线的高度和步骤 1 的 box 高度一样的话，中线就会不完全显示。

制作篮球场的中线，点击右侧工具栏里面 Create（创建）命令——Geometry（几何体）——Box（盒子）创建工具，Keyboard Entry（键盘输入）——Length：15m，Width：0.05m，Height：0.31m（图 2 - 2 - 3）。

因为创建的篮球场中线坐标为（0，0）点上，所以创建出来中线是刚好位于篮球场的中间。视窗来回切换的工具（图 2 - 2 - 4），快捷键：Alt + W。这是一个比较常用的快捷键。

图 2 - 2 - 3

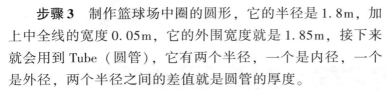

图 2 - 2 - 4

步骤 3 制作篮球场中圈的圆形，它的半径是 1.8m，加上中全线的宽度 0.05m，它的外围宽度就是 1.85m，接下来就会用到 Tube（圆管），它有两个半径，一个是内径，一个是外径，两个半径之间的差值就是圆管的厚度。

点击右侧工具栏里面 Create（创建）命令——Geometry（几何体）——Tube（圆管）创建工具，Radius1（半径 1）：1.8m，Radius2（半径 2）：1.85m，Height（高度）：0.31m（图 2 - 2 - 5）。

创建出来的中圈（图 2 - 2 - 6），看上去非常僵硬，需要点击 Modify（修改）命令面板，修改它的边数为 50，这样中圈就会变得非常圆滑（图 2 - 2 - 7），高度的段数这里我们设置默认值为 1，因为高度在这里设置高的段数没有实际意义，还浪费计算机资源。

图 2 - 2 - 5

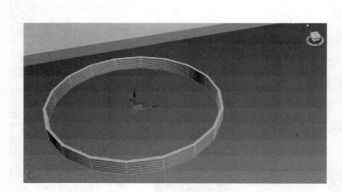
图2-2-6

图2-2-7

笔者刚才是在篮球场创建的圆管，主要是借以说明圆管在创建时的注意事项，我们删除这个圆管，然后按照上面的方法创建一个新的圆管，因为新圆管的坐标是（0，0）点，它会自动对齐到篮球的中间。这里笔者切换线框图观察一下中圈（图2-2-8），快捷键是F3，可以实现线框图和实体显示的切换。

图2-2-8

步骤4 制作两侧罚球圈，我们知道罚球圈距离底线的距离是5.8m（图2-2-9），我们先复制一个中圈出来，然后先对齐底线，再进行移动。

图 2 – 2 – 9

切换到顶视图，罚球圈作为当前物体，篮球场作为目标物体，点对齐工具，选择 X 轴，当前物体的中心对齐目标物体的最小（图 2 – 2 – 10）。

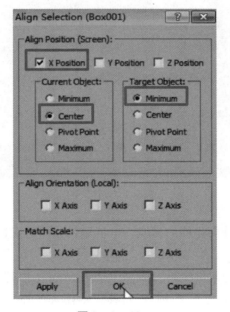

图 2 – 2 – 10

现在我们把罚球圈向右移动 5.8m，在移动工具上点击右键，在相对坐标的 X 处输入 5.8m（图 2 – 2 – 11），这样就把罚球圈的位置摆放准确（图 2 – 2 – 12）。

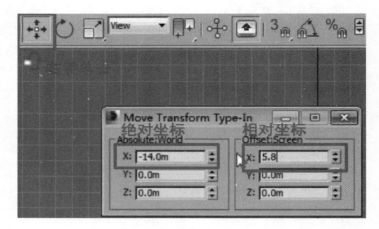

图 2 - 2 - 11

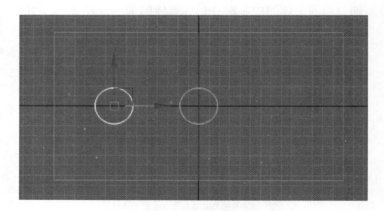

图 2 - 2 - 12

步骤 5 制作罚球圈里面的横线，也就是罚球圈的直径，长度为 3.6m、宽度为 0.05m.

切换到透视图，点击右侧工具栏里面 Create（创建）命令——Geometry（几何体）——Box（盒子）创建工具，Keyboard Entry（键盘输入）——Length：15m，Width：0.05m，Height：0.31m（图 2 - 2 - 13）。

然后需要把罚球圈的直径和罚球圈对齐，当前物体是罚球圈中线，目标物体是罚球圈，只需把罚球圈中线的中心罚球圈的中心即可，点对齐工具，选择 X 轴，当前物体的中心对齐到目标物体的中心（图 2 - 2 - 14）。

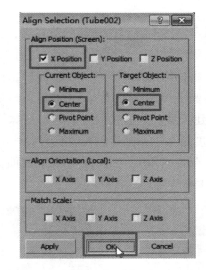

图 2 - 2 - 13　　　　　　　　　　图 2 - 2 - 14

步骤 6　制作罚球线，我们会发现既没有罚球线的长度，也没有它的倾斜角度。但是在底线一条长为 6m 的参考线（图 2 - 2 - 15），我们可以先把这条线创建出来，然后再制造罚球线。

切换到透视图，点击右侧工具栏里面 Create（创建）命令——Geometry（几何体）——Box（盒子）创建工具，Keyboard Entry（键盘输入）——Length：6m，Width：0.05m，Height：0.31m（图 2 - 2 - 16）。

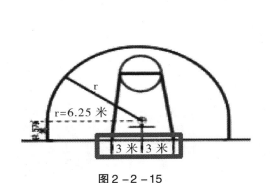

图 2 - 2 - 15　　　　　　图 2 - 2 - 16

把这条参考线对齐到篮球场的最左边，目的是连接得到两条罚球线，选中参考线作为当前物体，目标物体是篮球场，点对齐工具，选择 X 轴，当前物体最小对齐到目标物体最小（图 2 - 2 - 17），然后我们制作罚球线，切换到透视图，点击右侧工具栏里面 Create（创建）命令——Geometry（几何体）——Box（盒子）创建工具。这里我们无法确定罚球线的长度，我们只知道它的宽度是0.05m，高度是 0.31m，我们在顶视图大约给一个长度，然后利用旋转工具和移动工具，调整好角度，然后再回到修改面板，调整罚球线到一个合适的长度（图 2 - 2 - 18）。

图 2 - 2 - 17

图 2 - 2 - 18

这时我们制作另外一根罚球线，运用一个新的工具 Mirror（镜像），按照 Y 轴方向来镜像，选择 Copy（图 2 - 2 - 19）。镜像完之后，利用移动工具把刚才克隆的对象移动到原线之下，在下面的坐标处，把 Y 轴的数值改为 - 2.385m（图 2 - 2 - 20），这样两条罚球线的制作就全部制作完成。

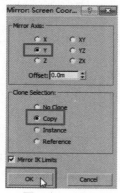

图 2 - 2 - 19

图 2 - 2 - 20

步骤7 制作三分线，我们看上去它像一个半圆，其实它是由两部分组成的（图2-2-21），有一个180°的半圆，还有一段距离，这段距离的长度为1.575m，这个半圆的半径是6.25m，先制作半圆，然后对齐这段距离。

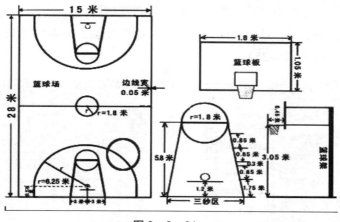

图2-2-21

点击右侧工具栏里面 Create（创建）命令——Geometry（几何体）——Tube（圆管）创建工具，Radius1（半径1）：1.8m，Radius2（半径2）：1.85m，Height（高度）：0.31m（图2-2-22）。

再修改一下三分线这个圆的边数，因为这个圆比较大，所以这里把边数设置成100（图2-2-23）。

图2-2-22

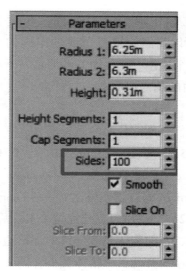

图2-2-23

我们得把这个整圆变成一个半圆，这里有一个 Slice On 切口工具（图 2 - 2 - 24），在 Slice From 处输入 360，在 Slice To 处输入 180，这样我们就会得到一个半圆。

得到这个三分线半圆后，我们首先要对齐篮球场，点一下对齐工具，当前物体是三分线的半圆，目标物体是篮球场，选择 X 轴，当前物体最小对齐目标物体的最小（图 2 - 2 - 25）。

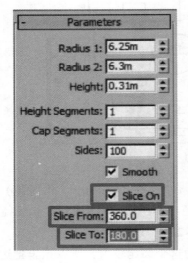

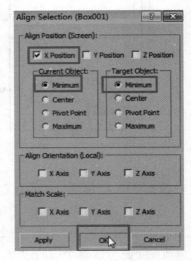

图 2 - 2 - 24 　　　　　　　　　　　图 2 - 2 - 25

然后在制作那段直线距离，长度为 1.575m，所以我们先把三分线的半圆向右移动 1.575 个单位。在移动工具上点一下右键，在 X 轴的相对坐标输入：1.575m（图 2 - 2 - 26），点回车。

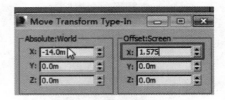

图 2 - 2 - 26

接着我们制作三分线的另一部分，它是长度：1.575m，宽度：0.05m，高度：0.31m，切换到透视图，点击右侧工具栏里面 Create（创建）命令——Geometry（几何体）——Box（盒子）创建工具，Keyboard Entry（键盘输入）——Length：0.05m，Width：1.575m，Height：0.31m（图 2 - 2 - 27）。创建完这个 Box 后，首先要向左对齐到篮球场的底线，点对齐工具，当前物体是三分线的那段直线，目标物体是篮球场，选择 X 轴，当前物体最小对齐到目标物体最小（图 2 - 2 - 28）。

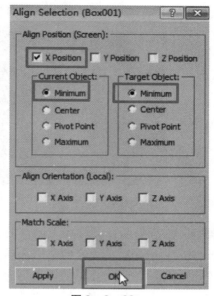

图 2 - 2 -27   图 2 - 2 - 28

接下来把新建的 Box 和三分线的半圆对齐，在顶视图，点对齐工具，当前物体是刚新建的 Box，目标物体是三分线半圆，选择 Y 轴，当前物体最大对齐目标物体最大（图 2 - 2 - 29）。对齐之后再选择 Box，按住 Shift 向下复制出另一个，点对齐工具，当前物体是刚复制的 Box，目标物体是三分线半圆，选择 Y 轴，当前物体最小对齐目标物体最小（图 2 - 2 - 30）。

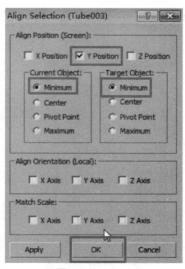

图 2 - 2 - 29   图 2 - 2 - 30

之前制作的 6m 参考线（图 2 - 2 - 31），现在就可以删除了。

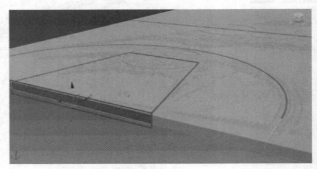

图 2 - 2 - 31

步骤 8　选择前面在篮球场上制作的线，统一给它们一个材质。之前我们选择多个物体是利用：按住 Ctrl 单击每个要选择的物体，如果物体比较多的话，这样加

图 2 - 2 - 32

选是非常麻烦的。这里笔者介绍一个方便快捷的选择工具（图 2 - 2 - 32），它提供了两种方式，一个是框选，一个是穿越。框选就是需要包住整个物体才能被选择，穿越就是只要碰到物体的任一部分，它都会被选择进来。这里我们利用框选，选择篮球场上面的各种线。

点一下材质编辑器，找一个标准材质 Standard，这里只需给一个颜色就行，双击蓝色区域（图 2 - 2 - 33），右侧的 Diffuse 处，把颜色改成白色 RGB（255，255，255）（图 2 - 2 - 34）。

图 2 - 2 - 33

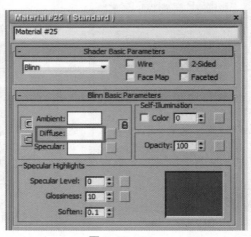

图 2 - 2 - 34

之前教过大家在修改面板改模型的颜色，可能有同学觉得在修改面板改模型的颜色是不是更省事呢？我们选中的物体就会变成白色，这里如果在修改面板把模型都改为白色，那么就很难分辨改模型是不是被选中。

然后把材质赋予到刚才框选中的所有物体（图 2 - 2 - 35），这样篮球场上的各种线全部被赋予材质了（图 2 - 2 - 36）。给篮球场附材质，点一下材质编辑器，快捷键

图 2 - 2 - 35

是 M，新建一个材质示例球，双击上面的蓝色区域，在右侧 Diffuse 处，设置它的颜色为 RGB（211，99，0），然后把材质赋予篮球场（图 2 - 2 - 37）。

图 2 - 2 - 36

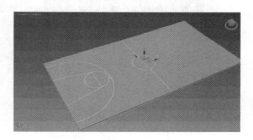

图 2 - 2 - 37

步骤 9 制作篮板、篮筐、篮球架。篮板和篮筐的尺寸是固定的，篮球架的尺寸是根据篮板和篮筐决定的，篮筐的直径是 0.45m。

点击右侧工具栏里面 Create（创建）命令——Geometry（几何体）——Torus（圆圈）创建工具，Major Radius：0.225m，Minor Radius：0.1m。（图 2 - 2 - 38）。

切换到线框图，在顶视图观察一下，发现创建的圆圈太粗了（图 2 - 2 - 39），我们在右侧的修改面板，把它的 Radius2 修改为 0.01m（图 2 - 2 - 40）。篮球圈到底线的距离为：1.2m（图 2 - 2 - 41），先把篮球圈和左侧底线对齐，点对齐工具，当前物体是篮筐，目标物体是篮球场，选择 X 轴，当前物体最小对齐目标物体的最小（图 2 - 2 - 42）。

图 2 - 2 - 38

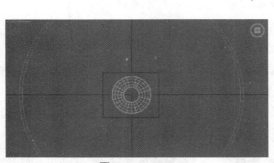
图 2 - 2 - 39

图 2 - 2 - 40

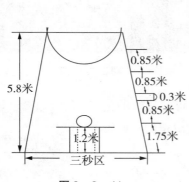
图 2 - 2 - 41

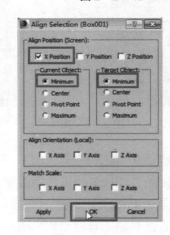
图 2 - 2 - 42

然后在移动工具上单击右键，在相对坐标的 X 轴输入 1.2m，向右移动 1.2m（图 2 - 2 - 43）。

篮筐到地面的距离为 3.05m，因为篮球场本身的高度为 0.3m，所以把篮筐的绝对坐标改为 3.35m（图 2 - 2 - 44）。

图 2 - 2 - 43

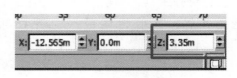
图 2 - 2 - 44

篮球框制作完毕后，开始制作篮板，它的长度是 1.8m，宽度是 1.05m。点击右侧工具栏里面 Create（创建）命令——Geometry（几何体）——Box（盒子）创建工具，Keyboard Entry（键盘输入）——Length：1.8m，Width：0.1m，Height：1.05m（图 2－2－45），点对齐工具，当前物体是篮板，目标物体是篮筐，选择 X 轴，当前物体最大对齐目标物体最小（图 2－2－46），然后修改篮板的绝对坐标的 Y 轴，输入 3.25m（图 2－2－47）。

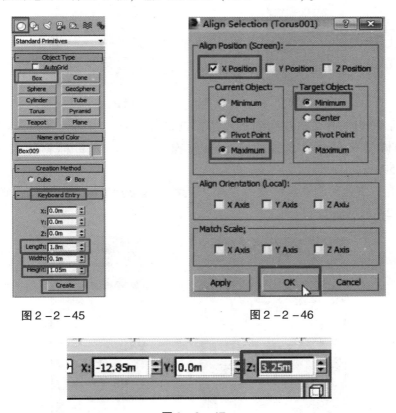

图 2－2－45　　　　　　　　　　图 2－2－46

图 2－2－47

紧接着制作篮架，点击右侧工具栏里面 Create（创建）命令——Geometry（几何体）——Cylinder（圆柱）创建工具，Keyboard Entry（键盘输入）——Radius：0.1，Height：3.5m（图 2－2－48）。创建完之后，发现圆柱高度上有一些段数，在这里高度段数没有作用，在修改命令面板，把它的高度段数设置为 1（图 2－2－49）。

| 图 2 – 2 – 48 | 图 2 – 2 – 49 |

然后我们把篮架圆柱挪到最左边，点对齐工具，当前物体是篮架圆柱，目标物体是篮球场，选择 X 轴，当前物体中心对齐目标物体最小（图 2 – 2 – 50）。

现在观察篮架圆柱的高度有点矮，笔者在这里把篮架圆柱的高度改为 4m（图 2 – 2 – 51）。

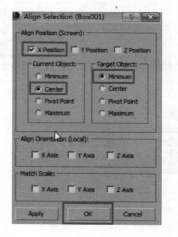

| 图 2 – 2 – 50 | 图 2 – 2 – 51 |

步骤 10 制作篮架的横向支撑，点击右侧工具栏里面 Create（创建）命令——Geometry（几何体）——Cylinder（圆柱）创建工具，Keyboard Entry（键盘输入）——Radius：0.1m，Height：3.5m（图 2 – 2 – 52）。

创建完成后，我们会发现它的方向和位置都不正确，切换到前视图，选择旋转工具，点击角度锁定工具（图2-2-53），开启角度锁定之后，旋转的角度就会以5°为一个单位进行，这里旋转-90°，旋转完成后关闭角度锁定工具。然后移动篮架横梁到一个合适的位置，然后按住 Shift 向下拖动篮架横梁，复制出另外一根横梁。

图2-2-52

图2-2-53

步骤11 制作篮板上的线，点击右侧工具栏里面 Create（创建）命令——Geometry（几何体）——Box（盒子）创建工具，Keyboard Entry（键盘输入）——Length：0.05m，Width：0.001m，Height：1.05m（图2-2-54），切换到左视图，点对齐工具，当前物体是我们刚制作的 Box，目标物体是篮板，选择 Y 轴，当前物体中心对齐目标物体中心（图2-2-55），再点对齐工具，选择 X 轴，当前物体最小对齐目标物体最小（图2-2-56），然后切换到前视图，点对齐工具，选择 X 轴，当前物体最小对齐目标物体最大（图2-2-57），切换到透视图，按住 Shift 向左拖动，复制出另一条线，点对齐工具，当前物体最小对齐目标物体最小（图2-2-58）。

接着制作上下两条篮板线，按住 Shift 在复制出一条篮板

图2-2-54

线，然后选择旋转工具，角度锁定，旋转90°，然后在修改命令面板，修改
height 为1.8m（图2-2-59），然后点对齐工具，当前物体是篮板线，目标物
体是篮板，选择 Y 轴，当前物体中心对齐目标物体中心（图2-2-60），现在
上下位置不正确，再点对齐工具，选择 Z 轴，当前物体最小对齐目标物体最小
（图2-2-61），然后按住 Shift，向上拖拽复制出上面那一条篮板线，点对齐工
具，选择 Y 轴，当前物体最大对齐目标物体最大（图2-2-62）。

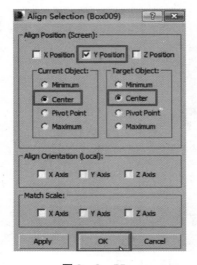

图2-2-55

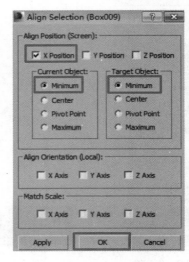

图2-2-56

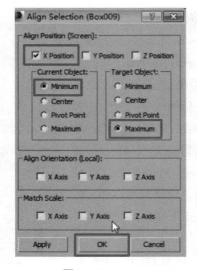

图2-2-57

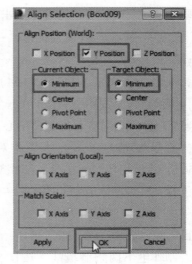

图2-2-58

图 2 – 2 – 59

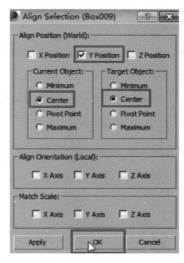

图 2 – 2 – 60

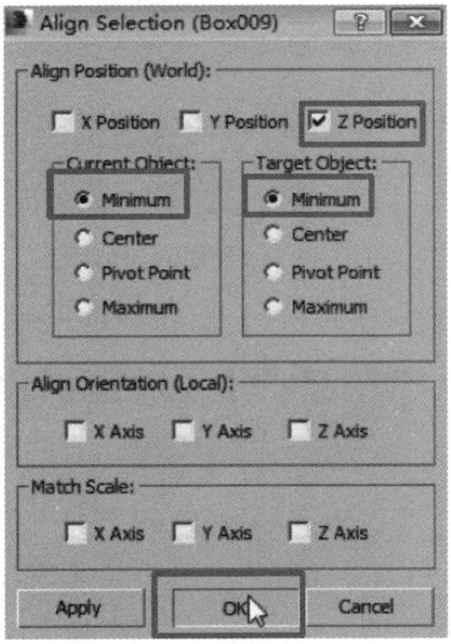

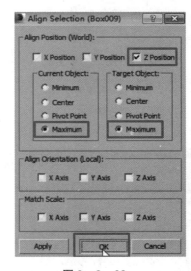

图 2 – 2 – 61

图 2 – 2 – 62

步骤 12 制作篮架瞄准框，因为它的尺寸不能确定，这里笔者用一个圆管来制作，点击右侧工具栏里面 Create（创建）命令——Geometry（几何体）——Tube（圆管）创建工具，Keyboard Entry（键盘输入）——Inner Radius（内径）：0.35m，Outer Radius：0.4m，Height：0.01m，段数设置为 4，关闭 Smooth（圆滑）（图 2 – 2 – 63），创建出来后，点旋转工具，打开角度锁定，旋转90°，然后移动到篮板位置，这时会发现瞄准框的角度和高度都不正确，先把它的高度改为0.001m（图2－2－64），然后再选择旋转工具，打开角度捕捉，旋转45°。点对齐工具，当前物体是瞄准框，目标物体是篮板，选择Y轴和Z轴，当前物体中心对齐目标物体中心（图2－2－65），再点对齐工具，选择X轴，当前物体最小对齐目标物体最大（图2－2－66）。

图2－2－63

图2－2－64

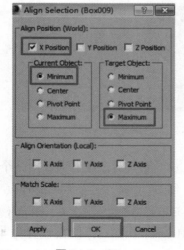

图2－2－65

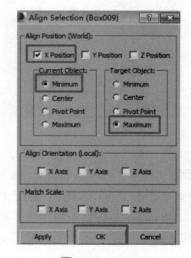

图2－2－66

现在瞄准框已经对齐，但是发现它是正方形的，这时需要加一个修改命令——Edit Poly（编辑多边形）（图2－2－67），找到顶点工具（图2－2－68），选中上面的8个点，用移动工具向下拖拽到合适位置（图2－2－69）。

图2－2－67

2－2－68

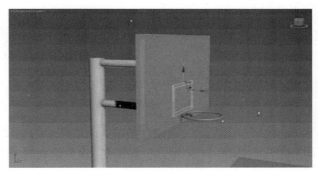

图2－2－69

现在给整个篮球架赋予材质，首先选中篮架的立柱和两根横梁，打开材质编辑器，新建一个材质示例球，修改 Diffuse，RGB（72，150，179），然后把材质赋予篮架立柱；赋予篮板一个白色的材质（同篮球场上标示线的材质）；选择篮板上的线条，赋予它们和篮架立柱一样的材质；选择篮筐，新建一个材质示例球，修改 Diffuse，RGB（253，214，0），然后把材质赋予篮筐。这样整个篮球架就全被赋予材质了（图2－2－70）。

图2－2－70

103

步骤 13　现在我们要制作篮球场的另一部分，我们当然没有必要重新制作一次，我们只需把制作好这一部分全部选中，成一个组，然后镜像，在移动对齐就行了。

选择这些物体（图 2 - 2 - 71），然后选择 Group（成组工具）（图 2 - 2 - 72）把选中的物体成组，取名为篮球架。成组之后，点镜像工具，沿 X 轴镜像（图 2 - 2 - 73），选择刚才镜像的物体，把它的绝对坐标修改为 10.112m（图 2 - 2 - 74），这样整个篮球场就全部制作完成（图 2 - 2 - 75）。

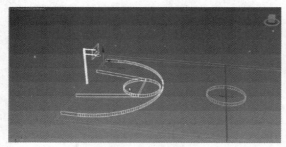

图 2 - 2 - 71

图 2 - 2 - 72

图 2 - 2 - 73

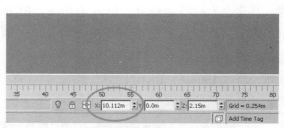

图 2 - 2 - 74

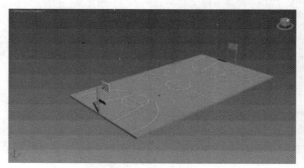

图 2 - 2 - 75

小结

我们以后在制作模型的时候，要养成一个好的习惯，严格按照真实的尺寸，并且在 3DS Max 中设置好单位尺寸。

（三）总结

本章前两节我们学习了基本的几何体创建，通过对这些几何体的学习，掌握了一些基本的规律以及运用修改各参数的方法。

步骤 1 创建 Box，在右侧的创建面板有一个 Creation Method（创建模式）（图 2 – 3 – 1），下面有两种模式，Cube（正方体），创建出来的物体长宽高数值都一样（图 2 – 3 – 2），Box 创建的时候要分两步，第一步确定它的长宽，第二步确定它的高度。

图 2 – 3 – 1

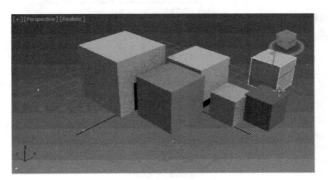

图 2 – 3 – 2

步骤 2 在 Keyboard Entry（键盘输入）中 X 轴、Y 轴、Z 轴的坐标（图 2 – 3 – 3），前两节没有讲，它这里就是改变物体的绝对坐标，功能和右键单击移动工具，改变绝对坐标（图 2 – 3 – 4）以及操作视口下面的改变绝对坐标（图 2 – 3 – 5）是一样的。在 X 轴、Y 轴、Z 轴后面输入任意数值，都会偏离之前的（0，0）原点坐标。

步骤 3 在修改命令面板下，有 Length Segs、Width segs、Height segs，分别代表长度段数、宽度段数、高度段数（图 2 – 3 – 6）。段数的多少在渲染的时候是没有什么区别的，它的作用体现在以后创建多边形的几何体或根据多边形的段数进行建模的时候，这里笔者把它的长度拉长，长度段数设置成 20，

图 2 – 3 – 3

在修改命令面板给它加一个 Bend（弯曲命令）（图2-3-7），在修改面板修改弯曲角度和弯曲坐标轴（图2-3-8），完成之后呈现这样的效果（图2-3-9），如果段数过少，那么弯曲就不能那么圆滑，笔者做了多次尝试，这是笔者在长度段数在4段时弯曲的效果（图2-3-10）。

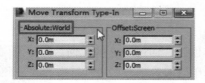

图2-3-4

图2-3-5

图2-3-6

图2-3-7

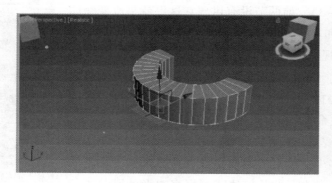

图2-3-8

2-3-9

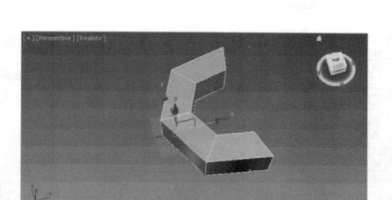

图 2 - 3 - 10

步骤 4 在修改命令面板下面有一个 Generate Mapping Coords（坐标贴图）（图 2 - 3 - 11），3DS Max 默认是勾选上该选项的，如果取消勾选该选项，那么它的材质贴图会出现问题，所以我们保持默认选项。下面还有一个 Real - Word Map Size（真实世界的大小）（图 2 - 3 - 11），如果把它勾选上，贴图就会按住系统单位的尺寸进行计算，一般情况下也是保持系统默认，不勾选此项。

步骤 5 Cone（圆台）在创建面板里，有一 Creation Method（创建方法），下面有 Edge 和 Center 两种创建方法（图 2 - 3 - 12），Edge 是从边上来创建，Center 是从中心来创建。在 Keyboard Entry（键盘输入）下面有 X、Y、Z 轴，代表创建圆台时的坐标，下面还有 Radius1、Radius2、Height，分别是半径 1，半径 2，高度（图 2 - 3 - 13）。在

图 2 - 3 - 11

修改命令面板下还有 Height Segments、Cap Segments、Sides，它们分别是高度段数、顶面段数、边数（图 2 - 3 - 14），Smooth（圆滑）、Slice On（开口），本章第二节在制作篮球场中圈半圆的时候我们曾介绍过这一功能，当时圆管开口的角度是有些问题的，圆管的开口零点坐标相当于逆时针旋转了 90°，这里圆台的开口是符合我们的常规思维的（图 2 - 3 - 14），下面还有贴图坐标和赋予真实世界的尺寸，前面笔者已经介绍过，这里不再赘述。

107

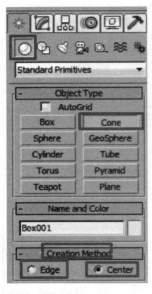

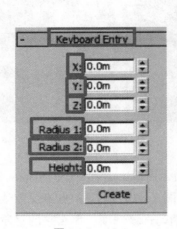

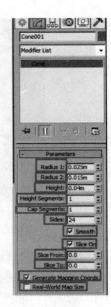

图 2 - 3 - 12　　　　　　　　图 2 - 3 - 13　　　　　　　　图 2 - 3 - 14

步骤6　Sphere（圆球）它只有一个参数：Radius（半径），Segments（段数），默认的段数为 32 段，最少 4 段，Smooth（圆滑），关掉圆滑之后，圆球就变成类似晶体形状。Hemisphere（半球），可以控制球体从 0 到 100 显示，下面 Chop 和 Squash 两个选项，分别是切割和挤压的意思，下面还有 Slice On（开口），圆球的开口零点坐标同圆管一样也是有些问题，下面有个 Base Pivot（基于坐标系重心）这个选项默认是不勾选的，如果勾选的话，坐标就会移动到球的最低端，它的实际用处不大，下面的贴图坐标和赋予真实世界的尺寸，前面笔者已经介绍过，这里不再赘述（图 2 - 3 - 15）。

图 2 - 3 - 15

步骤 7　GeoSphere（几何球体），它也有两种创建方式，一种是按照中心来创建，一种是按照边来创建。在 Parameters（属性）下面可以看到 Radius（半径），Segments（段数），在 Geodesic Base Type 下面有三个选项 Tetra（四面体）、Octa（八面体）、Icosa（二十面体），下面的 Smooth（光滑）、Hemisphere（半球）、Base Pivot（基于坐标系重心）、Generate Mapping Coords（坐标贴图）以及 Real‐Word Map Size（真实世界的大小）就不再赘述（图 2‐3‐16）。

步骤 8　Cylinder（圆柱），在 Keyboard Entry（键盘输入）下面有 X、Y、Z 轴，代表创建圆柱时的坐标，下面还有 Radius（半径）、Height（高度）（图 2‐3‐17）。在修改命令面板下，可以修改圆柱的半径、高度、高度段数、顶面段数、边数，还有圆滑、切口等，和前面讲解的使用方法一样，这里不多赘述（图 2‐3‐18）。

图 2‐3‐16

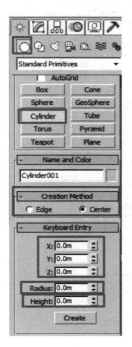

图 2‐3‐17

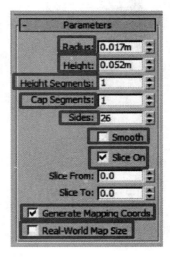

图 2‐3‐18

步骤9 Tube（圆管），注意它的 Keyboard Entry（键盘输入）和 Parameters（属性）底下各项参数运用就行，它的使用方法与上面的工具一致（图 2-3-19）。

步骤10 Torus（圆环），注意它的 Keyboard Entry（键盘输入）和 Parameters（属性）底下各项参数运用就行，这里注意一下 Parameters（属性）底下的 Twist（扭曲），其他的使用方法与上面的工具一致（图 2-3-20）。

步骤11 Pyramid（金字塔），注意下它的长度、深度、高度以及高度段数、深度段数、以和高度段数就行，其他的属性和使用方法与前面讲到的工具一致（图 2-3-21）。

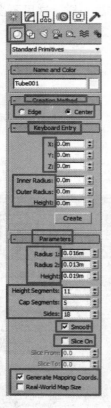
图 2-3-19

图 2-3-20

图 2-3-21

步骤12 Teapot（茶壶），这里需注意茶壶半径和段数，茶壶的半径指的是壶身的半径，最少段数为 1。Teapot Parts 下面有四个选项。Body、Handle、

Spout、Lid 分别是壶身、把手、壶嘴、壶盖，只要不勾选哪部分哪部分就会被隐藏，其他的功能就不赘述（图2-3-22）。

　　步骤13　Plane（平面），这是以后我们最经常用到的一个工具。这里我们只要先记住它的长度、宽度以及长度段数、宽度段数就行，Render Multipliers（渲染级别）等我们专门讲渲染的时候再来进行讲解（图2-3-23）。

图2-3-22

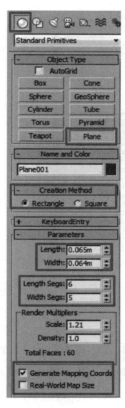

图2-3-23

　　步骤14　在卷展栏中还有很多（图2-3-24），在扩展多边形中讲两个工具，一个是ChamferBox，一个是ChamferCyl，倒角多边形和倒角圆柱。倒角Box比普通的Box多了两个参数，Fillet（倒角大小）和Fillet Segs（倒角段数），别的都和普通的Box一样（图2-3-25）。倒角圆柱也是同样的道理，它与普通圆柱的区别也在这里（图2-3-26）。

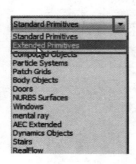

图2-3-24

图2-3-25

图2-3-26

小结

我们本节总共学习了 12 个标准几何体的创建方法，如果我们堆砌模型的话，就像本章前两节椅子和篮球场的案例，就用这样的方法来拼凑模型。这就是我们学习这些标准几何体创建的目的。但是在实际的生活中，我们所接触的东西大部分不是标准物体，这就需要我们学习新的建模技巧，在下面的章节学习中我们会学习建造不标准物体的方法。

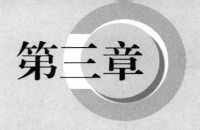

第三章

样条线建模 ■ ■ ■

各位同学，大家好，从今天开始，我们正开始学习样条线建模，之前是在创建命令下面的几何体创建，今天创建的样条线只有加一些修改命令才能体现出建模的效果。

（一）标志

步骤 1 按照一张参考图片进行样条线建模，所以首先在 3DS Max 中创建一张参考图。因为 3DS Max 2014 取消了背景锁定功能，所以我们只能使用创建平面的办法创建参考图。

点击右侧工具栏里面 Create（创建）命令——Geometry（几何体）——Plane（平面）创建工具（图 3 – 1 – 1），在 Keyboard Entry（键盘输入）下分别输入 Length：258，Width：268，因为图片的尺寸是 258×268，所以我们使用这个尺寸。然后点击 Creat（创建）（图 3 – 1 – 2）。

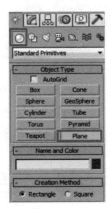

图 3 – 1 – 1

图 3 – 1 – 2

按一下 Shift + Ctrl + Z（全部显示所有视窗），在修改命令面板，修改长度段数和宽度段数，都改为 1 段（图3－1－3）。

步骤2　把参考图材质赋予到刚才建的平面模型上面，打开材质编辑器，新建一个 Standard 标准材质，Bitmap（位图），配套光盘＼贴图文件＼03 第三章 样条线建模＼第一节 App 标志，选择"APP"文件，然后把它拉到 Diffuse（漫反射）当中，然后赋予到平面模型上（图3－1－4）。

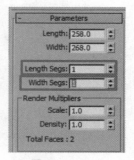

图 3－1－3

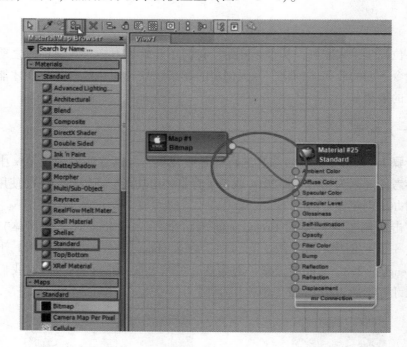

图 3－1－4

现在观察这个参考图，会发现它会挡住我们制作其他模型的观察视线，我们双击刚才创建的材质示例球，在 Opacity（不透明度）处调节它的数值为 25（图 3－1－5）。但是我们在其他视图观察的时候，我们会发现有一些阴影的遮挡，我们选中这个参考图模型，点图层命令（图 3－1－6），新建一个图层（图 3－1－7），重新命名，然后右键点击新建的图层，在弹出的选项栏中找到 Layer Properties（图层属性）（图3－1－8）。

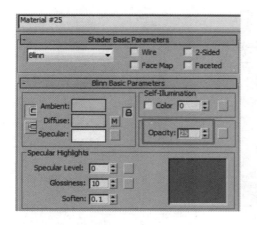

图 3 - 1 - 5

图 3 - 1 - 6

图 3 - 1 - 7

图 3 - 1 - 8

　　在图层属性里面，让它的显示方式改成为 Shade（实体显示），点一下 OK（图 3 - 1 - 9）。现在发现参考图并没有实体显示出来，单击右键 Object Properties（物体属性）里面把显示属性改为 By Layer（图 3 - 1 - 10），点一下 OK。

　　我们希望把这个图层冻结住，再点图层工具，选择新建图层，选择 Freeze（图 3 - 1 - 11），这时我们会发现被冻结的物体变成灰色，这时再右键单击——图层属性——显示属性——取消勾选 Show Frozen in Gray（灰色显示冻结），点 OK，现在就是实体显示并且被冻结（图 3 - 1 - 12）。

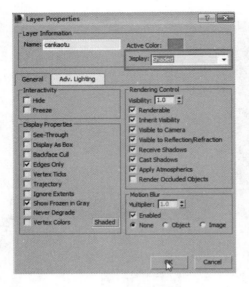

图 3 - 1 - 9

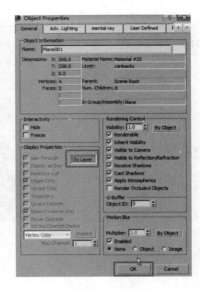

图 3 - 1 - 10

图 3 - 1 - 11

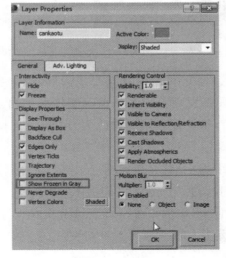

图 3 - 1 - 12

现在激活 0 图层，左键双击 0 图层，后面显示勾号，说明该图层已被激活（图 3 – 1 – 13）。

图 3 – 1 – 13

步骤 3 开始创建图形，点击右侧工具栏里面 Create（创建）命令——Shape（图形）——Rectangle（矩形）创建工具（图 3 – 1 – 14），沿标志参考图创建矩形（图 3 – 1 – 15），然后点一下修改命令，Corner Radius（倒角）数值设为 33. 18 左右，调整至基本与参考图对齐（图 3 – 1 – 16），如果长度和宽度不合适，也可以进行调整。

步骤 4 Alt + W 放大显示顶视图，点击右侧工具栏里面 Create（创建）命令——Shape（图形）——Line（线）创建工具（图 3 – 1 – 16）。首先创建苹果叶，沿着叶子的外轮廓连续点击四下鼠标左键，最后点一下起点，这时会弹出一个对话框，问是否合并曲线？点击是。这样一条封闭的样条曲线就创建完成（图 3 – 1 – 17）。

图 3 – 1 – 14

图 3 – 1 – 15

图 3 – 1 – 16

图 3 – 1 – 17

现在我们看到的是很生硬的菱形，要把它调整为圆滑的曲线，在修改命令面板，有三个子物体（图 3 – 1 – 18），从左到右分别是点、段、线，选择顶点工具，就可以任意选择某个顶点，选中该点（图 3 – 1 – 19），单击鼠标右键，找到 Bezier（贝塞尔曲线）（图 3 – 1 – 20），可以看到在该点上有一杠

1 1 7

杆出现（图3－1－21），可以通过杠杆调节曲线的形状，直到与参考图基本相符为止。

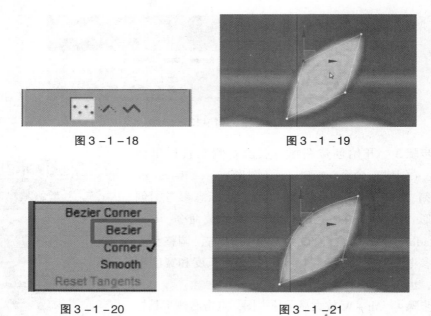

图3－1－18　　　　　　　　　图3－1－19

图3－1－20　　　　　　　　　图3－1－21

同样道理，该点（图3－1－22）也用一样的方法进行修改。叶子两角的顶点现在是（Corner）角点，选中该点（图3－1－23），右键单击，把它转化为Corner Bezier（贝塞尔角点）（图3－1－24），它的特点是既有贝塞尔曲线又有角点，它可以分两部分进行调节，调整到与参考图基本相符即可（图3－1－25）。

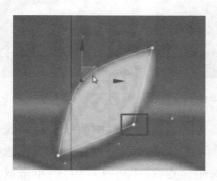

图3－1－22

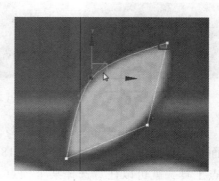

图3－1－23

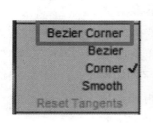

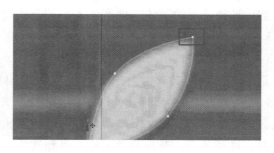

图 3 –1 –24   图 3 –1 –25

同样道理，叶子的另一角也用一样的方法来制作，最后叶子做完是这样的效果（图 3 –1 –26）。

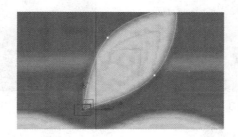

图 3 –1 –26

步骤 5　制作苹果，点击右侧工具栏里面 Create（创建）命令——Shape（图形）——Line（线）创建工具，开始的时候不用制作的太详细（图 3 –1 –27），后面还要用贝塞尔角点和贝塞尔点进行调节，我们先观察一下，有三个点比较尖锐，需要转换成贝塞尔角点，其他的转换为贝塞尔点就行（图 3 –1 –28）。

图 3 –1 –27   图 3 –1 –28

步骤 6　制作下面的 WWDC 四个字母，点击右侧工具栏里面 Create（创建）命令——Shape（图形）——Text（文字）创建工具（图 3 –1 –29）。

然后选择合适的字体，把字体大小调节到合适的大小（图3-1-30），然后把它移动到与参考图差不多对齐（图3-1-31）。

选中文字，单击右键，把它转换成可编辑样条曲线（图3-1-32），转换成样条曲线制后，它作为文字的属性消失，通过线工具，把文字移动到合适的位置，再通过顶点工具，移动各点，对齐参考图片，得到这样一个文字效果（图3-1-33）。

图3-1-29

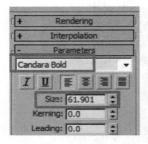

图3-1-30

图3-1-31

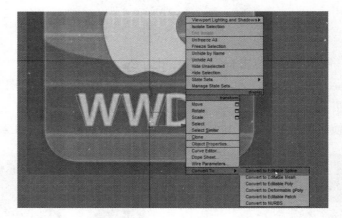

图3-1-32

图3-1-33

步骤7 把几条样条曲线焊接到一起，选择苹果这条样条线，在右侧的修改面板，找到 Attach（焊接）（图3-1-34），把所有的物体焊接到一个整体，焊接完成后就呈现这样一个效果（图3-1-35）。现在挤出焊接完成后的样条线，在修改命令面板——Modifier List（修改器列表）——Extrude（挤出）（图3-1-36），修改它的 Amount（挤出厚度），可以看到这样一个立体的效果（图3-1-37），但是这样的效果并不好，因为它的边缘太过锐利，在做一些工业产品的时候，这种效果并不理想。

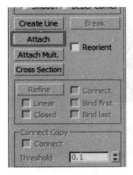

图3-1-34

图3-1-35

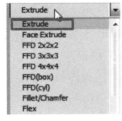

图3-1-36

图3-1-37

步骤8 因为挤出命令不合适，把它删掉。切换到前视图，点击右侧工具栏里面 Create（创建）命令——Shape（图形）——Rectangle（矩形）创建工具，创建出一个矩形（图3-1-38），然后在修改命令面板，修改它的 Corner Radius（倒角），数值大约为：1.617。再点击一下右键，把它转化成可编辑样条线，使用段工具，选中左边这些段（图3-1-39），然后将它们删除，只留下右边那一条线段，然后关闭子物体。

图3-1-38

图 3 – 1 – 39

步骤9 选择刚才焊接在一起的样条线，然后在修改器列表中选择 Bevel Profile（倒角剖面）（图 3 – 1 – 40），然后点 Pick Profile（拾取剖面）（图 3 – 1 – 41），然后再点刚创建的那个倒角剖面，这样我们就会得到一个效果非常不错的倒角效果（图 3 – 1 – 42），如果这时觉得高度不满意，通过修改剖面的高度就可以实现，我们会发现剖面和实体是绑定在一起的，修改剖面，实体就会发生改变。

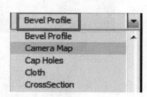

图 3 – 1 – 40

图 3 – 1 – 41

图 3 – 1 – 42

步骤10 这时我们发现中间镂空的效果不理想，笔者想实现一种铭文的效果，就是有一点凹陷的效果。进入顶视图，点击右侧工具栏里面 Create（创建）命令——Geometry（几何体）——Box（盒子）创建工具，做一个 Box 将这些文字包住，然后在修改命令面板稍稍修改 Box 的高度就行，大概是这样的一个效果（图 3 – 1 –43）。

图 3 – 1 –43

步骤11 现在视图内有两个物体，一个是标志，一个是 Box，我们给它们赋予材质，打开材质编辑器，使用一个新的材质示例球，先给标志贴材质，双击刚才的示例球，点击上面的蓝色区域，右侧的 Diffuse，修改它的颜色 RGB（0，64，65），然后再修改它的 Specular（高光强度），数值为 119，Glossiness（高光区域），数值为 44（图 3 – 1 –44），修改完

图 3 – 1 –44

我们会看到这样一个效果（图 3 – 1 –45）。然后选择里面的 Box，给它一个纯白色的材质，这样整个标志就制作完毕（图 3 – 1 –46）。然后可以把参考图删除，选择图层，然后找到参考图的图层，然后解冻，删除掉即可。

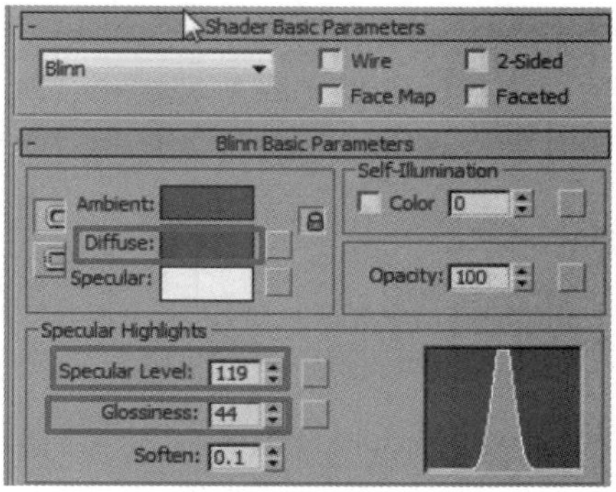

图 3 – 1 –45

图 3 – 1 –46

小结

这本节课我们主要学习了矩形工具，怎样将它转换为一条可编辑的样条

线，还有非常重要的 Line 工具，在整个的 shape（图形）命令面板下只有它是最重要的，其他的都只起辅助功能。线的修改命令下有三个层级：点、段、线，可以对它们进行修改，另外我们还学习了 Text 工具。

（二）静物

这节课我们将对线工具进行进一步的拓展学习，我们将利用线工具创建酒瓶、盘子、高脚杯、苹果，还要学习贴图的方法以及材质的质感的表现。

步骤1 首先创建盘子，切换到前视图，最大化显示，点击右侧工具栏里面 Create（创建）命令——Shape（图形）——Line（线）创建工具，创建出这样一条样条线（图3－2－1），如果觉得有不合适的地方，通过修改命令面板对其进行修改，找到顶点层级，添加"使用移动工具进行调整至效果满意为止"，这时选择 Fillet（倒圆角）（图3－2－2），对各点进行倒圆角，数值需要自己多试几次，拿捏一个合适的数值，做完之后的效果（图3－2－3）。

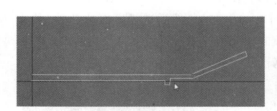

图3－2－1

图3－2－2

注意：圆角工具只能使用一次，一旦锐利的角变成圆角，再对其使用圆角工具就无法起作用了，如果一次圆角效果不好，那只能 Ctrl＋Z 回退后再次进行操作。

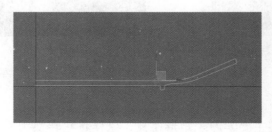

图3－2－3

在修改器列表里，找到 Lathe（车削）命令（图 3 - 2 - 4），在透视图形成如图 3 - 2 - 5 效果，这显然不是我们想要的效果，我们找到车削下的 Align（对齐）面板（图 3 - 2 - 6），这个对齐的原理就是从左到右分别是最小、中心、最大，我们车削旋转的时候是以 "Min（最小即最左侧）" 的轴线来进行，所以这里我们选择最小（图 3 - 2 - 7），这时我们会发现盘子的边缘并不是很圆滑（图 3 - 2 - 8），这时增加盘子的分段数到 50（图 3 - 2 - 9），这样盘子就会变得非常的圆滑（图 3 - 2 - 10）。

接下来给盘子附材质，选择圆盘，打开材质编辑器，新建一个标准材质示例球，从左侧拉出一个 Bitmap 位图节点，找到配套光盘 \ 贴图文件 \ 03 第三章 样条线建模 \ 第二节 车削建模，选择 "cucine_ D_ pater_ a 副本. jpg"，点 Open 打开，然后把它链接到 Diffuse（漫反射），然后把材质赋予盘子，使用 Show shaded Material in Viewport（在视口显示材质），这时我们会发现盘子变成灰色（图 3 - 2 - 11），贴图并没有显示出来。

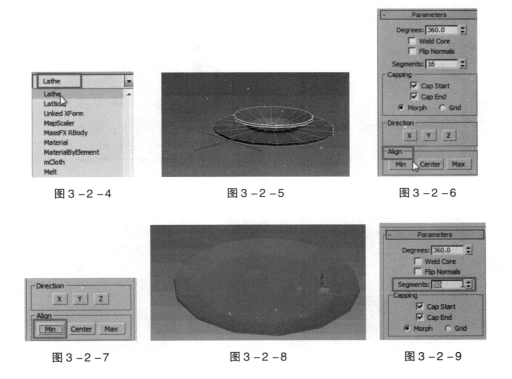

图 3 - 2 - 4　　　　　　图 3 - 2 - 5　　　　　　图 3 - 2 - 6

图 3 - 2 - 7　　　　　　图 3 - 2 - 8　　　　　　图 3 - 2 - 9

125

图3－2－10   图3－2－11

　　出现这种情况是因为没有给它一个贴图坐标，现在给它添加一个 UVW Map 修改器（图 3 - 2 - 12），打开 UVW Map，下面会出现一个 Gizmo（图 3 - 2 - 13），这个就是贴图的位置，点旋转工具，打开角度锁定，沿着 X 轴（图 3 - 2 - 14）旋转 90°，但是这时我们发现贴图的大小还是有问题，找到下面的 Fit（适配）命令（图 3 - 2 - 15），点一下，这时贴图就自动适配到盘子的尺寸，效果就非常好了（图 3 - 2 - 16）。

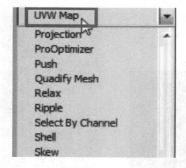
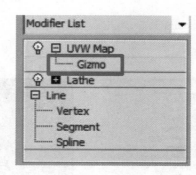

图3－2－12   图3－2－13

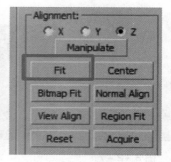

图3－2－14   图3－2－15

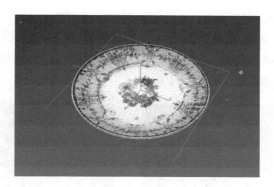

图 3 - 2 - 16

　　有时我们渲染一下会发现这样的情况（图 3 - 2 - 17），这是因为车削的轴线太过靠近左侧的线造成的，打开 Lathe 下面有 Axis（轴子物体）（图 3 - 2 - 18），在前视图使用移动工具将轴（图 3 - 2 - 19）稍微向左移动，这时再渲染就不会出现之前的问题了（图 3 - 2 - 20）。

图 3 - 2 - 17

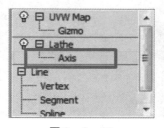

图 3 - 2 - 18

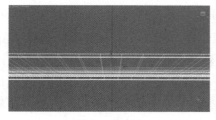

图 3 - 2 - 19

图 3 - 2 - 20

　　步骤 2　制作苹果。切换到前视图，Alt + W 最大化显示，点击右侧工具栏里面 Create（创建）命令——Shape（图形）——Line（线）创建工具，创建出如图 3 - 2 - 21 的一条线，在修改命令面板，进入顶点子物体层级，使用移动工具把所有点都选择中，转化成贝塞尔曲线，然后调节各个点，这时如果我们觉得只能移动 X 轴，按一下 F8 键，这样就会 X 轴和 Y 轴同时都能移动了，调整完毕后，如图3－2－22效果，再给它加一个 Lathe（车削）修改器，在下面的 Align（对齐）选择 Min（最小），会看到如图3－2－23效果，这时还需要调整一下它的 Lathe 底下的 Axis，选择移动工具，将它向左略微移动一点，得到如图3－2－24效果。

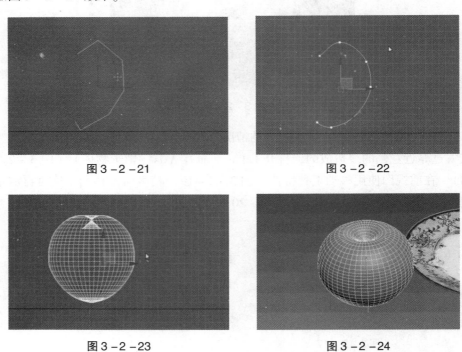

图3－2－21　　　　　　　　　　　　　　　图3－2－22

图3－2－23　　　　　　　　　　　　　　　图3－2－24

　　步骤3　给苹果附材质，打开材质编辑器，新建一个标准材质球，找到配套光盘＼贴图文件＼03第三章 样条线建模＼第二节 车削建模，选择"Apple－Texture－map. jpg"，点 Open 打开，然后把它链接到 Diffuse（漫反射）节点上，然后把材质赋予苹果，使用 Show shaded Material in Viewport（在视口显示材质），我们会发现苹果左半部分是黄绿色的，右半部分是红色的，我们再观察一下苹果贴图的这张位图，发现它的上半部分是黄绿色，下半部分是红色，这样就需要我们把贴图的角度旋转90°（图3－2－25），为了让苹果的质感更真实，使用一个 Bitmap 位图节点，找到配套光盘＼贴图文件＼03第三章 样条线建模＼第二节 车削建模，选择"div－－div class＝. jpg"，点 Open 打开，然后把它链接到 Bump（凹凸）节点上，同样把它的贴图角度旋转90°，这样就会得到一个比较逼真的效果（图3－2－26）。

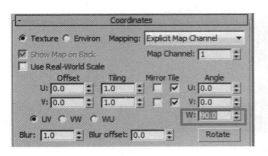

图 3 - 2 - 25

图 3 - 2 - 26

进一步调节材质，调整它的高光强度和高光范围（图 3 - 2 - 27），这时再渲染一下，会得到如图 3 - 2 - 28 的逼真的效果。

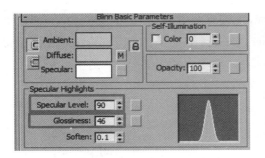

图 3 - 2 - 27

图 3 - 2 - 28

步骤 4　接下来制作苹果把。切换到前视图，最大化显示，点击右侧工具栏里面 Create（创建）命令——Shape（图形）——Line（线）创建工具，创建出一条样条线（图 3 - 2 - 29），在修改命令面板，进入顶点子物体层级，把中间两个点选中，转化成贝塞尔顶点，然后调节成如图 3 - 2 - 30 效果。

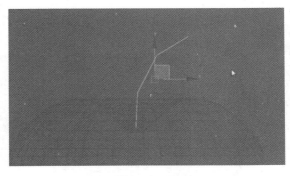

图 3 - 2 - 29

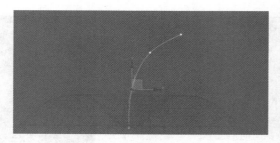

图 3 – 2 – 30

在右侧修改命令面板，在 render（渲染）卷展栏，勾选 Enable In Render（可渲染）和 Enable In Viewport（在视图可见），然后调整 Thickness（厚度），数值大约是根据大家制作的尺寸自行调整（图 3 – 2 – 31）。

再给它加一个修改器——Edit Poly（编辑多边形）（图 3 – 2 – 32），然后进入顶点子物体层级，打开 Soft Selection（软选择）（图 3 – 2 – 33），经过调整得到如图 3 – 2 – 34 效果。

图 3 – 2 – 31

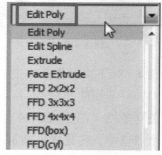

图 3 – 2 – 32

图 3 – 2 – 33

图 3 – 2 – 34

步骤5 接着给苹果把附材质，打开材质编辑器，新建一个标准材质，使用一个 Bitmap 位图节点，找到配套光盘 \ 贴图文件 \ 03 第三章 样条线建模 \ 第二节 车削建模，选择"barkB. jpg"，点 Open 打开，然后把它链接到 Diffuse（漫反射）节点上，然后把材质赋予苹果把，我们会发现苹果把的纹理效果不太好，好像被拉伸了（图3－2－35），我们在右侧调整贴图 X 轴和 Y 轴的重复率（图3－2－36），得到如图3－2－37效果。

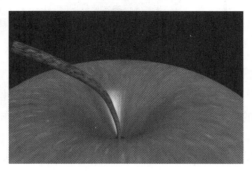

图3－2－35

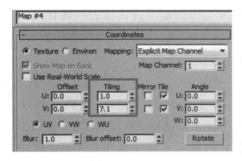

图3－2－36

图3－2－37

步骤6 接下来，我们把苹果和苹果把，把成一个组，以便于我们后期更容易选择和复制。添加"选择苹果和苹果把"在 Group（组）下拉菜单，选择第一项 Group（成组）命令（图3－2－38），在弹出的成组对话框中，给组取一个名字。这样以后我们在选择的过程中就能对它们一起选择了。

在顶视图，把刚打好组的苹果移动到盘子里，使用 Scale（缩放）工具，调整一下苹果尺寸，并用移动工具调整苹果的位置，在前视图，也调整一下苹果的位置，放到盘子内。

然后复制一个苹果出来，使用旋转工具，再将复制出来的苹果做一个旋转，让两个苹果看起来不是那么刻板（图3－2－39）。

图 3－2－38   图 3－2－39

步骤 7　制作酒瓶，切换到前视图，最大化显示，点击右侧工具栏里面 Create（创建）命令——Shape（图形）——Line（线）创建工具。

如果创建出来的线是实体显示，是因为之前我们在制作苹果把的时候，勾选了 Enable In Render（可渲染）和 Enable In Viewport（在视图可见），这时取消勾选它们就可以了。

绘制水平或垂直的线条时需要按住 Shift，创建出如图 3－2－40 的一条样条线。

如果对自己创建的线不满意，在修改命令面板，进入顶点子物体层级，调整创建的样条线。

使用 Fillet（倒圆角）工具，对各点进行倒圆角。

进入 Spline 样条线子物体层级（图 3－2－41），然后找到 Outline（轮廓）工具（图 3－2－42）向下推，推成双线（图 3－2－43），然后给线加一个 Lathe（车削）修改器，在下面的 Align（对齐）选择 Min（最小），会看到这样的效果（图 3－2－44），这时发现酒瓶比较低矮，再找到顶点工具，选中上面的点向上拖拽，感觉酒瓶盖比较大的话，选中相关的点向左进行移动，最后得到如图 3－2－45 效果。

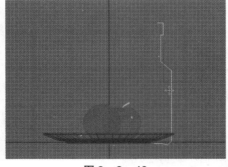

图 3－2－40   图 3－2－41

图 3 – 2 – 42

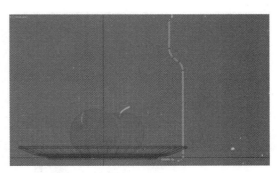

图 3 – 2 – 43

图 3 – 2 – 44

图 3 – 2 – 45

如果我们发现酒瓶上面有个洞，在右侧的修改命令面板，进入样条线的堆栈，在点的子物体层级下，把左上角的两个点向左移动一下即可。

步骤 8 现在制作酒瓶的商标，切换到前视图，进入样条线的修改堆栈，找到车削之前的线，在其上面加两个点，找到 Refine（优化）（图 3 – 2 – 46），添加这样两个点（图 3 – 2 – 47），然后再回到车削命令，发现酒瓶上面多了两条线（图 3 – 2 – 48），给酒瓶加一个修改器——Edit Poly（编辑多边形），进入 Polygon（面）的子物体层级（图 3 – 2 – 49），在左视图，选择如图 3 – 2 – 50 的面，在右侧点击 Detach（分离）工具（图 3 – 2 – 51），这样酒瓶的商标就作为一个物体单独被分离出来了。

图 3 – 2 – 46

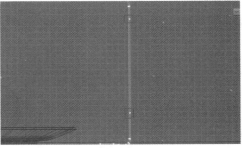

图 3 – 2 – 47

图 3 - 2 - 48　　　　　　　　　　　图 3 - 2 - 49

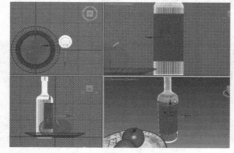

图 3 - 2 - 50　　　　　　　　　　　图 3 - 2 - 51

　　然后用同样的方法，将酒瓶盖分离出来，在前视图选中酒瓶盖的面（图 3 - 2 - 52），然后点 Detach，关闭子物体层级，会发现瓶盖、酒瓶、商标是三个独立的物体（图 3 - 2 - 53）。

图 3 - 2 - 52　　　　　　　　　　　图 3 - 2 - 53

　　步骤 9　然后分别给物体进行贴图，打开材质编辑器，因为之前已经制作了好几种材质了，界面可能显得比较混乱，点一下 Lay Out All - Vertical（垂直布局全部）键（图 3 - 2 - 54），这样材质就会按顺序垂直排列（图 3 - 2 - 55），新建一个标准材质，使用 Bitmap 位图节点，找到配套光盘 \ 贴图文件 \ 03 第三章 样条线建模 \ 第二节车削建模，选择 "Archinteriors3 _ 10 _ 23. jpg"，点 Open 打开，然后把它链接到 Diffuse（漫反射）节点上，然后把材质赋予商标。

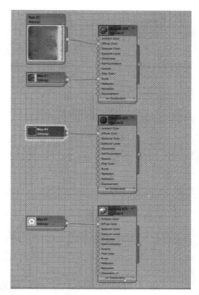

图 3 - 2 - 54 图 3 - 2 - 55

这时渲染没有什么效果，需要给它加一个 UVW Map 修改器，这时贴图在视图里面显示出来了（图 3 - 2 - 56），但是渲染的时候还是没有效果，这是因为商标的发现是反的，需要给它加一个 Normal（法线）命令（图 3 - 2 - 57），同样的道理给酒瓶和瓶盖加一个法线命令，这种情况视大家的渲染修改而定，有的同学线的制作方向和我的制作方向是反的，法线就不用翻转了。

图 3 - 2 - 56 图 3 - 2 - 57

步骤 10 下面给酒瓶盖添加材质，新建一个标准材质，使用一个 Bitmap 位图节点，找到配套光盘 \ 贴图文件 \ 03 第三章 样条线建模 \ 第二节 车削建模，选择"酒标志 3. jpg"，点 Open 打开，然后把它链接到 Diffuse（漫反射）节点上，然后把材质赋予瓶盖，给它加一个 UVW Map，选择 Cylindrical（圆柱）（图 3 - 2 - 58），然后在 Alignment 下面选择 X 轴，再点一下 Fit（适配）（图 3 - 2 - 59）。

图 3 - 2 - 58

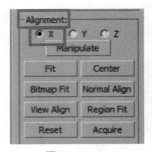

图 3 - 2 - 59

现在给酒瓶附材质，新建一个标准材质，修改它的 Diffuse 颜色，RGB（4，11，0），再设置一下高光强度和高光范围（图 3 - 2 - 60），在它的 Reflection（反射），链接一个 Raytrace（光线追踪）节点，现在反射太过强烈，把它的强度降低（图 3 - 2 - 61），现在反射效果就不会那么强烈。

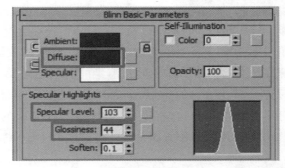

图 3 - 2 - 60

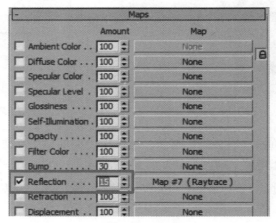

图 3 - 2 - 61

步骤 11 制作酒杯，切换到前视图，最大化显示，点击右侧工具栏里面 Create（创建）命令——Shape（图形）——Line（线）创建工具，创建出一条样条线（图 3 - 2 - 62），在修改命令面板，进入顶点子物体层级，把所有点转换成贝塞尔曲线，然后调整成如图 3 - 2 - 63 效果，加一个 Lathe（车削）修改器，在下面的 Align（对齐）

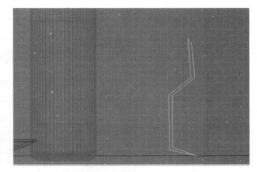

图 3 - 2 - 62

选择 Min（最小），会看到这样的效果（图 3 - 2 - 64），如果法线酒杯的效果不是很好，仍然可以进入样条线的堆栈，选择点进行调节（图 3 - 2 - 65），最后得到如图 3 - 2 - 66 效果。

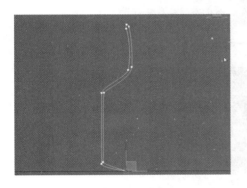

图 3 - 2 - 63

图 3 - 2 - 64

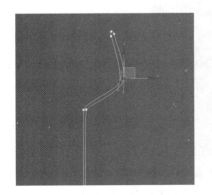

图 3 - 2 - 65

图 3 - 2 - 66

137

步骤12 现在给酒杯附材质，打开材质编辑器，新建一个标准材质，在它的 Refraction（反射）节点上，加一个 Raytrace（光线追踪）节点（图3－2－67），然后把材质赋予酒杯，渲染一下看到这样的效果（图3－2－68）。

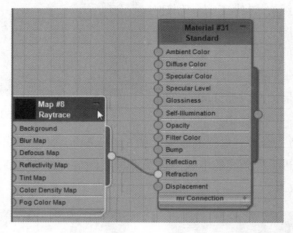

图3－2－67

图3－2－68

步骤13 设置灯光。在创建命令面板，找到灯光，找到标准灯光，再找到 Skylight（图3－2－69），放置场景中任意位置（图3－2－70），渲染以后我们观察一是没有阴影，二是灯光太亮，所我们把灯光的 Multiplier（倍增器）降低到0.2左右（图3－2－71）。

在创建命令面板，选择 Omni 灯（泛光灯）（图3－2－72），在顶视图创建一盏泛光灯，然后在前视图调整它的位置，把它调整的高一些。

在修改命令面板，把泛光灯的阴影类型改为 Ray Traced Shadows（光线追踪阴影）（图3－2－73），这时在调整一下灯光的位置（图3－2－74）。

图 3 – 2 –69

图 3 – 2 –70

图 3 – 2 –71

图 3 – 2 –72

图 3 – 2 –73

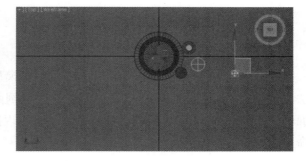

图 3 – 2 –74

步骤 14 然后再调整酒杯的材质，打开材质编辑器，找到酒杯的材质，把 Opacity（不透明度）改为 85（图 3 – 2 –75），渲染得到如图 3 – 2 –76，但是阴影还是有些问题的，我们再来调整 Omni 灯的阴影参数，在修改命令面板，Shadow Parameters（阴影参数）卷展栏，把它的 Dens（密度）调整为 0.7

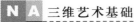

（图 3 - 2 -77），再看一下最后的渲染效果（图 3 - 2 -78）。这样我们的静物场景就制作完毕。

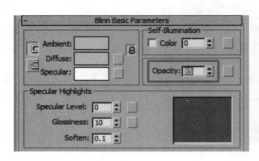

图 3 - 2 -75

图 3 - 2 -76

图 3 - 2 -77

图 3 - 2 -78

小结

本节课的内容主要是运用车削命令进行制作模型，然后去调整模型，还有法线的翻转，在线里面，点工具里面还学习了倒圆角和优化工具；线工具里面学习了 Outline 命令。另外我们还学习了材质内凹凸贴图、光线追踪等节点命令。

（三）总结

本节讲解样条线命令下所有命令的运用及它们的应用环境，这样大家以后再实际操作的过程中能够有的放矢。掌握好样条线命令的学习，其他的同类命令应用就会变得得心应手。

1. Rendering（渲染卷展栏）

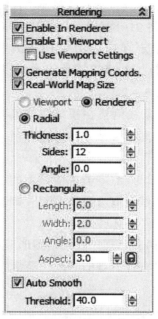

图 3 - 3 - 1

（1）Enable In Renderer（在渲染器中启用），启用该选项后，使用为渲染器设置的径向或矩形参数将图形渲染为 3D 网格。

（2）Enable In Viewport（在视口中启用），启用该选项后，使用为渲染器设置的径向或矩形参数将图形作为 3D 网格显示在视口中。

（3）Use Viewport settings（使用视口设置），用于设置不同的渲染参数，并显示"视口"设置所生成的网格。只有启用"在视口中启用"时，此选项才可用。

（4）Generate Mapping Coords（生成贴图坐标），启用此项可应用贴图坐标。默认设置为禁用状态。U 坐标将围绕样条线的厚度包裹一次；V 坐标将沿着样条线的长度进行一次贴图。平铺是使用材质本身的"平铺"参数所获得的。

（5）Real-World Map Size（真实世界贴图大小），控制应用于该对象的纹理贴图材质所使用的缩放方法。缩放值由位于应用材质的"坐标"卷展栏中的"使用真实世界比例"设置控制。默认设置为禁用状态。

（6）Viewport（视口），选择该选项可为图形指定径向或矩形参数，当启用"在视口中启用"时，它将显示在视口中。

（7）Renderer（渲染），选择该选项可为图形指定径向或矩形参数，当启用"在视口中启用"时，渲染或查看后它将显示在视口中。

（8）Radial（径向），将 3D 网格显示为圆柱形对象。

Thickness（厚度），指定视口或渲染样条线网格的直径。默认设置为 1.0。范围为 0.0 至 100,000,000.0，如图 3 - 3 - 2。

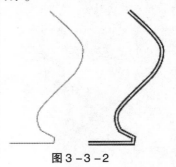

图 3 - 3 - 2

Sides（边数），设置样条线网格在视口或渲染器中的边（面）数。例如，值为 4 表示一个方形横截面。

Angle（角度），调整视口或渲染器中横截面的旋转位置。例如，如果样条线具有方形横截面，则可以使用"角度"将"平面"定位为面朝下。

（9）Rectangular（矩形），将样条线网格图形显示为矩形。

这一功能非常实用，做室外景观的时候，经常能用到锁定比例的情况，比如制作带有斑马线的公路。

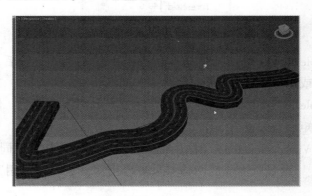

图 3 - 3 - 3

Length（长度），指定沿着局部 Y 轴的横截面大小。

Width（宽度），指定沿着 X 轴横截面的大小。

Angle（角度），调整视口或渲染器中横截面的旋转位置。例如，如果拥有方形横截面，则可以使用"角度"将"平面"定位为面朝下。

Aspect（纵横比），长度到宽度的比率。此控件链接到长度设置；当解锁纵横比时，更改长度也将更改纵横比，反之亦然。当锁定纵横比时，该控件不可用，更改长度或宽度也将自动更改宽度或长度（分别）以保持当前的纵横比。

（10）Auto Smooth（自动平滑），启用之后，使用"阈值"设置指定的阈值自动平滑样条线。"自动平滑"基于样条线分段之间的角度设置平滑。如果它们之间的角度小于阈值角度，则可以将任何两个相接的分段放到相同的平滑组中。

Threshold（阈值），以度数为单位指定阈值角度。如果它们之间的角度小于阈值角度，则可以将任何两个相接的样条线分段放到相同的平滑组中。

2. Interpolation rollout（插值卷展栏）

图 3 - 3 - 4

"插值"控件设置 3DS Max 生成样条线的方式。所有样条线曲线划分为近似真实曲线的较小直线。样条线上的每个顶点之间的划分数量称为步长。使用的步长越多，显示的曲线越平滑，如图 3 - 3 - 5 所示，上面的旋转对象中使用的样条线分别

图 3 - 3 - 5

包含两个步长（左侧）和二十个步长（右侧）。

Steps（步数），使用"步数"字段可以设置 3DS Max 在每个顶点之间使用的划分的数量，即步数。带有急剧曲线的样条线需要许多步数才能显得平滑，而平缓曲线则需要较少的步数。范围为 0 至 100。样条线步数可以自适应，也可以手动指定。使用的方法由"自适应"复选框的状态设置。手动插值的主要用途是为变形或必须精确地控制创建的顶点数的其他操作创建样条线。

Optimize（优化），启用此选项后，可以从样条线的直线线段中删除不需要的步数。默认设置为启用，注意：启用"自适应"时，"优化"不可用。

Adaptive（自适应），启用后，可以自动设置每个样条线的步长数，以生成平滑曲线。直线线段始终接收 0 步长。禁用时，可允许使用"优化"和"步长"进行手动插补控制。默认设置为禁用状态。

3. Selection rollout（选择卷展栏）

图 3 – 3 – 6

Vertices（顶点），就是顶点的子物体层级，快捷键是 1 键，定义点和曲线切线。

Segments（分段），是线段的子物体层级，快捷键是 2 键，连接顶点。

Splines（样条线），线的子物体层级，快捷键是 3 键，一个或多个相连线段的组合。

Named Selections group（"命名选择"组）

Copy（复制），将命名选择放置到复制缓冲区。

Paste（粘贴），从复制缓冲区中粘贴命名选择。

Lock Handles（锁定控制柄），通常，我们每次只能变换一个顶点的切线控制柄，即使选择了多个顶点。使用"锁定控制柄"控件可以同时变换多个 Bezier 和 Bezier 角点控制柄。

Alike（相似），拖动传入向量的控制柄时，所选顶点的所有传入向量将同时移动。同样，移动某个顶点上的传出切线控制柄将移动所有所选顶点的传出切线控制柄。

All（全部），移动的任何控制柄将影响选择中的所有控制柄，无论它们是否已断裂。处理单个 Bezier 角点顶点并且想要移动两个控制柄时，可以使用此选项。

按住 Shift 键并单击控制柄可以"断裂"切线并独立地移动每个控制柄。要断裂切线，必须选择"相似"选项。

Area Selection（区域选择），允许我们自动选择所单击顶点的特定半径中的所有顶点。在顶点子对象层级，启用"区域选择"，然后使用"区域选择"复选框右侧的微调器设置半径。移动已经使用"连接复制"或"横截面"按钮创建的顶点时，可以使用此按钮。

Segment End（线段端点），通过单击线段选择顶点。在顶点子对象中，启用并选择接近我们要选择的顶点的线段。如果有大量重叠的顶点并且想要选择特定线段上的顶点时，可以使用此选项。经过线段时，光标会变成十字形状。通过按住 Ctrl 键，可以将所需对象添加到选择内容。

Select By（选择方式），选择所选样条线或线段上的顶点。首先在子对象样条线或线段中选择一个样条线或线段，然后启用顶点子对象，单击"选择方式"，然后选择"样条线"或"线段"。将选择所选样条线或线段上的所有顶点。然后可以编辑这些顶点。

Display group（"显示"组）

Show Vertex Numbers（显示顶点编号），启用后，3DS Max 将在任何子对象层级的所选样条线的顶点旁边显示顶点编号。

Selected Only（仅选定），启用后，仅在所选顶点旁边显示顶点编号。

4. Soft Selection（软选择卷展栏）

"软选择"卷展栏控件允许部分地选择显式选择邻接处中的子对象。这将会使显式选择的行为就像被磁场包围了一样。在对子对象选择进行变换时，在场中被部分选定的子对象就会平滑的进行绘制；这种效果随着距离或部分选择的"强度"而衰减，如图 3-3-7。

软选择卷展栏界面，如图 3-3-8。

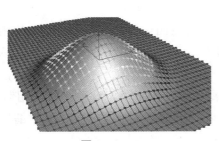

图 3-3-7

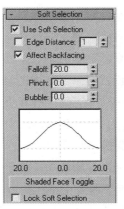

图 3-3-8

145

Use Soft Selection（使用软选择），在可编辑对象或"编辑"修改器的子对象层级上影响"移动"、"旋转"和"缩放"功能的操作，如果在子对象选择上操作变形修改器，那么也会影响应用到对象上的变形修改器的操作（后者也可以应用到"选择"修改器）。启用该选项后，3DS Max 会将样条线曲线变形应用到所变换的选择周围未选定的子对象。要产生效果，必须在变换或修改选择之前启用该复选框。

Edge Distance（边距离），启用该选项后，将软选择限制到指定的面数，该选择在进行选择的区域和软选择的最大范围之间。影响区域根据"边距离"空间沿着曲面进行测量，而不是真实空间。在仅要选择几何体的连续部分时，此选项比较有用。例如，鸟的翅膀折回到它的身体，用"软选择"选择翅膀尖端会影响到身体顶点。但是如果启用了"边距离"，将该数值设置成要影响翅膀的距离（用边数），然后将"衰减"设置成一个合适的值。

Affect Backfacing（影响背面），启用该选项后，那些法线方向与选定子对象平均法线方向相反的、取消选择的面就会受到软选择的影响。在顶点和边的情况下，这将应用到它们所依附的面的法线上。如果要操纵细对象的面，诸如细长方体，但又不想影响该对象其他侧的面，可以禁用"影响背面"。注意在编辑样条线时"影响背面"不可用。

Falloff（衰减），用以定义影响区域的距离，它是用当前单位表示的从中心到球体的边的距离。使用越高的衰减设置，就可以实现更平缓的斜坡，具体情况取决于我们的几何体比例。默认设置为20。注意用"衰减"设置指定的区域在视口中用图形的方式进行了描述，所采用的图形方式与顶点和/或边（或者用可编辑的多边形和面片，也可以是面）的颜色渐变相类似。渐变的范围为从选择颜色（通常是红色）到未选择的子对象颜色（通常是蓝色）。另外，在更改"衰减"设置时，渐变就会实时地进行更新。如果启用了边距离，"边距离"设置就限制了最大的衰减量。

Pinch（收缩），沿着垂直轴提高并降低曲线的顶点。设置区域的相对"突出度"。为负数时，将生成凹陷，而不是点。设置为 0 时，收缩将跨越该轴生成平滑变换。默认值为 0。

Bubble（膨胀），沿着垂直轴展开和收缩曲线。设置区域的相对"丰满度"。受"收缩"限制，该选项设置"膨胀"的固定起点。"收缩"设为 0 并且"膨胀"设为 1.0 将会产生最为平滑的凸起。"膨胀"为负数值将在曲面下面移动曲线的底部，从而创建围绕区域基部的"山谷"。默认值为 0。

软选择曲线（soft selection curve），以图形的方式显示"软选择"将是如何进行工作的。我们可以试验一个曲线设置，将其撤销，然后再使用相同的选择尝试另一个设置。

Shaded Face Toggle（着色面切换），显示颜色渐变，它与软选择范围内面上的软选择权重相对应。只有在编辑面片和多边形对象时才可用。如果禁用了可编辑多边形或可编辑面片对象的顶点颜色显示属性，单击"着色面切换"按钮将会启用"软选择颜色"着色。如果对象已经有了活动的"顶点颜色"设置，单击"着色面切换"将会覆盖上一个设置并将它更改成"软选择颜色"。注意如果不想更改顶点颜色着色属性，可以使用"撤销"命令。

Lock Soft Selection（锁定软选择），锁定软选择，以防止对按程序的选择进行更改。

5. Geometry rollout（几何体卷展栏）

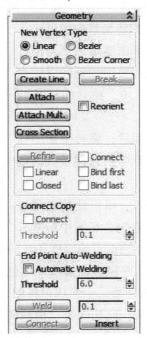

图 3-3-9

New Vertex Type group（"新顶点类型"组）。可使用此组中的单选按钮确定在按住 Shift 键的同时克隆线段或样条线时创建的新顶点的切线。如果之后使用"连接复制"，则对于将原始线段或样条线与新线段或样条线相连的样条线，其上的顶点在此组中具有指定的类型。该设置对使用如"创建线"按钮、"优化"等工具创建的顶点的切线没有影响。

Linear（线性），新顶点将具有线性切线。

Smooth（平滑），新顶点将具有平滑切线。选中此选项之后，会自动焊接覆盖的新顶点。

Bezier（贝塞尔），新顶点将具有 Bezier 切线。

Bezier Corner（贝塞尔角点），新顶点将具有 Bezier 角点切线。

Create Line（创建线），将更多样条线添加到所选样条线。这些线是独立的样条线子对象；创建它们的方式与创建线形样条线的方式相同。要退出线的创建，请右键单击或单击以禁用"创建线"。

Break（断开），在选定的一个或多个顶点拆分样条线。选择一个或多个顶点，然后单击"断裂"以创建拆分。对于每上一个样条线，目前有两个叠加的不相连顶点，允许曾经联接的线段端点向相互远离的方向移动。

Attach（附加），允许我们将场景中的另一个样条线附加到所选样条线。单击要附加到当前选定的样条线对象的对象。我们要附加到的对象也必须是样条线，如图 3 - 9 - 10，独立的样条线（左）和附加的样条线（右）。

Reorient（重定向），启用后，旋转附加的样条线，使它的创建局部坐标系与所选样条线的创建局部坐标系对齐。

Attach Mult.（附加多个），单击此按钮可以显示"附加多个"对话框，它包含场景中所有其

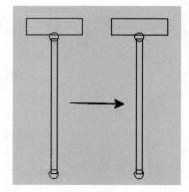

图 3 - 3 - 10

他图形的列表。选择要附加到当前可编辑样条线的形状，然后单击"确定"。

Cross Section（横截面），在横截面形状外面创建样条线框架。单击"横截面"，选择一个形状，然后选择第二个形状，将创建连接这两个形状的样条线。继续单击形状将其添加到框架。此功能与"横截面"修改器相似，但我们可以在此确定横截面的顺序。可以通过在"新顶点类型"组中选择"线性"、"Bezier"、"Bezier 角点"或"平滑"来定义样条线框架切线。

6. Editable Spline（Vertex），可编辑样条线（顶点）

（1）Refine group（"优化"组），如图 3 – 3 – 11。

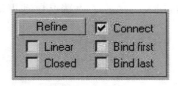

图 3 – 3 – 11

Refine（优化），允许我们添加顶点，而不更改样条线的曲率值。单击"优化"，然后选择每次单击时要添加顶点的任意数量的样条线线段（鼠标光标经过合格的线段时会变为一个"连接"符号）。要完成顶点的添加，请再次单击"优化"，或在视口中右键单击。

我们还可以在优化操作过程中单击现有的顶点，此时，3DS Max 会显示一个对话框，询问我们是要优化顶点还是仅连接到顶点。如果选择"仅连接"，3DS Max 将不会创建顶点：而只是连接到现有的顶点。取决于要优化的线段端点上的顶点类型，"优化"操作创建的顶点类型会有不同。如果边界顶点都是"平滑"类型，"优化"操作将创建一个"平滑"类型的顶点。如果边界顶点都是"角点"类型，"优化"操作将创建一个"角点"类型的顶点。如果某个边界顶点是"角点"或"Bezier 角点"，优化操作将创建"Bezier 角点"类型的顶点。否则，操作将创建"Bezier 类型"的顶点。

Connect（连接），启用时，通过连接新顶点创建一个新的样条线子对象。使用"优化"添加顶点完成后，"连接"会为每个新顶点创建一个单独的副本，然后将所有副本与一个新样条线相连。注意：要使"连接"起作用，必须在单击"优化"之前启用"连接"。

Linear（线性），在启用"连接"之后、开始优化进程之前，启用以下选项的任何组合：

线性启用后，通过使用"角点"顶点使新样条直线中的所有线段成为线性。禁用"线性"时，用于创建新样条线的顶点是"平滑"类型的顶点。

Bind First（绑定首点）可以使在优化操作中创建的第一个顶点绑定到所选线段的中心。请参见边界顶点。

Closed（闭合）启用后，连接新样条线中的第一个和最后一个顶点，创建一个闭合样条线。如果禁用"关闭"，"连接"将始终创建一个开口样条线。

Bind End（绑定末点）可以使在优化操作中创建的最后一个顶点绑定到所选线段的中心。请参见边界顶点。

（2）End Point Auto-Welding group（"端点自动焊接"组），如图3–1–12。

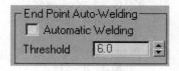

图3–3–12

Automatic Welding（自动焊接），启用"自动焊接"后，会自动焊接在与同一样条线的另一个端点的阈值距离内放置和移动的端点顶点。此功能可以在对象层级和所有子对象层级使用。

Threshold（阈值），阈值距离微调器是一个近似设置，用于控制在自动焊接顶点之前，顶点可以与另一个顶点接近的程度。默认值为6.0。

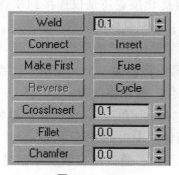

图3–3–13

（3）Weld（焊接），将两个端点顶点或同一样条线中的两个相邻顶点转化为一个顶点。移近两个端点顶点或两个相邻顶点，选择两个顶点，然后单击"焊接"。如果这两个顶点在由"焊接阈值"微调器（按钮的右侧）设置的单位距离内，将转化为一个顶点。我们可以焊接选择的一组顶点，只要每对顶点在阈值范围内。

（4）Connect（连接），连接两个端点顶点以生成一个线性线段，而无论端点顶点的切线值是多少。单击"连接"按钮，将鼠标光标移过某个端点顶点，直到光标变成一个十字形，然后从一个端点顶点拖动到另一个端点顶点。

（5）Insret（插入），插入一个或多个顶点，以创建其他线段。单击线段中的任意某处可以插入顶点并将鼠标附加到样条线。然后可以选择性地移动鼠标，并单击以放置新顶点。继续移动鼠标，然后单击，以添加新顶点。单击一次可以插入一个角点顶点，而拖动则可以创建一个 Bezier（平滑）顶点。右键单击以完成操作并释放鼠标按键。此时，我们仍处于"插入"模式，可以开始在其他线段中插入顶点。否则，再次右键单击或单击"插入"，将退出"插入"模式。

（6）Make First（设为首顶点），指定所选形状中的哪个顶点是第一个顶点。样条线的第一个顶点指定为四周带有小框的顶点。选择我们要更改的当前已编辑的形状中每个样条线上的顶点，然后单击"设为首顶点"按钮。

在开口样条线中，第一个顶点必须是还没有成为第一个顶点的端点。在闭合样条线中，它可以是还没有成为第一个顶点的任何点。单击"设为首顶点"按钮，将设置第一个顶点。样条线上的第一个顶点有特殊重要性。下表定义了如何使用第一个顶点。

使用的形状	第一个顶点的含义
放样路径	路径的开始。级别 0。
放样形状	最初的蒙皮对齐。
路径约束	运动路径的开始。路径中的 0% 位置。
轨迹	第一个位置关键点。

图 3 - 3 - 14

（7）Fuse（融合），将所有选定顶点移至它们的平均中心位置。生成样条线网络以供"曲面"修改器使用时，可以使用"熔合"功能使顶点重叠。注意"熔合"不会联接顶点；它只是将它们移至同一位置。

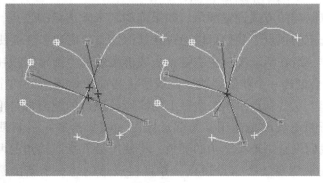

图 3 - 3 - 15

（8）Cycle（循环），选择连续的重叠顶点。选择两个或更多在3D空间中处于同一位置的顶点中的一个，然后重复单击，直到选中了我们想要的顶点。生成样条线网络以供"曲面"修改器使用时，可以使用"圆"从样条线相交处的一组重叠顶点中选择某个特定顶点。

提示：观察"选择"卷展栏底部显示的信息，可以查看选择了哪个顶点。

（9）CrossInsert（相交），在属于同一个样条线对象的两个样条线的相交处添加顶点。单击"相交"，然后单击两个样条线之间的相交点。如果样条线之间的距离在由"相交阈值"微调器（在按钮的右侧）设置的距离内，单击的顶点将添加到两个样条线上。我们可以通过单击其他样条线相交点继续使用"相交"。要完成此操作，请在活动视口中右键单击或再次单击"相交"按钮。生成样条线网络以供"曲面"修改器使用时，可以使用"相交"功能在样条线相交处创建顶点。注意："相交"不会联接两个样条线，而只是在它们的相交处添加顶点。

（10）Fillet（圆角），允许我们在线段会合的地方设置圆角，添加新的控制点。我们可以交互地（通过拖动顶点）应用此效果，也可以通过使用数字（使用"圆角"微调器）来应用此效果。单击"圆角"按钮，然后在活动对象中拖动顶点。拖动时，"圆角"微调器将相应地更新，以指示当前的圆角量，如图3－3－16原始矩形（左）、应用"圆角"之后（右上方）和应用"切角"之后（右下方）。

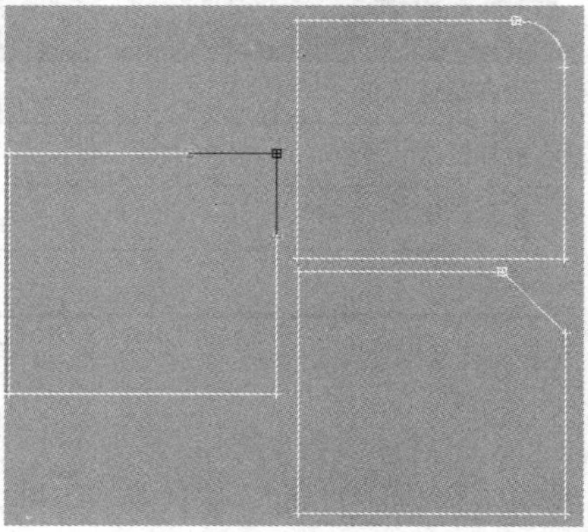

图3－3－16

如果拖动一个或多个所选顶点，所有选定顶点将以同样的方式设置圆角。如果拖动某个未选定的顶点，则首先取消选择任何已选定的顶点。我们可以通过在其他顶点上拖动来继续使用"圆角"。要完成此操作，请在活动视口中右键单击或再次单击"圆角"按钮。

"圆角"会创建一个新的线段，此线段将指向原始顶点的两个线段上的新点连接在一起。这些新点沿两条线段上的离原始顶点的距离都是准确的＜圆角量＞距离。新圆角线段是使用某个邻近线段（随机拾取）的材质ID创建的。例如，如果我们设置矩形某个角的圆角，将使用沿着指向该角的两个线段上移动的两个顶点来替换一个角点顶点，并且在该角创建一个新的圆角线段。注意：与"圆角/切角"修改器不同，我们可以将"切角"功能应用于任意类型的顶点，而不仅仅是"角点"和"Bezier 角点"顶点。同样，相邻线段不必是线性的。

（11）Chamfer（切角），允许我们使用"切角"功能设置形状角部的倒角。可以交互式地（通过拖动顶点）或者在数字上（通过使用"切角"微调器）应用此效果。单击"切角"按钮，然后在活动对象中拖动顶点。"切角"微调器更新显示拖动的切角量。如果拖动一个或多个所选顶点，所有选定顶点将以同样的方式设置切角。如果拖动某个未选定的顶点，则首先取消选择任何已选定的顶点。

我们可以通过在其他顶点上拖动来继续使用"切角"。要完成此操作，请在活动视口中右键单击或再次单击"切角"按钮。"切角"操作会"切除"所选顶点，创建一个新线段，此线段将指向原始顶点的两条线段上的新点连接在一起。这些新点沿两条线段上的离原始顶点的距离都是准确的 <切角量> 距离。新切角线段是使用某个邻近线段（随机拾取）的材质 ID 创建的。例如，如果我们设置矩形某个角的切角，将使用沿着指向该角的两个线段上移动的两个顶点来替换一个角点顶点，并且在该角创建一条新线段。

（12）Tangent group（"切线"组），如图 3－3－17。

图 3－3－17

使用此组中的工具可以将一个顶点的控制柄复制并粘贴到另一个顶点。

Copy（复制），启用此按钮，然后选择一个控制柄。此操作将把所选控制柄切线复制到缓冲区。

Paste（粘贴），启用此按钮，然后单击一个控制柄。此操作将把控制柄切线粘贴到所选顶点。

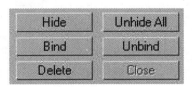

图 3－3－18

Paste Length（粘贴长度），启用此按钮后，还会复制控制柄长度。如果禁用此按钮，则只考虑控制柄角度，而不改变控制柄长度。

（13）Hide（隐藏），隐藏所选顶点和任何相连的线段。选择一个或多个顶点，然后单击"隐藏"。

（14）Unhide All（全部取消隐藏），显示任何隐藏的子对象。

（15）Bind（绑定），允许我们创建绑定顶点。单击"绑定"，然后从当前选择中的任何端点顶点拖动到当前选择中的任何线段（但与该顶点相连的线段除外）。拖动之前，当光标在合格的顶点上时，会变成一个十字形光标。在拖动过程中，会出现一条连接顶点和当前鼠标位置的虚线，当鼠标光标经过合格的线段时，会变成一个"连接"符号。在合格线段上释放鼠标按钮时，顶点会跳至该线段的中心，并绑定到该中心。生成样条线网络以供"曲面"修改器使用时，可以使用"绑定"功能连接样条线。

（16）Unbind（取消绑定），允许我们断开绑定顶点与所附加线段的连接。选择一个或多个绑定顶点，然后单击"绑定顶点"按钮。

（17）Delete（删除），删除所选的一个或多个顶点，以及与每个要删除的顶点相连的那条线段。

（18）Display group（"显示"组）。

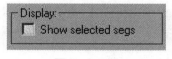

图 3 - 3 - 19

Show selected segs（显示选定线段），启用后，顶点子对象层级的任何所选线段将高亮显示为红色。禁用（默认设置）后，仅高亮显示线段子对象层级的所选线段。相互比较复杂曲线时，此功能有用。

7. Editable Spline（Segment），可编辑样条线（线段）

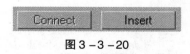

图 3 - 3 - 20

（1）Insert（插入），插入一个或多个顶点，以创建其他线段。单击线段中的任意某处可以插入顶点并将鼠标附加到样条线。然后可以选择性地移动鼠标，并单击以放置新顶点。继续移动鼠标，然后单击，以添加新顶点。单击一次可以插入一个角点顶点，而拖动则可以创建一个 Bezier（平滑）顶点。右键单击以完成操作并释放鼠标按键。此时，我们仍处于"插入"模式，可以开始在其他线段中插入顶点。否则，再次右键单击或单击"插入"，将退出"插入"模式。

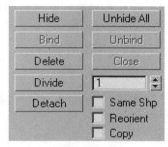

图 3 - 3 - 21

（2）Hide（隐藏），隐藏选定的线段。选择一个或多个线段，然后单击"隐藏"。

（3）Unhide All（全部取消隐藏），显示任何隐藏的子对象。

（4）Delete（删除），删除当前形状中任何选定的线段，选定线段和被删除的线段，如图 3 - 3 - 22。

（5）Divide（拆分），通过添加由微调器指定的顶点数来细分所选线段。选择一个或多个线段，设置"拆分"微调器（在按钮的右侧），然后单击"拆分"。每个所选线段将被"拆分"微调器中指定的顶点数拆分。顶点之间的距离取决于线段的相对曲率，曲率越高的区域得到越多的顶点。如图 3 - 3 - 23，选定线段和被拆分的线段。

图 3 - 3 - 22

图 3 - 3 - 23

（6）Detach（分离），允许我们选择不同样条线中的几个线段，然后拆分（或复制）它们，以构成一个新图形。有以下三个可用选项：

Same Shp（同一图形），启用后，将禁用"重定向"，并且"分离"操作将使分离的线段保留为形状的一部分（而不是生成一个新形状）。如果还启用了"复制"，则可以结束在同一位置进行的线段的分离副本。

Reorient（重定向），分离的线段复制源对象的创建局部坐标系的位置和方向。此时，将会移动和旋转新的分离对象，以便对局部坐标系进行定位，并使其与当前活动栅格的原点对齐。

Copy（复制），复制分离线段，而不是移动它。

如图 3 - 3 -24，源样条线和分离样条线。

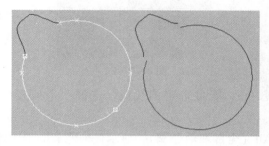

图 3 - 3 -24

（7）Display group（"显示"组）。

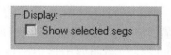

图 3 - 3 -25

Show selected segs（显示选定线段），启用后，顶点子对象层级的任何所选线段将高亮显示为红色。禁用（默认设置）后，仅高亮显示线段子对象层级的所选线段。相互比较复杂曲线时，此功能有用。

（8）Surface Properties rollout（"曲面属性"卷展栏）。

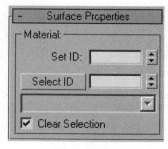

图 3 - 3 -26

Material group（"材质"组），我们可以将不同的材质 ID 应用于样条线线段（参见材质 ID）。然后可以将"多维/子对象"材质指定给此类样条线，样条线可渲染时，或者用于旋转或挤出时，这些对象会显示。放样、旋转或挤出时，请务必要启用"生成材质 ID"和"使用图形 ID"。

Set ID（设置 ID），允许我们将特殊材质 ID 编号指定给所选线段，用于多维/子对象材质和其他应用程序。使用微调器或用键盘输入数字。可用的 ID 总数是 65,535。

Select ID（选择 ID），根据相邻 ID 字段中指定的材质 ID 来选择线段或样条线。键入或使用该微调器指定 ID，然后单击"选择 ID"按钮。

Select By Name（按名称选择），如果向对象指定了多维/子对象材质，此下拉列表将显子材质的名称。单击下拉箭头，然后从列表中选择材质。将选定指定了该材质的线段或样条线。如果没有为某个形状指定多维/子对象材质，名称列表将不可用。同样，如果选择了多个应用了"编辑样条线"修改器的形状，名称列表也被禁用。

Clear Selection（清除选择），启用后，选择新 ID 或材质名称将强制取消选择任何以前已经选定的线段或样条线。禁用后，将累积选定内容，因此新选择的 ID 或材质名称将添加到以前选定的线段或样条线集合中。默认设置为启用。

8. Editable Spline（Spline），可编辑样条线（样条线）

（1）Reverse（反转），反转所选样条线的方向。如果样条线是开口的，第一个顶点将切换为该样条线的另一端。反转样条线方向的目的通常是为了反转在顶点选择层级使用"插入"工具的效果，如图 3 - 3 - 27，源样条线和反转样条线。

（2）Outline（轮廓），制作样条线的副本，所有侧边上的距离偏移量由"轮廓宽度"微调器（在"轮廓"按钮的右侧）指定。选择一个或多个样条线，然后使用微调器动态地调整轮廓位置，或单击"轮廓"然后拖动样条线。如果样条线是开口的，生成的样条线及其轮廓将生成一个闭合的样条线，如图 3 - 3 - 28，源样条线和轮廓样条线。注意：通常，如果是使用微调器，则必须在使用"轮廓"之前选择样条线。但是，如果样条线对象仅包含一个样条线，则描绘轮廓的过程会自动选择它。

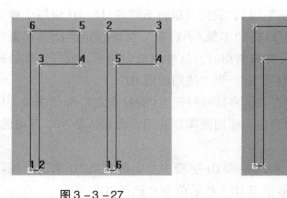
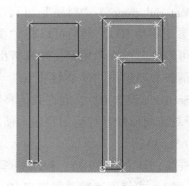

图 3 - 3 - 27 　　　　　　　　　　　　　　　　图 3 - 3 - 28

（3）Center（中心），如果禁用（默认设置），原始样条线将保持静止，而仅仅一侧的轮廓偏移到"轮廓宽度"指定的距离。如果启用了"中心"，原始样条线和轮廓将从一个不可见的中心线向外移动由"轮廓宽度"指定的距离。

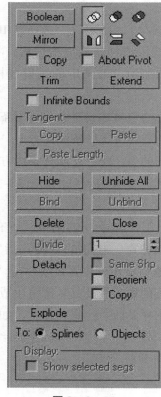

图 3 - 3 - 29

（4）Boolean（布尔），通过执行更改我们选择的第一个样条线并删除第二个样条线的2D布尔操作，将两个闭合多边形组合在一起。选择第一个样条线，单击"布尔"按钮和需要的操作，然后选择第二个样条线。

注意：2D布尔只能在同一平面中的2D样条线上使用。

有三种布尔操作：

并集将两个重叠样条线组合成一个样条线，在该样条线中，重叠的部分被删除，保留两个样条线不重叠的部分，构成一个样条线。

差集从第一个样条线中减去与第二个样条线重叠的部分，并删除第二个样条线中剩余的部分。

相交仅保留两个样条线的重叠部分，删除两者的不重叠部分。

如图3－3－30，分别为：原始样条线（左）、布尔并集、布尔差集和布尔相交。

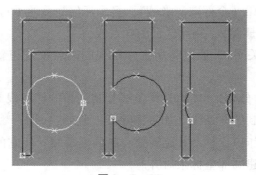

图3－3－30

（5）Mirror（镜像），沿长、宽或对角方向镜像样条线。首先单击以激活要镜像的方向，然后单击"镜像"。

Copy（复制），选择后，在镜像样条线时复制（而不是移动）样条线。

About Pivot（以轴为中心），启用后，以样条线对象的轴点为中心镜像样条线（参见轴）。禁用后，以它的几何体中心为中心镜像样条线。

如图3－3－30，镜像的样条线。

（6）Trim（修建），使用"修剪"可以清理形状中的重叠部分，使端点接合在一个点上。

要进行修剪，需要将样条线相交。单击要移除的样条线部分。将在两个方向以及长度方向搜索样条线，直到找到相交样条线，并一直删除到相交位置。如果截面在两个点相交，将删除直到两个相交位置的整个截面。如果线段是一端打开并在另一端相交，整个线段将交点与开口端之间的部分删除。如果截面未相交，或者如果样条线是闭合的并且只找到了一个相交点，则不会发生任何操作。

（7）Extend（延伸），使用"延伸"可以清理形状中的开口部分，使端点接合在一个点上。要进行延伸操作，需要一条开口样条线。样条线最接近拾取点的末端会延伸直到它到达另一条相交的样条线。如果没有相交样条线，则不进行任何处理。曲线样条线沿样条线末端的曲线方向延伸。如果样条线的末端直接位于边缘（相交样条线），它会沿此向更远方向寻找相交点。

（8）Infinite Bounds（无限边界），为了计算相交，启用此选项将开口样条线视为无穷长。例如，此项会允许将线形样条线沿着另一条线长度的相反方向至实际上并没有相交的位置进行修剪。

（9）Hide（隐藏），隐藏选定的样条线。选择一个或多个样条线，然后单击"隐藏"。

（10）Unhide All（全部取消隐藏），显示任何隐藏的子对象。

（11）Delete（删除），删除选定的样条线。

（12）Close（关闭），通过将所选样条线的端点顶点与新线段相连，来关闭该样条线。

（13）Detach（分离），将所选样条线复制到新的样条线对象，并从当前所选样条线中删除复制的样条线（如果清除了"复制"）。

Reorient（重定向），移动并旋转要分离的样条线，使它的创建局部坐标系与所选样条线的创建局部坐标系对齐。

Copy（复制），选择后，在分离样条线时复制（而不是移动）样条线。

（14）Explode（炸开），通过将每个线段转化为一个独立的样条线或对象，来分裂任何所选样条线。这与接连对样条线中的每个线段使用"分离"的效果相同，但更节约时间。

我们可以选择分解样条线或对象。如果选择对象，系统将提示我们提供名称；每个连续的新样条线对象都使用该名称且附加递增的三位数编号。

小结

本节主要是把线详细地讲解了一下，因为以后在具体的操作过程中会反复应用到这些命令，笔者希望学习者能够把这些命令熟练地掌握，多加练习，对自己以后的三维制作大有裨益。

第四章

复合物体建模 ■ ■ ■

各位同学，今天我们继续进行学习，把之前学习的二维图形进行复合建模，学习 Loft 放样建模。

（一）放样

放样 01

这一节课我们先了解一下放样建模，后面的章节笔者会带领大家做几个具体的案例，全面了解放样建模的实际应用。我们首先看一下放样建模的位置（图 4 - 1 - 1），右侧工具栏里面 Create（创建）命令——Compound Objects（复合物体）——Loft（放样）创建工具。Loft 在希腊语中一般应用在造船里面，就像（图 4 - 1 - 2）中，在造船的时候，我们需要把一个一个的截面做出来，再用几条杆把它们串联起来，3DS Max 借用了 Loft 的概念。

图 4 - 1 - 1

图 4 - 1 - 2

我们首先讲解一下 Loft 的过程，在右侧工具栏里面 Create（创建）命令——Splines（图形）——Line（线）创建工具（图 4 - 1 - 3）。在顶视图画一条线，按住 Shift 就能画一条水平的直线，然后在左视图画一个三角形（图 4 - 1 - 4），然后找到顶点工具，对选中的这个点（图 4 - 1 - 5）进行修改，把它转换为贝塞尔点，调整为大概这个样子（图 4 - 1 - 6）。

图 4 - 1 - 3

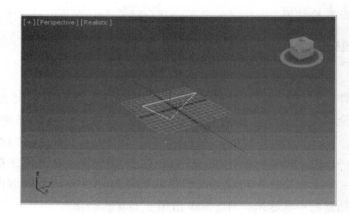

图 4 - 1 - 4

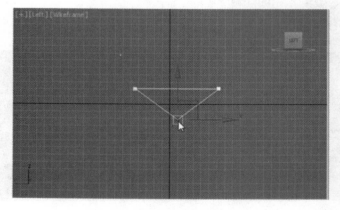

图 4 - 1 - 5

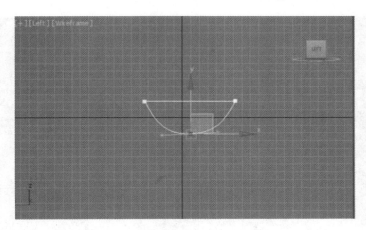

图 4 −1 −6

这时把子物体关闭，笔者为了让大家更直观的观察，切换到透视图单独显示。首先选择最开始创建的那条直线，右侧工具栏里面 Create （创建）命令——Compound Objects （复合物体）——Loft （放样）创建工具，点一下 Get Shape （拾取图形）（图4 −1 −7），然后点一下我们刚才修改的那个三角形图形，就会看到这样的效果（图 4 −1 −8），现在切换到前视图，对直线进行修改，修改命令面板找到顶点工具，找到优化命令，在中间加一个点（图4 −1 −9），然后用移动工具，将该点向下移动，然后点右键，把它转化为贝塞尔曲线，调整一下大概得到这样的效果。

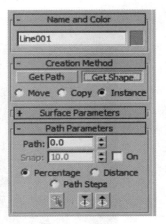

图 4 −1 −7

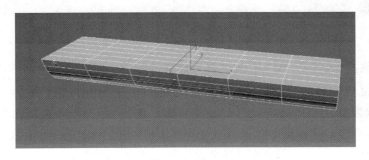

图 4 −1 −8

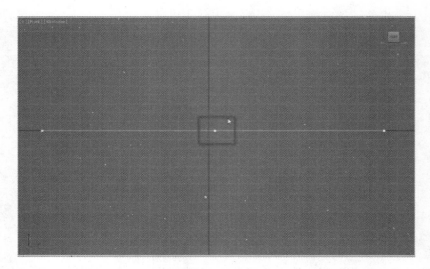

图 4 –1 –9

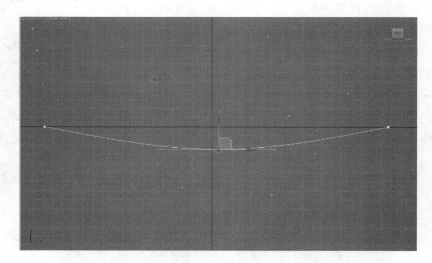

图 4 –1 –10

选择修改之后的直线，右侧工具栏里面 Create（创建）命令——Compound Objects（复合物体）——Loft（放样）创建工具，点一下 Get Shape（拾取图形），拾取最初由三角形转变而来的半圆形的图形，得到这样的效果（图4 –1 –11）。我们注意到船体的两头是收缩的，中间比较宽一些。我们找到缩放命令（图4 –1 –12），弹出这样的对话框（图4 –1 –13）。

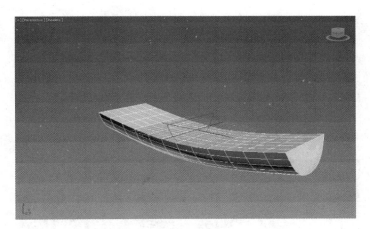

图 4 - 1 -11

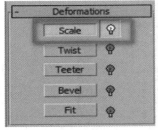

图 4 - 1 -12

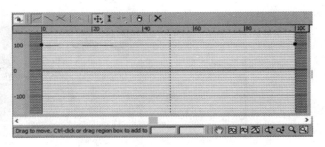

图 4 - 1 -13

　　然后选择加点工具（图 4 - 1 - 14），在中间的位置加一个点，然后用移动工具（图 4 - 1 -15），把点调整为这样的形状之后（图 4 - 1 - 16），我们会发现船的形状变成大概这个样子（图 4 - 1 - 17）。这时我们看船显得非常僵硬，所以我们选择中间的点，点右键，把它转化为贝塞尔光滑（图 4 - 1 - 18），然后调整点的位置和它的平滑度（图 4 - 1 - 19），最后船呈现大概这样的效果（图 4 - 1 - 20）。

图 4 - 1 -14

图 4 - 1 -15

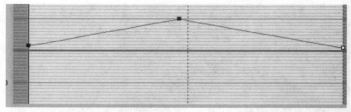

图 4 - 1 - 16

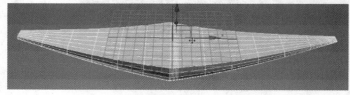

图 4 - 1 - 17

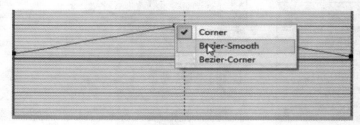

图 4 - 1 - 18

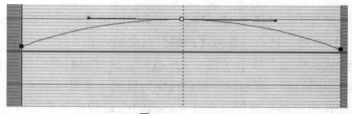

图 4 - 1 - 19

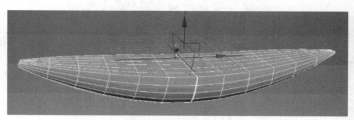

图 4 - 1 - 20

这样我们就大概得到了一个船的效果，但是不真实，重点是给大家演示了放样的使用方法。

放样在制作其他物品的时候也是经常能用到的，接下来给大家演示制作窗帘的方法。右侧工具栏里面 Create（创建）命令——Splines（图形）——Line（线）创建工具，做三条波浪线（图4-1-21），然后在前视图创建一条路径，从上往下做一条垂直的路径（图4-1-22），然后选中垂直的线条，拾取路径，先拾取第一条路径（图4-1-23），这时我们看到窗帘的效果比较差，我们调整它的路径百分比（图4-1-24），修改为50，然后继续拾取图形，选择第二条线，再把路径百分比的数值设为100，再拾取第三条线，就会得到这样的效果（图4-1-25）。

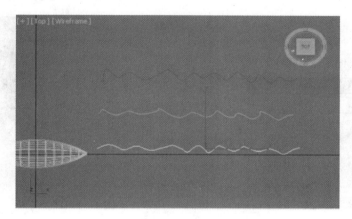

图4-1-21

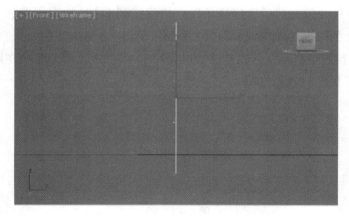

图4-1-22

图 4 – 1 –23

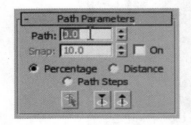

图 4 – 1 –24

图 4 – 1 –25

接下来笔者再给大家解释一下这个原理，创建一条线，一个圆，一个六角星（图 4 – 1 –26），然后选择这条线，然后找到 Loft，拾取图形，我们在路径百分比为 0 的时候拾取圆（图 4 – 1 –27），可以得到这样的效果（图 4 – 1 –28），这时我们把路径百分比改为 50（图 4 – 1 –29），这个时候在路径中间的位置出现了星星的效果（图 4 – 1 –30）。

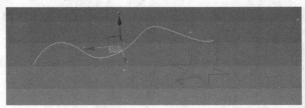

图 4 – 1 –26

图 4 – 1 – 27

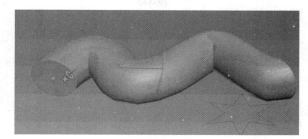

图 4 – 1 – 28

图 4 – 1 – 29

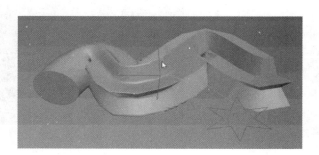

图 4 – 1 – 30

　　接下来再画一个六边形，选择刚才路径上的六角星，然后把路径百分比设置为 100，再拾取六边形，这时我们就会看看到这样的效果（图 4 – 1 – 31）。

图 4 – 1 – 31

　　这时我们制作的窗帘是同一个道理，这节课的目的就是让大家了解放样建模的原理，接下来我们会有放样进行两个实例的练习。

放样 02

这一节课我们利用上一节课讲解的放样建模的原理，来建一个铁艺扶手的效果。

步骤 1 进入前视图，Alt + W，把这个视图单独显示。右侧工具栏里面 Create（创建）命令——Splines（图形）——Line（线）创建工具，创建一条这样的线（图 4 - 1 - 32），然后进入顶点子物体层级，使用移动工具，依次把点转换为贝塞尔点，调整它们，大致调整成为如图 4 - 1 - 33 效果，然后关闭子物体层级。然后再创建一个矩形（图 4 - 1 - 34），调整一下它的 Corner Radius（圆角），（图 4 - 1 - 35），大概是如图 4 - 1 - 36 效果。

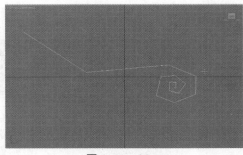

图 4 - 1 - 32

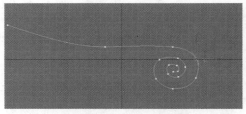

图 4 - 1 - 33

图 4 - 1 - 34

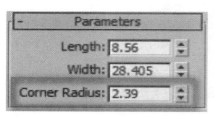

图 4 - 1 - 35

图 4 - 1 - 36

步骤 2 选择之前创建的样条线，切换到透视图，然后找到放样工具，拾取图形，就是拾取之前我们创建的矩形，我们会看到这样的效果（图 4 - 1 - 37）。这显然不是我们想要的效果，这主要是我们之前创建矩形的时候出问题了，接下来笔者讲解怎么去解决这个问题。

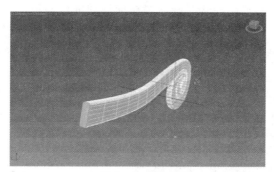

图 4 - 1 - 37

步骤 3 在修改命令面板下，找到 Shape 子物体（图 4 - 1 - 38），单独旋转矩形，打开角度锁定（图 4 - 1 - 39），旋转 - 90°就可以了，会得到如图 4 - 1 - 40效果。如果觉得矩形的圆滑程度不够，我们可以选中这个矩形，对它的长度和宽度进行修改以及倒角的大小，修改它的过程，在放样的物体上是能够看到它的变化的。

图 4 - 1 - 38

图 4 - 1 - 39

171

图 4 – 1 – 40

如果这时对路径不太满意，我们找到路径，对路径进行调整，路径和放样后的物体也是关联的效果，切换到顶点子物体层级，对点进行调整，得到我们最终想要的结果。调整路径的时候尽量在前视图进行调整。

放样 03

这节课我们继续进行放样建模的扩展学习，利用放样建模的方法建一个花瓶。

步骤 1　我们先在顶视图创建一个截面，在创建命令面板——Shapes（图形）中点击 Star（星形）创建一个这样的图形（图 4 – 1 – 41），它其实就是在创建星形的基础上，改变以下参数得到的（图 4 – 1 – 42）。

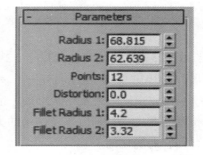

图 4 – 1 – 41　　　　　　　　　　　　　图 4 – 1 – 42

步骤 2　然后点右键，将它转化为可编辑样条线，进入样条线的子物体层级，使用 Outline（轮廓）工具，得到如图 4 – 1 – 43 效果的截面图形，然后我们来创建路径，在前视图，创建如图 4 – 1 – 44 的样条线（按住 Shift 键可以创建垂直或者水平的直线），使用放样工具，拾取刚才创建的截面图形，就得到了这样一个图形（图 4 – 1 – 45）。

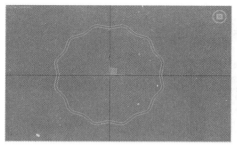

图 4 - 1 -43

图 4 - 1 -44

图 4 - 1 -45

步骤 3 接下来我们再进行调整，在右侧修改命令面板，找到变形（Deformations）卷展栏（图 4 - 1 -46），点击缩放，弹出如图 4 - 1 -47 对话框，利用加点工具进行加点，如图所示（图 4 - 1 -48）。

图 4 - 1 -46

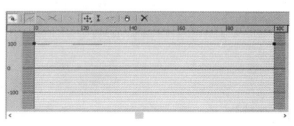
图 4 - 1 -47

173

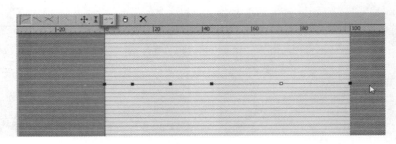

图4－1－48

使用移动工具，把点调整为如图
4－1－49效果，然后选择右下角的上下
缩放（图4－1－50），视图会变成如图
4－1－51效果。

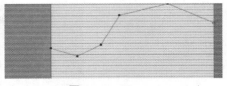

图4－1－49

图4－1－50

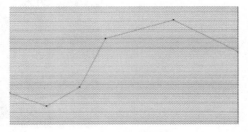

图4－1－51

然后再进行微调，然后把所有的点转换为贝塞尔光滑，如图4－1－52效
果，瓶子在透视图里就变的圆滑起来（4－1－53）。

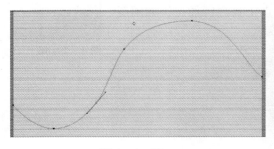

图4－1－52

图4－1－53

目前，我们所学习的知识，还不能将瓶底进行封口，等后面学习了多边形建模的知识以后，就能解决这个问题了。我们看到参考图，瓶身是有扭曲的（图4－1－54），如果我们现在对瓶子的效果还不满意，可以再次进入缩放面板再调整一下曲线（图4－1－55）。

瓶子的最终效果如图4－1－56。

图4－1－54

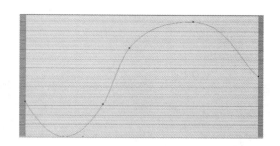

图4－1－55

图4－1－56

步骤 4　　进入右侧修改面板，在变形
（Deformations）卷展栏里点击 Twist 扭曲工具（图
4－1－57），弹出的对话框调整成如图 4－1－58 效
果，得到的瓶子如图 4－1－59 效果，我们发现参考
图上面的扭曲是不规则的，是随机波浪扭曲的，我
们可以在 Twist 曲线上随机加点（图 4－1－60），然
后选中刚才添加的点，将它们转换成贝塞尔光滑，
使用移动工具调整它们的位置（图 4－1－61），最
后我们制作的花瓶是如图 4－1－62 效果。

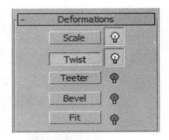

图 4－1－57

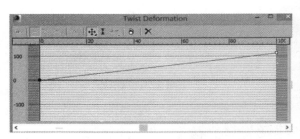

图 4－1－58

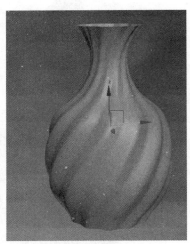

图 4－1－59

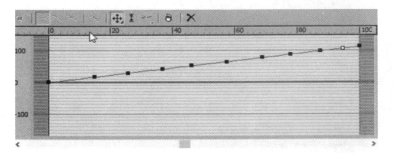

图 4－1－60

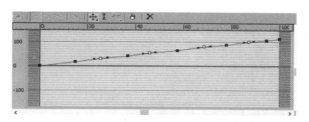

图 4 -1 -61

图 4 -1 -62

放样 04

这节课我们继续进行放样建模的扩展学习，本节我们用放样建模的方法，制作一支铅笔。同时也复习一下之前线建模、车削建模的方法。

步骤 1　首先，我们使用圆工具绘制一个圆，然后使用 NGon（多边形工具）绘制一个六边形，这里我们使六边形的半径和圆的半径一致，圆的半径为14，我们调整六边形的半径也是 14，下面选择内切圆（图 4 -1 -63），它的 Sides（边数）改为八边形，倒圆角的数值大约为 1.5 左右（图 4 -1 -64），这是创建好的圆和八边形（图 4 -1 -65）。

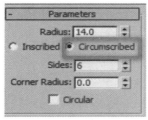

图 4 -1 -63

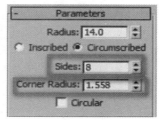

图 4 -1 -64

177

图 4 – 1 –65

步骤 2 接着我们创建路径，在前视图，画一条垂直的线（图 4 – 1 – 66），在创建命令面板，找到放样工具，拾取图形，首先我们拾取八边形，拾取之后我们得到如图 4 – 1 – 67 效果，然后我们把路径百分比的数值调整为 80（图 4 – 1 – 68），在数值是 80 的时候，我们拾取的图形还是八边形，把百分百数值调整为 85 的时候再拾取圆形，得到这样的效果（图 4 – 1 – 69），

图 4 – 1 –66

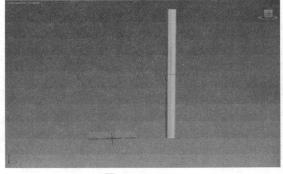

图 4 – 1 –67

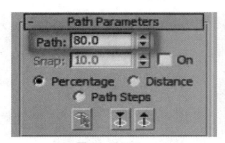

图 4 – 1 –68

图 4 – 1 –69

步骤 3 再把铅笔的顶部进行收缩，在 Deformations（变形）卷展栏下，点击 Scale（收缩）工具（图 4 – 1 – 70），在弹出的对话框中，添加一个点，然后调整成大概这个样子（图 4 – 1 – 71），这样一个铅笔的形状就出来了（图 4 – 1 – 72）。

图 4 – 1 –70

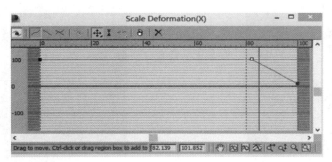

图 4 – 1 –71

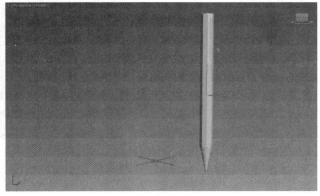

图 4 – 1 –72

179

步骤4 接下来我们制作铅笔的上半部分，切换到前视图，绘制一个矩形（图4－1－73），然后制作凹沟，绘制这样6个圆圈（图4－1－74），然后把矩形转化为可编辑的样条线，然后附加6个圆形，找到样条线的子物体层级，进行布尔运算，相减（图4－1－75）；然后再把相应的点选中，进行倒角，

图4－1－73

倒角的数值0.2；然后切换到段工具，把左侧的线段删除，得到这样的一条线（图4－1－76），然后给它加一个车削的修改命令（图4－1－77），然后选择子物体的轴心（图4－1－78），然后把它向左拖拽，得到如图4－1－79效果。

图4－1－74

图4－1－75

图4－1－76

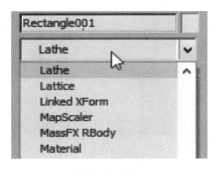

图 4 – 1 –77

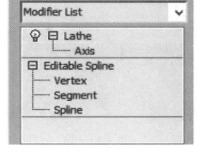

图 4 – 1 –78

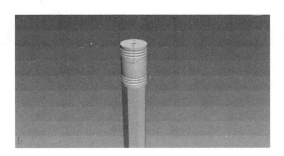

图 4 – 1 –79

步骤 5　接下来我们来制作橡皮的效果，切换到前视图，创建一个矩形（图 4 – 1 –80），然后将其转换为可编辑的样条线，然后点线工具，删除左边的线，得到一条样条线（图 4 – 1 –81），然后再点顶点子物体层级，然后选择右上角的点（图 4 – 1 –82），然后对它进行倒圆角（图 4 – 1 –83），对它施加一个车削的命令，把它的轴心向左拖拽，橡皮的效果就制作出来了（图 4 – 1 – 83）。这时我们看到橡皮的上面有一个圆洞，因为这个点（图 4 – 1 –84），距离轴心太远，只需沿着 X 轴向左右拖拽，直到圆洞消失即可。

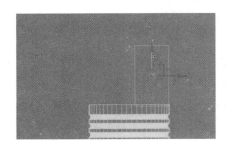

图 4 – 1 – 80

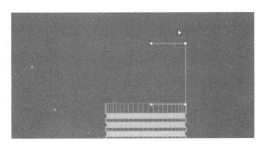

图 4 – 1 – 81

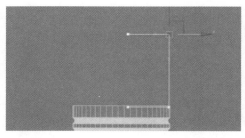

图 4 – 1 –82

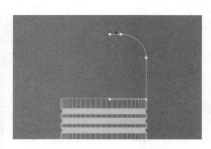

图 4 – 1 –83

图 4 – 1 –84

图 4 – 1 –85

步骤 6 接下来我们给铅笔赋予材质，先给上面的部分附材质，选择橡皮，打开材质编辑器，新建一个标准材质，调整它的颜色为淡黄色，调整它的高光强调和高光面积（图 4 – 1 –86），然后赋予橡皮。接着选择橡皮下面的这一部分，新建一个标准材质，调整它的颜色为深灰色，然后调整它的高光强度和高光面积（图 4 – 1 –87），然后把这个材质赋予橡皮的固定金属。

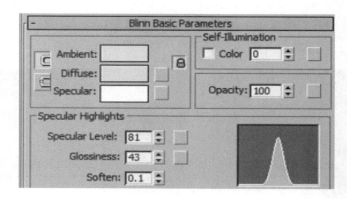

图 4 – 1 –86

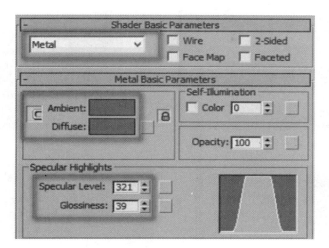

图 4 – 1 – 87

步骤 6 下面我们给铅笔剩下的部分附材质（图 4 – 1 – 88），选择铅笔物体，点右键，在右键菜单中选择 Convert to（转换为）——Convert to Editable Poly（转换为可编辑的多边形物体），把这一部分转化为可编辑多边形。

点 4 键，进入（Polygon）多边形子物体层级，切换到前视图，选择如图 4 – 1 – 89的多边形，在 Polygon：Material IDs（多边形材质 ID）卷展栏中，把这些多边形的材质 ID 改为 1。（图 4 – 1 – 90）

选择被削开的部分多边形（图 4 – 1 – 91）把它的材质 ID 设置成 2（图 4 – 1 – 92）。

选择铅笔芯的面，设置材质 ID 为 3（图 4 – 1 – 93），然后关闭多边形子物体层级。

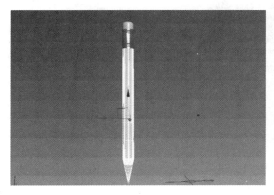

图 4 – 1 – 88

图 4 – 1 – 89

183

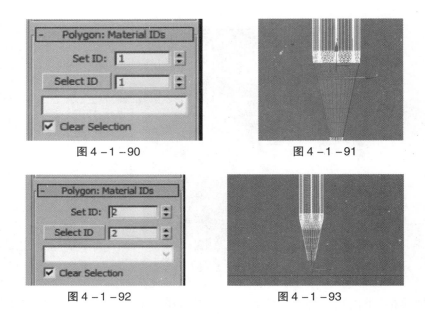

图 4－1－90　　　　　　　　　　　　图 4－1－91

图 4－1－92　　　　　　　　　　　　图 4－1－93

步骤7　再打开材质编辑器，新建一个 Multi/Sub－Object（多重子物体材质），在红圈处双击，在右侧的 Set Number（设置子材质数量）中输入3，也就是说我们要在一个物体上创建三个材质，如图 4－1－94。

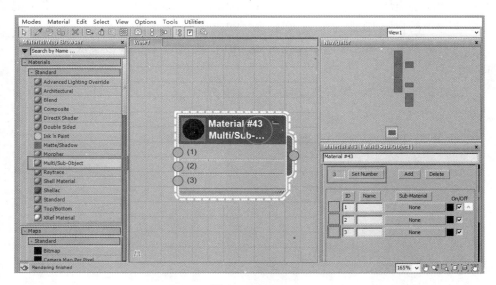

图 4－1－94

对三个 ID 分别链接一个 Standard（标准材质节点）如图 4 – 1 – 95 所示。

分别对三个 Standard 材质进行调整，如图 4 – 1 – 96，即 Standard1 调整为红油漆效果，Standard2 调整为削开的木头效果，Standard3 调整为铅笔芯效果，如图 4 – 1 – 96。

最后呈现的效果是这样的（图 4 – 1 – 97）。

这节课我们主要是使用放样路径百分比的变化来创建物体，还回顾了之前学习的知识——车削，以及多维子材质的设置。

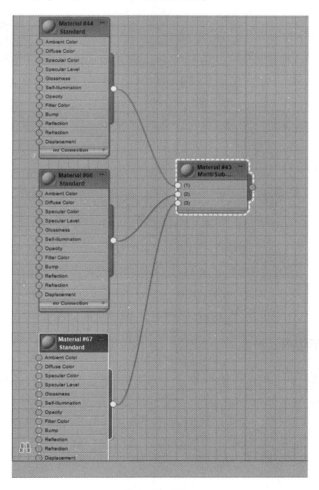

图 4 – 1 – 95

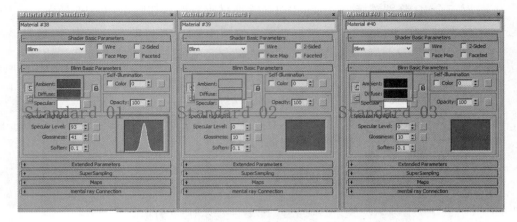

图 4 – 1 – 96

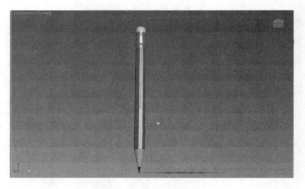

图 4 – 1 – 97

（二）布尔运算

这节课我们学习复合物体建模下的布尔运算，首先我们创建这样两个物体，即一个 Box，一个 Sphere（图 4 – 2 – 1），尽量让它们相交，只有相交的情况下我们才能进行布尔运算，我们选中 Box，然后找到 Boolean（布尔运算）（图 4 – 2 – 2），拾取 B 物体，我们点击一下圆球，就会变成这样的效果（图 4 – 2 – 3）。

使用布尔运算的时候，一定要明确哪个物体是 A 物体，哪个物体是 B 物体。这时我们返回布尔运算前的状态，我们选择 B – A（图 4 – 2 – 4），再拾取 B 物体（圆球），就变成了这样的效果（图 4 – 2 – 5）。我们再一次返回布尔运算前的状态，这次选择 Union（图4-2-6），再拾取 B 物体（圆球），它们就会变成了统一的整体（图4-2-7）。我们再一次返回布尔运算前的状态，这次选择 Intersection（交集）（图4-2-8），再拾取 B 物体（圆球），然后就剩下了它们的交集（图4-2-9）。

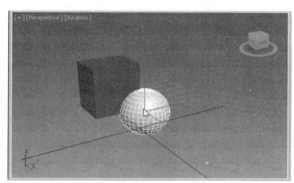

图4-2-1

图4-2-2

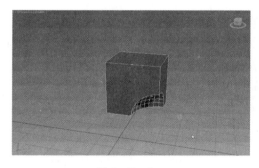

图4-2-3

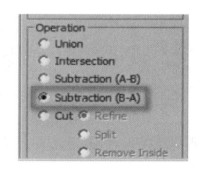

图4-2-4

图4-2-5

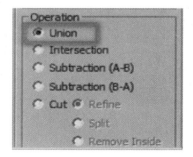

图4-2-6

187

图 4 - 2 - 7

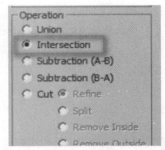
图 4 - 2 - 8

图 4 - 2 - 9

　　接下来我们讲解 Cut（修建），下面有四个选项，Refine（优化），我们选择优化（图 4 - 2 - 10），然后拾取 B 物体（圆球），我们会看到在 Box 上面多了一条线（图 4 - 2 - 11），将它转化为可编辑的多边形物体，选择点、线、元素等，它是和 Box 是不能分离的；下面的 Split（切割）和 Refine 是有区别的，我们选择 Split（图 4 - 2 - 12），然后拾取 B 物体（圆球），我们会看到在 Box 上面也多了一条线，这时把它转化成可编辑的多边形，我们选择元素，可以把这个物体分离出来（图 4 - 2 - 13）。

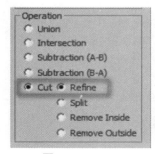
图 4 - 2 - 10

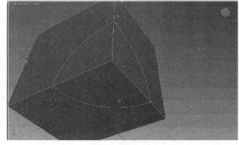
图 4 - 2 - 11

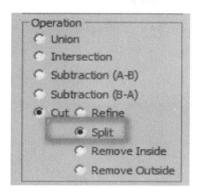

图 4 - 2 - 12

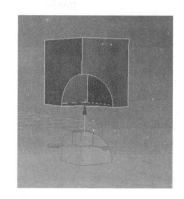

图 4 - 2 - 13

接下来我们学习 Remove Inside（移除里面）（图 4 - 2 - 14），拾取 B 物体，我们会得到这样的效果（图 4 - 2 - 15），Remove Outside（移除外面）（图 4 - 2 - 16），我们会得到这样的效果（图 4 - 2 - 17）。

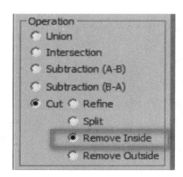

图 4 - 2 - 14

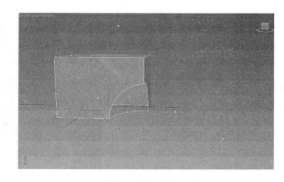

图 4 - 2 - 15

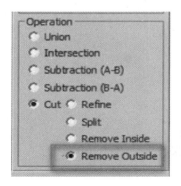

图 4 - 2 - 16

图 4 - 2 - 17

接下来的这部分内容（图 4 – 2 – 18），大家了解一下，基本上是涉及一些显示的问题。通过配套视频了解一下即可。

大家注意一下这里（图 4 – 2 – 19），里面涉及了 Reference、Copy、Move、Instance 四个选项，它们分别是参考、复制、移除、关联。默认的情况是 Move，据笔者长时间的研究，Reference 和 Instance 的功能更基本上大同小异，这里我们选取 Instance 进行讲解。

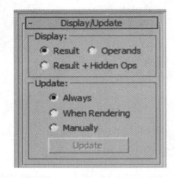

图 4 – 2 – 18

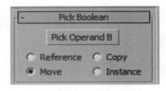

图 4 – 2 – 19

我们之前的操作都是在默认状态 Move 的情况操作的，这里就不再赘述。Copy，就是布尔运算之后，再对被修建的对象进行修改时，不会对布尔运算结果产生影响；若选择 Instance，那么再对被修建的对象进行修改时，就会对布尔运算结果产生影响。

这节课我们着重讲解了布尔运算的一些知识，需要我们重点掌握的就是这些内容（图 4 – 2 – 20）。

（三）地形

这节课我们学习地形的制作方法，如果以后从事景观、规划、建筑等相关项目的制作，我们就会经常用到本节课学习的内容。

首先我们先创建这样几条地平线（图 4 – 3 – 1），然后调整它们的高度，大概就是如图 4 – 3 – 2 效果，在透视图沿着 Z 轴上下移动，使每条线有一个高度的落差。

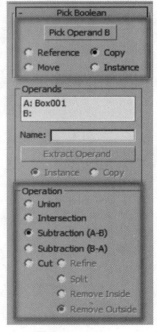

图 4 – 2 – 20

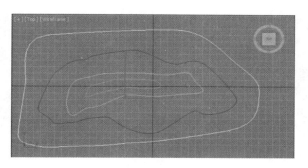

图 4 – 3 – 1

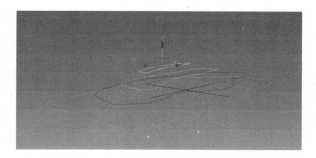

图 4 – 3 – 2

现在我们选择最下面的样条线，然后使用 Terrain（地形）命令（图
4 – 3 – 3），然后视图窗口就会变成如图 4 – 3 – 4 效果，然后自下而上依次拾取
其他三条线（图 4 – 3 – 5），我们看到地形效果还是比较粗糙的（图 4 – 3 – 6）。
这是因为控制地形的点是，就是我们刚开始创建线条时候的点。如果想把地形
控制得精细，我们只需添加控制线上的点。我们先把刚才的 Terrain 命令删除。

图 4 – 3 – 3

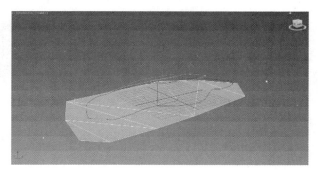

图 4 – 3 – 4

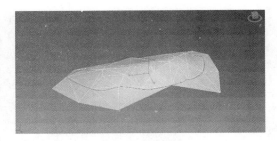

图 4 - 3 - 5　　　　　　　　　　　　　　图 4 - 3 - 6

　　选择最外围的一条线（图 4 - 3 - 7），然后选择线段的子物体层级，Ctrl + A 全选，选择完毕之后，然后对它们进行平分 20 段（图 4 - 3 - 8），然后我们看到上面加了很多点（图 4 - 3 - 9）。

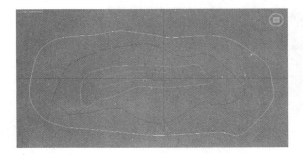

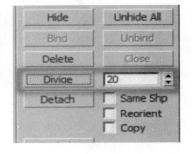

图 4 - 3 - 7　　　　　　　　　　　　　图 4 - 3 - 8

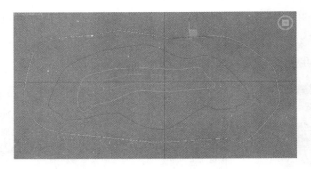

图 4 - 3 - 9

　　其他几条线也是同样的做法来添加点，这是都添加点完毕后的状态（图 4 - 3 - 10），然后给每条线添加 Terrain 命令，这时我们再看效果就比较圆滑了（图 4 - 3 - 11）。

图 4 – 3 – 10

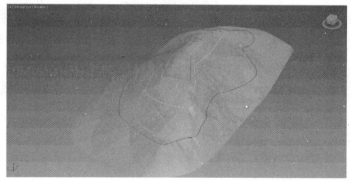

图 4 – 3 – 11

这里有几个选项（图 4 – 3 – 12），Graded Surface，它是通过面来构建的，底下没有封口；Graded Solid，选择它底下就会被封起来；Layered Solid，选择它就会变成梯田的效果；Stitch Border，它会把创建的图形，如果周围有缺陷的话，它会缝合；Retriangulate，它是重构。

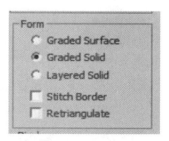

图 4 – 3 – 12

其他的一些命令我们这里就不再过多讲解了，因为其他的功能我们平时很少能用到。这是我们一种地形的构建方法。

有时我们会建造一些随机的地形，这里我们创建一个平面（图 4 – 3 – 13），然后把它的长和宽的段数都改为 50，段数越多就显得越精细，然后在修改命令面板，找到 Noise（图 4 – 3 – 14），我们把它的 Strength（图 4 – 3 – 15），调成为图 4 – 3 – 16 所示，就会得到这样的效果（图 4 – 3 – 17），这里有一个 Fractal

（图4－3－18），勾选这个选项，就会得到这样的效果（图4－3－19），如果这时觉得太过锐利了，可以把Z轴的强度数值调小。还有个Seed，调整它的数值可以随机更换山体的形状，下面的Scale，可以调整单个山体扭曲的大小（图4－3－20）。

图4－3－13

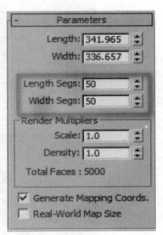

图4－3－14

图4－3－15

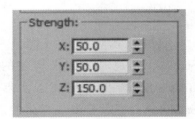

图4－3－16

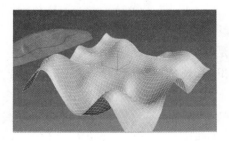

图4－3－17

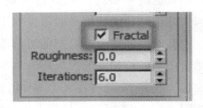

图4－3－18

图 4 –3 –19

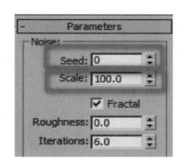

图 4 –3 –20

　　这节课我们讲了两种创建地形的方法，一种适合创建标准的地形，一种适用于创建随机的地形。

第五章

多边形建模 ▪ ▪ ▪

各位同学，大家好，从今天开始，我们开始正式学习多边形建模，多边形建模的方式自从被研究出来，一直是动画和游戏模型的主要制作方式，它简单高效，几乎可以创建自然界所有的物体，只有学会它，我们才能真正掌握建模的知识。

（一）灯笼

本节课我们使用一个灯笼的物体作为参考，创建一个灯笼的模型，初步了解一下多边形建模的方法。

步骤 1 在透视图，Alt + W，最大化视窗，点 Create（创建）命令面板——Sphere（球体），创建一个球体，如图 5 - 1 - 2 所示。

点 Modify（修改）命令面板，把球体的 Segments（段数）调整为 12 段，如图 5 - 1 - 3。

图 5 - 1 - 1

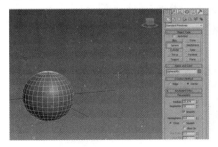

图 5 - 1 - 2

图 5 - 1 - 3

在球体上点右键，选择转换 Convert To（转换为）——Convert To Editbale Poly（转换为可编辑的多边形物体）。

197

我们目前创建的所有物体都是有"Poly（多边形）"组成的，所以任何物体都能转换为多边形物体，多边形物体不能独立创建，只能由其他物体转化而成。

多边形物体下面有 5 个子物体层级，分别是 Vertex（顶点）、Edge（边）、Border（轮廓）、Polygon（面）、Element（元素）。它们的快捷键分别是 1、2、3、4、5。

在我们选择子物体层级的时候，是无法选择其他物体的，比如场景中有一个球体和一个立方体，如果进入立方体的子物体层级，就无法选择球体了，反之亦然。子物体层级可以看作是一种约束，只能选择某个物体上某个层级的东西，要想关闭子物体层级，只能在相应的子物体层级按钮上点一下。

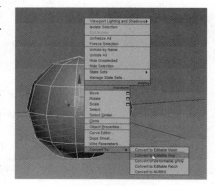

图 5 - 1 - 4

步骤 2 点 F 键，进入前视图点 4 键，进入面的子物体层级，选择如图 5 - 1 - 5 处的面。点键盘上的 Delete 键，删除掉。再选择如图 5 - 1 - 6 处的面，点键盘上的 Delete 键，删除掉。在右侧的 Polygon（多边形）按钮上点一下（如图 5 - 1 - 7），可以关闭子物体层级，得到如图 5 - 1 - 8 的效果。

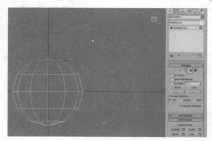

图 5 - 1 - 5

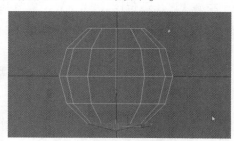

图 5 - 1 - 6

图 5 - 1 - 7

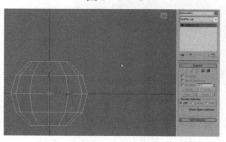

图 5 - 1 - 8

选择子物体层级，可以用 1、2、3、4、5 键切换，也可以直接在子物体层级按钮（图 5 - 1 - 9）上点击，退出时只要在激活的子物体层级上点一下就退出了（图 5 - 1 - 10）。

子物体层级按钮

图 5 - 1 - 9

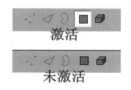

激活

未激活

图 5 - 1 - 10

步骤 3 透视图，修改命令面板，在修改器列表找到 FFD4 × 4 × 4 的修改器，如图 5 - 1 - 11。可以看到球体被加了一个有 4 × 4 × 4 的橘黄色框的修改。修改命令面板，选择 FFD4 × 4 × 4 下面的 Control Points（控制点）子物体层级，如图 5 - 1 - 12。

图 5 - 1 - 11

图 5 - 1 - 12

选择如图 5 - 1 - 13 的控制点，用移动工具向下移动，选择如图 5 - 1 - 14 的控制点，用移动工具向上移动，得到如图 5 - 1 - 15 的效果。

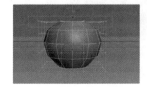

图 5 - 1 - 12

图 5 - 1 - 14

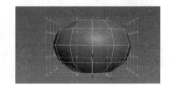

图 5 - 1 - 15

FFD 修改器可以用较少的控制点修改较为复杂的物体，效率很高，是一个经常使用的修改器。

步骤 4 点右键，选择转换 Convert To（转换为）——Convert To Editbale Poly（转换为多边形物体）。如图 5 - 1 - 16 所示。

需要注意，在有其他修改器的情况下，转换

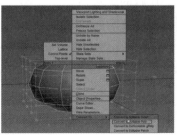

图 5 - 1 - 16

199

为多边形物体，虽然会把其他修改器的结果留在物体上，但是修改器的层级消失了，就不能再回到 FFD 等修改器再进行调整，若想在进行调整，只能在修改命令面板再加一个新的 FFD 的修改器。这个过程我们一般称为"塌陷"。

步骤 5　点 3 键，即可进入轮廓（也称边界或封口）的子物体层级（如图 5 – 1 – 17）。选择如图 5 – 1 – 18 处的轮廓，按住 Shift 键沿 Z 轴向上移动，可以看到我们复制了一个轮廓（如图 5 – 1 – 19）。

图 5 – 1 – 17

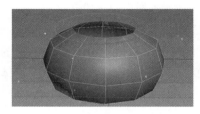

图 5 – 1 – 18

图 5 – 1 – 19

使用缩放工具，沿着 XY 轴，按住 Shift 键向里复制一个轮廓，如图 5 – 1 – 20 所示，这样得到灯笼的厚度。

使用移动工具，按住 Shift 沿 Z 轴向下复制（如图 5 – 1 – 21）。

同样的方法把下面的结构也做一下，得到如图 5 – 1 – 22 的效果。关闭轮廓的子物体层级。

图 5 – 1 – 20

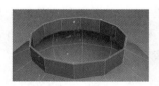

图 5 – 1 – 21

图 5 – 1 – 22

步骤 6　点 F 键，前视图，点 4 键，即可进入面的子物体层级，如图 5 – 1 – 23所示，选择图 5 – 1 – 24 处的面，注意，这时选择要确认主工具栏的 ▣ 是开启的，然后画一个很小的框碰到图 5 – 1 – 24 的面即可，如果直接框选，会选择灯笼顶面的面。

图 5 – 1 – 23

图 5 – 1 – 24

透视图，在修改命令面板的 Polygong Smoothing Groups（圆滑组）中设置为 2（图 5 – 1 – 25）。取消选择，得到的效果如图 5 – 1 – 26。

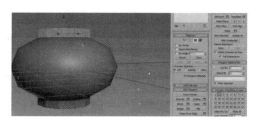

图 5 - 1 - 25　　　　　　　　　　　　图 5 - 1 - 26

同样的方法选择下边的面，在修改命令面板的 Polygong Smoothing Groups（圆滑组）中设置为 3（图 5 - 1 - 27）。取消选择，得到如图 5 - 1 - 28 效果。关闭子物体层级。

图 5 - 1 - 27　　　　　　　　　　　图 5 - 1 - 28

• Polygong Smoothing Groups（圆滑组）是定义一组光滑的面和另外一组光滑的面的交界的，只要相邻的光滑组的 id 是不一样的，那么他们的交界就是锐利的。

步骤 7　如果我们现在打开修改命令面板的 Use NURMS Subdivision（使用NURMS 细分），会发现出现了一定的问题，如图 5 - 1 - 29 所示。灯笼与灯笼口的交界变得过于圆滑，原先锐利的边界消失。所以直接使用 Use NURMS Subdivision（使用 NURMS 细分）是不对的，我们把它关掉。

图 5 - 1 - 29

点 2 键，即选择 Edge（边的子物体层级），如图 5 - 1 - 30 所示。选择如图5 - 1 - 31的边，然后按修改命令面板的 Ring（环形），如图 5 - 1 - 32 所示。这样我们就选择了一圈平行的边。如图 5 - 1 - 33 所示。

图 5 - 1 - 30　　　　　图 5 - 1 - 31　　　　　图 5 - 1 - 32　　　　　图 5 - 1 - 33

201

Ring 环形是四边形两条不相交的边形成的边界，点一个边之后，再点 Ring 就可以选择所有的四边形的环形边，它有一个快捷键即选择任意一边，按住 Shift 键再去点任意一条环形边即可选择所有的环形边。

Loop 是循环，即四边形对齐的边。选择一条边再去点 Loop 即可选择所有的循环边。

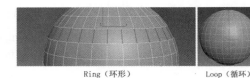

Ring（环形）　　　　Loop（循环）

图 5 - 1 - 34

步骤 8　点修改命令面板的 Connect（连接）命令的 Settings（设置），Connect Edge Segments（连接边的数量）输入 2，Connect Edge Pinch（连接边的距离）输入 95，可以看到就在刚才选择的环形线上加了两排线，如图 5 - 1 - 36 所示。点对号确定。

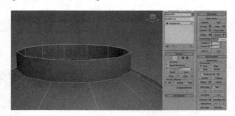

图 5 - 1 - 35

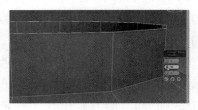

图 5 - 1 - 36

同样的方法，灯笼的下部叶加两排线，如图 5 - 1 - 37。关掉子物体层级，打开 Use NURMS Subdivision（使用 NURMS 细分），得到如图 5 - 1 - 38 效果。

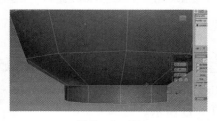

图 5 - 1 - 37

图 5 - 1 - 38

可以看到我们刚刚连接的线起作用了，它阻止了灯笼与上下口的圆滑，但是内部效果还有问题，所以我们暂时把 Use NURMS Subdivision（使用 NURMS 细分）关闭。

步骤9 点2键，Edge（边）的子物体层级，选择如图5－1－39的边，按住 Shift 键，在如图5－1－40处的边上点一下，就选择了如图5－1－41的一圈平行的边。

修改命令面板的 Connect（连接）命令的 Settings（设置），Connect Edge Segments（连接边的数量）输入2，Connect Edge Pinch（连接边的距离）输入95，连接出两排边，点对号确定，如图5－1－42。

图 5 － 1 － 39

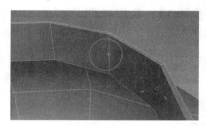

图 5 － 1 － 40

图 5 － 1 － 41

图 5 － 1 － 42

同样的方法，把灯笼底部的边也连接出两排边。如图5－1－43。关闭子物体层级。

打开 Use NURMS Subdivision（使用 NURMS 细分），下面的 Iterations（迭代次数）设置为2。得到如图5－1－44效果。

图 5 － 1 － 43

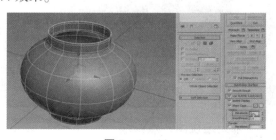

图 5 － 1 － 44

Use NURMS Subdivision（使用曲面细分）是根据 Iterations（迭代次数）的数值进行圆滑，迭代次数是1时，原先的一个面会细分成4个面，如果迭代次数是 2 时，原来的一个面会细分成 16 个面。这个数值尽量不要太大，一般最多为 2，超过 2，由于面数太多，对计算机造成太大压力，效果的改进也是微乎其微。

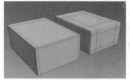

保护线近的效果

我们连接的线我们成为"保护线"或者"安全线"，保护线离得越近，圆滑出来的物体就会越锐利，反之就越圆滑。如图 5 – 1 – 45。

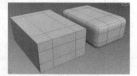

保护线远的效果

步骤 10　我们来制作灯笼的骨架，点右键，转换为多边形物体，如图 5 – 1 – 46。2 键，进入边的子物体层级。选择一条边如图 5 – 1 – 47。点修改命令面板的 Loop（循环），这样整个一排边就被选择中，如图 5 – 1 – 48 效果。

图 5 – 1 – 45

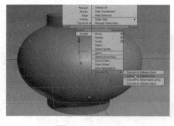

图 5 – 1 – 46

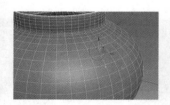

图 5 – 1 – 47

图 5 – 1 – 48

点 F，来到前视图，按住 Alt 键把如图 5 – 1 – 49 处的边减选掉，同样的方法把底部的边也减选掉，如图 5 – 1 – 50 所示。

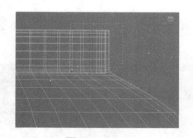

图 5 – 1 – 49

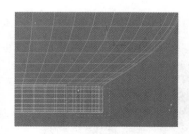

图 5 – 1 – 50

来到透视图，点修改命令面板的 Create Shape From Selection（从选择的线创建图形），如图 5 – 1 – 51 所示。在弹出的对话框中输入线的名字为"gujia"，点 OK，如图 5 – 1 – 52 所示。关闭子物体层级。

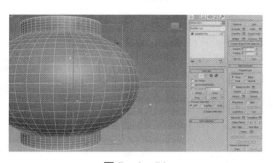

图 5 - 1 - 51   图 5 - 1 - 52

步骤11 在透视图，选择刚刚创建的"gujia"物体，如图 5 - 1 - 53 所示。在修改命令面板，把 Enable In Render（可渲染）和 Enable In Viewport（视口可见）打开，把 Thickness（粗细）调整为如图 5 - 1 - 54。

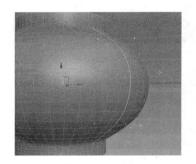
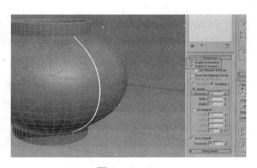

图 5 - 1 - 53   图 5 - 1 - 54

步骤12 点 T 键，进入顶视图，使用旋转工具，打开角度锁定，按住 Shift 键逆时针旋转30度，复制的选项使用 Instance（关联复制），数量输入11个，如图 5 - 1 -55，这样我们就得到12个"gujia"物体（如图 5 - 1 -56）。

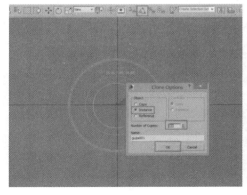
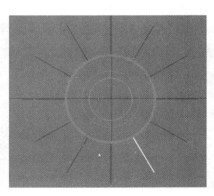

图 5 - 1 - 55   图 5 - 1 - 56

步骤13　点 F 键，进入前视图，我们开始制作灯笼的提手。创建命令面板——shape（二维图形）——Rectangle（矩形），如图 5 - 1 - 57 所示，创建一个矩形，如图 5 - 1 - 58 所示，把可渲染和视口可见关闭。点右键，Convert To——Convert To Editable Spline（转换为可编辑样条线），如图 5 - 1 - 59 所示。点 2 键，边子物体层级，选择如图 5 - 1 - 60 处的一条边，点 Delete 键删除。

图 5 - 1 - 57

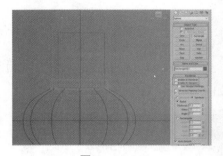

图 5 - 1 - 58

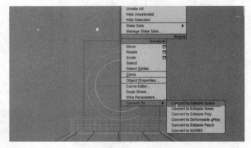

图 5 - 1 - 59

图 5 - 1 - 60

步骤14　点 1 键，进入顶点子物体层级，使用修改命令面板的 Refine（优化）命令，在如图 5 - 1 - 61 处加三个点。

使用移动工具，把点移动成如图 5 - 1 - 62 的效果。

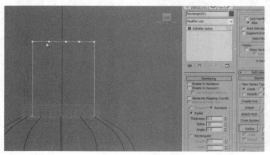

图 5 - 1 - 61

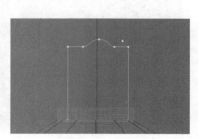

图 5 - 1 - 62

然后选择如图 5 – 1 – 63 的两个点，使用修改命令面板的 Fillet（倒圆角）工具把它们倒成如图 5 – 1 – 64 效果。关闭子物体层级。

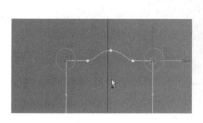

图 5 – 1 – 63

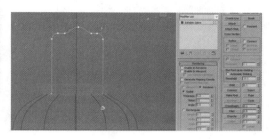

图 5 – 1 – 64

透视图，打开可渲染和视口可见，Thickness（粗细）调整如图 5 – 1 – 65 效果。

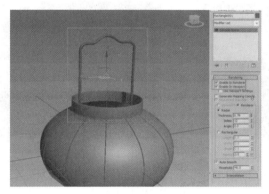

图 5 – 1 – 65

步骤 15 Create（创建）命令面板——Shape（二维图形）——Text（文字）工具，前视图，创建一个文字，如图 5 – 1 – 66 所示。修改命令面板，把文字的内容改为"福"，把字体改为楷体。如图 5 – 1 – 67 所示，把可渲染和视口可见关闭。

使用缩放、移动和旋转工具，把"福"字调整为如图 5 – 1 – 68 效果。

图 5 – 1 – 66

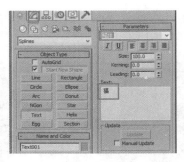

图 5 – 1 –67

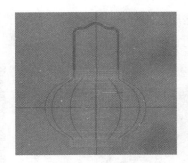

图 5 – 1 –68

步骤 16　透视图，把福字调整到如图 5 – 1 – 69 位置，旋转灯笼的主体，找到创建命令面板——Geometry（几何体）——Compound Objects（复合物体）——ShapeMerge（图形合并），如图 5 – 1 – 70 所示。

图 5 – 1 –69

图 5 – 1 –70

点 Pick Shape（拾取图形），然后拾取福字，如图 5 – 1 – 71 所示。得到如图 5 – 1 – 72 效果，可以看到福字已经印到灯笼上了。

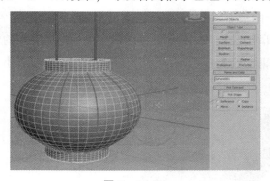

图 5 – 1 –71

图 5 – 1 –72

步骤 17　点右键，把灯笼主体再次转换为多边形物体，如图 5 – 1 – 73 所示，点 4 键，进入面的子物体层级，福字的面默认选择中，如图 5 – 1 – 74 所示。

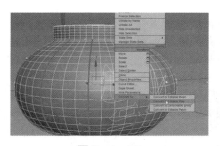
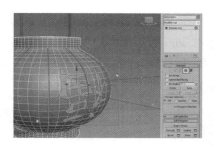

图 5 - 1 - 73　　　　　　　　　　　图 5 - 1 - 74

　　修改命令面板，把 Polygon Material IDs（多边形材质 ID）
设置为 3，让它与灯笼的主体不同。如图 5 - 1 - 75。

图 5 - 1 - 75

　　点 Edit（编辑）下拉菜单——Select Invert（反选），也可
以使用快捷键 Ctrl + I，反选其他的面，设置材质 ID 为 1（如图
5 - 1 - 77）。

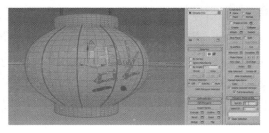

图 5 - 1 - 76　　　　　　　　　　图 5 - 1 - 77

　　步骤 18　前视图，选择如图 5 - 1 - 78 的面，
修改命令面板，使用 Detach（分离）工具，分离
的名字取名为"罩 A"，点 OK，这样顶部的面就
从这个物体上分离出去，不再是这个物体的一部
分了（如图 5 - 1 - 79）。

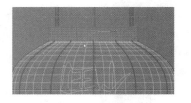

图 5 - 1 - 78

　　同样的方法，选择底部的面，如图 5 - 1 - 80
所示，把它分离出去，取名为"罩 B"，关闭子物体层级。

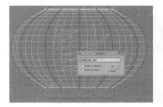

图 5 - 1 - 79　　　　　　　　　　图 5 - 1 - 80

步骤19　点 M 键，打开材质编辑器，把左侧的 Multi/Sub—Object（多重子物体材质）拖到右侧的视口，创建一个多重子物体材质（如图 5 – 1 – 81）。

双击图 5 – 1 – 82 处的圆圈位置，在右侧属性栏的 Set Number（设置子材质数量）中把材质数量设置为 3。

图 5 – 1 – 81

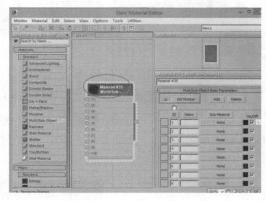

图 5 – 1 – 82

把 1 和 3 材质都连接一个 Standard（标准）材质节点（如图 5 – 1 – 83）。如图 5 – 1 – 84 处的两个色块分别设置红色和黄色，在图 5 – 1 – 85 圆圈处点右键，选择 Assign Material Selection 把材质赋予选择的物体。得到如图 5 – 1 – 86 效果。

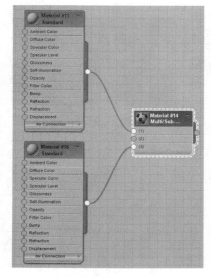

图 5 – 1 – 83

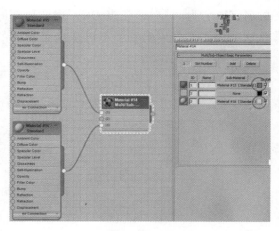

图 5 – 1 – 84

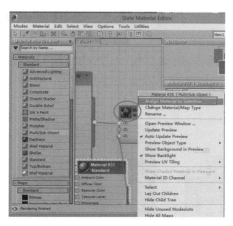

图 5 - 1 - 85   图 5 - 1 - 86

步骤 19 点主工具栏上的 Select By Name（根据名称选择），快捷键是 H
键，选择所有的 gujia，点 OK，如图 5 - 1 - 87 所示。这样骨架都选择中。

打开材质编辑器，在图 5 - 1 - 88 处点右键使用 ssign Material Selection 把黄
色的材质单独赋予 gujia 物体。

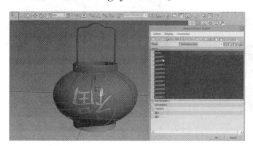

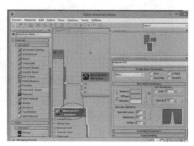

图 5 - 1 - 87   图 5 - 1 - 88

选择上部的提手，如图 5 - 1 - 89，也把黄色的材质赋予它。最后效果如图
5 - 1 - 90。

图 5 - 1 - 89   图 5 - 1 - 90

步骤 20 经过渲染，发现福字的面有发黑的情况（图 5 - 1 - 91），这是由于复合物体的建模不够完善所造成的，我们来改善它。

选择灯笼主体，点 4 键，进入面的子物体层级，修改命令面板的 Select ID 输入 3（图 5 - 1 - 92），然后点一下 SelectID 按钮，这样原来属于 ID3 的面就选择中，如图 5 - 1 - 93 所示。

图 5 - 1 - 91　　　　　　图 5 - 1 - 92　　　　　　图 5 - 1 - 93

修改命令面板，点 Extrude（挤出）右边的设置按钮，弹出的浮动对话框中厚度输入 0.2，如图 5 - 1 - 94 所示，点对号确定。这样福字就有了一定的厚度，就不会有问题了（图 5 - 1 - 95）。

图 5 - 1 - 94　　　　　　　　　图 5 - 1 - 95

步骤 21 选择罩 A 物体，点 M 键，打开材质编辑器，新建一个 Standard（标准材质），把 Diffuse Color（漫反射）颜色连接一个 Bitmap（位图）节点，弹出的对话框找到配套光盘 \ 贴图文件 \ 05 第五章 多边形建模 \ 第一节 灯笼 \ 花纹 . jpg，如图 5 - 1 - 96 然后把材质赋予"罩 A"物体。

图 5 - 1 - 96

这时我们发现透视图里的贴图很混乱，这是因为这个模型的上部是我们用多边形的轮廓复制出来的，它没有自己的贴图坐标，所以我们要给它一个贴图坐标。

在修改命令面板，修改器列表，找到 UVW Map（UVW 贴图）修改器（图 5 - 1 - 97）。

贴图坐标类型中选择 Cylindrical（圆柱形），如图 5－1－98 所示。

我们发现花纹在透视图拉伸的太厉害，需要在材质编辑器里进行调整。如图 5－1－99 所示，打开材质编辑器，双击图 5－1－100 圆圈处，在右面的 U 方向就是横方向的 Tiling（重复）输入 3，就是横方向重复三次，这样它的贴图就不拉伸了，如图 5－1－101 所示。

同样的方法把"罩 B"也贴一下图。

图 5－1－97

5－1－98

图 5－1－99

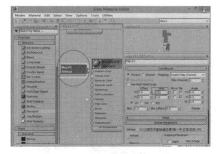

图 5－1－100

图 5－1－101

步骤 22 顶视图，创建命令面板，Cylinder（圆柱体），创建一个圆柱，如图 5－1－102 所示。

Alt＋A，对齐工具，对齐一下灯笼，选择 X、Y 轴对齐，点 OK（如图 5－1－103）。

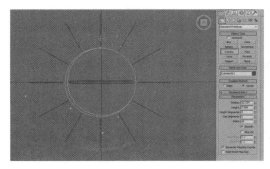

图 5－1－102

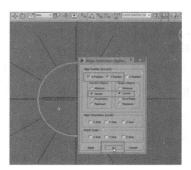

图 5－1－103

透视图，用移动工具把圆柱沿 Z 轴移动下来（如图 5 – 1 – 104）。

修改命令面板，把圆柱的 Height Segments（高度的分段数）改为 1 段（如图 5 – 1 – 105）。高度调整为如图 5 – 1 – 106 的效果。

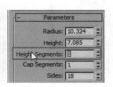

图 5 – 1 – 104   图 5 – 1 – 105   图 5 – 1 – 106

步骤 23 点右键，转换为多边形物体，点 4 键，面的子物体层级，选择上下两个面删除掉，使圆柱变成一个圆筒（如图 5 – 1 – 107）。

关闭子物体层级，向上沿 Z 轴移动到如图 5 – 1 – 108 位置。

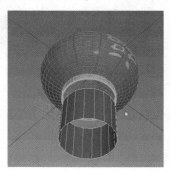

图 5 – 1 – 107   图 5 – 1 – 108

打开材质编辑器，新建一个 Standard 材质，Diffuse Color（漫反射颜色）使用 Bitmap（位图）的方式，找到配套光盘 \ 贴图文件 \ 05 第五章 多边形建模 \ 第一节 灯笼 \ 穗 . jpg，然后在 Opacity（不透明度）的节点中也添加一个 Bitmap 的贴图方式，找到配套光盘 \ 贴图文件 \ 05 第五章 多边形建模 \ 第一节 灯笼 \ 穗 B. jpg（如图 5 – 1 – 109）。把材质赋予刚建的物体，同时打开 Show Shaded Material in Viewport（在视窗里显示材质）。

得到如图 5 – 1 – 110 的效果。

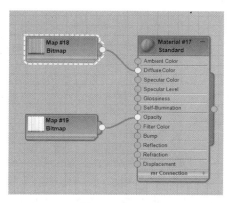

图 5 – 1 –109

图 5 – 1 –110

步骤 24 前视图，创建命令面板——Shape（二维图形）——Line（线），创建一条如图 5 – 1 – 111 的线。把可渲染和视口可见打开，把福字的黄色材质赋予给它。

顶视图，创建命令面板——Geometry（几何体）——Cylinder（圆柱），创建一个小圆柱（如图 5 – 1 –112）。

移动工具，沿着 Z 轴，把小圆柱移动到刚画的线的底端，如图 5 – 1 –113 所示。

图 5 – 1 –111

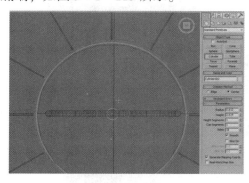

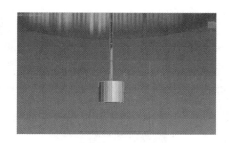

图 5 – 1 –112

图 5 – 1 –113

原先的花纹是有横向重复的，所以我们不能直接使用，新建一个 Standard 材质，漫反射颜色贴一个 Bitmap 节点，使用配套光盘/第五章/第一节/花纹.jpg，如图 5 – 1 –114，赋予小圆柱，同时打开 Show Shaded Material in Viewport（在视窗里显示材质）。如图 5 – 1 –115 效果。

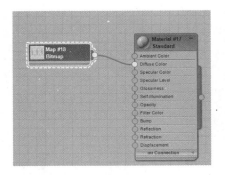

图 5 - 1 - 114

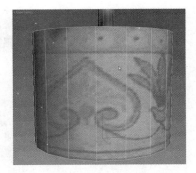

图 5 - 1 - 115

步骤 25 顶视图，创建命令面板，Cylinder（圆柱体），创建一个圆柱，如图 5 - 1 - 116 所示。

前视图，调整一下高度，如图 5 - 1 - 117 所示。

图 5 - 1 - 116

图 5 - 1 - 117

透视图，Alt + A，对齐小穗头（如图 5 - 1 - 118），选择 X、Y 轴对齐。

移动工具，沿 Z 轴向下移动至如图 5 - 1 - 119 位置。点右键，转换为多边形物体，上下两个面删除，使其成为一个圆筒。把原先的穗头的材质赋予它。得到如图 5 - 1 - 120 效果。

图 5 - 1 - 118

图 5 - 1 - 119

图 5 – 1 – 120

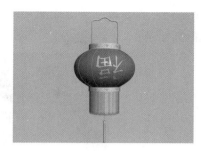

图 5 – 1 – 121

通过这个小例子，我们了解了一下 Polygon 建模的基本方法，以及它下面的 5 个子物体层级，我们将会通过多个实例反复练习，因为 Polygon 建模是以后我们建模的主要方式，虽然它的工具很多，但是常用的工具并不多，只要熟练掌握它们，就能随心所欲地建出自己想要的模型。

（二）卡通杯子

这节课我们将使用一个卡通的杯子，来进一步学习 Polygon 建模的知识，这个杯子的造型比上节课的灯笼更加随意，Polygon 建模特别适合这种非标准化的物体创建，特别是杯子的耳朵部分，使用其他的建模方式都无法控制得这么自由。

步骤 1 点击右侧工具栏里面 Create（创建）命令——Geometry（几何体）——Cylinder（圆柱）创建工具，在透视图创建出一个圆柱（图 5 – 2 – 2）。

图 5 – 2 – 1

在修改命令面板，把高度的段数调整为 4 段，Sides（边数）调整为 12，如图 5 – 2 – 3 所示。

点右键，转换为多边形的物体。

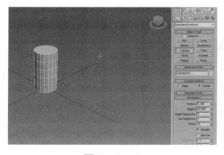

图 5 – 2 – 2

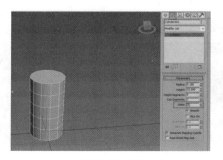

图 5 – 2 – 3

步骤2 点4键，进入面的子物体层级，选择上下两个面，点 Delete 键删除，得到如图 5 − 2 − 4 效果。

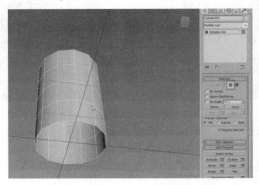

图 5 − 2 − 4

前视图，点1键，进入顶点的子物体层级，使用缩放工具进行缩放，调整为如图 5 − 2 − 5 效果。

透视图效果如图 5 − 2 − 6。

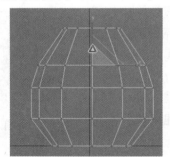 

图 5 − 2 − 5   图 5 − 2 − 6

步骤3 点3键，轮廓子物体层级，选择底部的轮廓，如图 5 − 2 − 7 所示。

使用缩放工具，沿着 X、Y 轴，按住 Shift 键，向里复制一个轮廓（如图 5 − 2 − 8）。沿着 Z 轴，使用移动工具，向下移动，如图 5 − 2 − 9 所示。

图 5 − 2 − 7   图 5 − 2 − 8   图 5 − 2 − 9

步骤4 移动工具，沿着 Z 轴按住 Shift 键再向下复制（如图 5－2－10）。缩放工具，沿着 X、Y 轴向里略作缩小，如图 5－2－11 所示。

图 5－2－10

图 5－2－11

步骤5 缩放工具，按住 Shift 键，沿着 X、Y 轴向里复制一个轮廓，如图 5－2－12 所示。再向里复制一次，如图 5－2－13 所示。

Alt＋P，把轮廓封住，如图 5－2－14 所示。

图 5－2－12

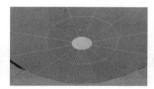

图 5－2－13

图 5－2－14

步骤6 在修改命令面板修改器列表，为杯子加一个 Shell（壳体）的修改器，为杯子添加一个厚度，如图 5－2－15 所示，其中 Inner Amount（向内的厚度）调整为 1.1，Outer Amount（向外的厚度）调整为 0，得到如图 5－2－16 的效果。

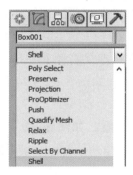

图 5－2－15

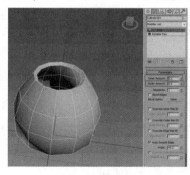

图 5－2－16

步骤7 点右键，转换为可编辑的多边形舞台，点 2 键，进入边的子物体层级，选择如图 5－2－17 的一圈边，向上移动至如图 5－2－18。

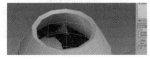

图 5－2－17

图 5－2－18

步骤8 选择如图 5 – 2 – 19 的一排环形边，使用 Connect（连接）工具右边的设置加两条保护线，效果如图 5 – 2 – 20 所示。

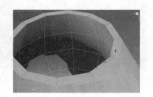

图 5 – 2 – 19　　　　　　　　　　　　图 5 – 2 – 20

步骤9 选择如图 5 – 2 – 21 的一排环形边，使用 Connect（连接）工具右边的设置加两条保护线，效果如图 5 – 2 – 22 所示。

图 5 – 2 – 21　　　　　　　　　　　　图 5 – 2 – 22

步骤10 点 T 键，来到顶视图，使用旋转工具，点 A 键，或者在主工具栏点█打开角度锁定，把杯子顺时针旋转 15 度，（图 5 – 2 – 23）这么做的目的是为了让圆圈处的面正对右方，便于移动和操作，如果是倾斜的面，在移动起来是非常困难的。

点 4 键，进入多边形的子物体层级，在顶视图选择最右侧的一排面，来到透视图，这样就知道最右边的面在透视图的位置了，如图 5 – 2 – 24 所示。然后通过减选，选择如图 5 – 2 – 25 的两个面。

修改命令面板，使用 Inset（插入面）工具的设置，如图 5 – 2 – 26 所示，插入 2 个面，对宽度记性设置，可以看到在插入的面的周围是 4 个四边面，这样也不违背我们多边形的建模原则。点对号确定。

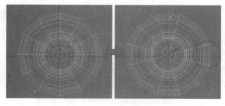
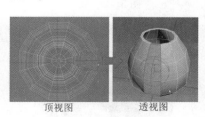

图 5 – 2 – 23　　　　　　　　　　　　图 5 – 2 – 24

图 5 - 2 - 25

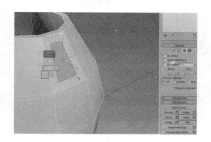

图 5 - 2 - 26

步骤 11 使用移动工具，把刚插入的两个新面向外略作移动，使之形成一个缓坡，如图 5 - 2 - 27 所示。

点 1 键，进入顶点的子物体层级，使用移动工具，把刚插入的面的形状调整为如图 5 - 2 - 28 效果。

图 5 - 2 - 27

图 5 - 2 - 28

步骤 12 点 4 键，进入面的子物体层级，选择新插入的两个面，如图 5 - 2 - 29 所示，点修改命令面板的 Extrude（挤出）右边的设置，如图 5 - 2 - 30，点对号确定。

图 5 - 2 - 29

图 5 - 2 - 30

步骤 13 点 2 键，进入边的子物体层级，点 F 键进入前视图，选择如图 5 - 2 - 31 处的一排线，使用 Connect（连接工具）的设置，连接的条数输入 1，只连接一条线。

同样的方法，下面挤出的面也连接一条线。如图 5 - 2 - 32。

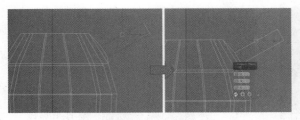
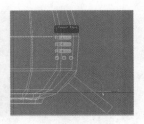

图 5 - 2 - 31　　　　　　　　　图 5 - 2 - 32

步骤 14　点 1 键，进入顶点的子物体层级，对挤出的物体进行调整，如图 5 - 2 - 33。

步骤 15　点 4 键，进入面的子物体层级，来到透视图，选择如图 5 - 2 - 34 的两个面。点修改命令面板的 Bridge（桥接）工具，可以看到在两个面之间连接了一排面，如图 5 - 2 - 35 所示。

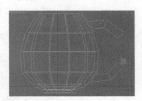

图 5 - 2 - 33

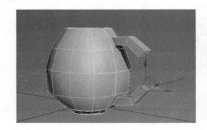

图 5 - 2 - 34　　　　　　　　　图 5 - 2 - 35

步骤 16　点 2 键，选择边的子物体层级，选择如图 5 - 2 - 36 的一圈环形边，点 Connect（连接）右边的设置，因为我们只需要在接近杯身的部位加保护线，其他部分不需要，所以线的数量输入 1，而调整 Slide（位置）接近杯身即可，如图 5 - 2 - 37 所示。同样的方法在把手的下部也加一条保护线，如图 5 - 2 - 38效果。

打开 Use NURMS Subdivision（使用 NURMS 曲面），得到如图 5 - 2 - 39 效果。这样杯身的模型我们就创建好了。

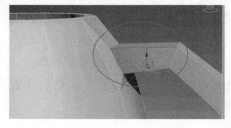
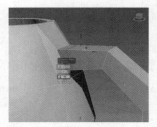

图 5 - 2 - 36　　　　　　　　　图 5 - 2 - 37

图 5 – 2 –38　　　　　　　　　　图 5 – 2 – 39

步骤 17　现在我们来创建杯盖。点 T 键，来到顶视图，点击右侧工具栏里面 Create（创建）命令——Geometry（几何体）——Cylinder（圆柱）创建工具，创建出一个圆柱（图 5 – 2 –40）。

点 Align（对齐）工具，或者使用快捷键 Alt + A，点击杯身，使用 X、Y 轴的 Pivot Point（轴心）对齐，如图 5 – 2 –41 所示，把圆柱对齐杯身。

图 5 – 2 –40

移动工具，沿着 Z 轴把圆柱移动到如图 5 – 2 –42 位置。

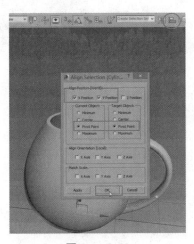 

图 5 – 2 –41　　　　　　　　　　图 5 – 2 –42

步骤 18　在修改命令面板，把圆柱的 Height Segments（高度段数）调整为 3 段，如图 5 – 2 –43 所示。点右键转换为可编辑的多边形物体，进入面的子物体层级，把上下两个面删除，使之成为一个圆筒，如图 5 – 2 –44 所示。

图5－2－43　　　　　　　　　　　　图5－2－44

步骤19　前视图，点1键，进入顶点的子物体层级，用缩放工具并且锁定所有的轴（不能用移动工具）对杯盖进行调整至如图5－2－45效果。

点3键，进入轮廓的子物体层级，来到透视图，选择如图5－2－46的轮廓，按住Shift键向里复制出一条轮廓，并向上移动如图5－2－47。

按住Shift键用缩放工具再复制一次，并向上略作移动，如图5－2－48所示。再复制一次，如图5－2－49所示。

Alt＋P，把口封住，如图5－2－50所示。

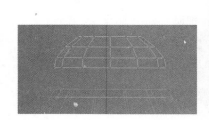
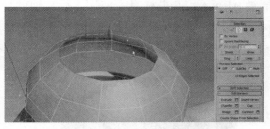

图5－2－45　　　　　　　　　　　　图5－2－46

图5－2－47　　　　　　　　　　　　图5－2－48

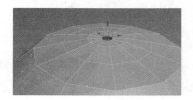

图5－2－49　　　　　　　　　　　　图5－2－50

步骤 20 选择如图 5 – 2 – 51 的轮廓，按住 Shift 键使用移动工具向下复制出一条轮廓，如图 5 – 2 – 52 所示。使用缩放工具，缩小一点如图 5 – 2 – 53 所示。

按住 Shift 键用缩放工具沿 X、Y 轴锁定向里复制一次（如图 5 – 2 – 54）。

图 5 – 2 – 51

图 5 – 2 – 52

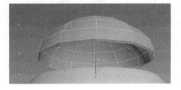

图 5 – 2 – 53

图 5 – 2 – 54

步骤 21 在修改命令面板修改器列表，为杯子加一个 Shell（壳体）的修改器，为杯子添加一个厚度，如图 5 – 2 – 55 所示，其中 Inner Amount（向内的厚度）调整为 1.1，Outer Amount（向外的厚度）调整为 0。得到如图 5 – 2 – 56 的效果。

图 5 – 2 – 55

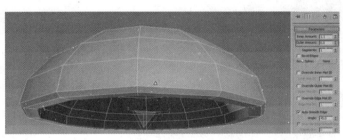

图 5 – 2 – 56

步骤 22 点右键，转换为可编辑的多边形物体，点 2 键，进入边的子物体层级，选择如图 5 – 2 – 57 的一圈环形边，使用 Connect（连接）工具的设置连接 2 条保护线，如图 5 – 2 – 58 所示。关闭子物体层级。

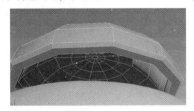

图 5 – 2 – 57

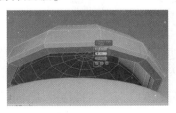

图 5 – 2 – 58

步骤23 顶视图，旋转工具，打开角度锁定 ▣ ，沿着顺时针把杯盖旋转15
度，如图5－2－59所示。点4键，进入面的子物体层级，选择如图5－2－60的一
排面，以便在透视图确定正对右方的面是哪些。

透视图，选择如图5－2－61的两个面，点Inset（插入面）工具的设置，
如图5－2－62插入两个面。点对号确定。

点Extrude（挤出）挤出如图5－2－63效果。

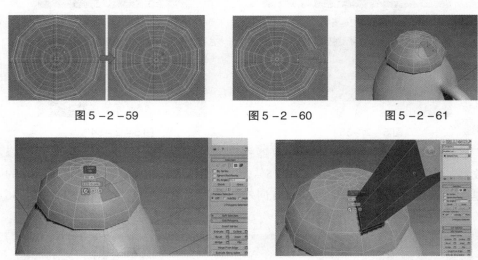

图5－2－59 　　　　　图5－2－60 　　　　　图5－2－61

图5－2－62 　　　　　　　　　　图5－2－63

步骤24 使用边和顶点的子层级进行形状的调整，如图5－2－64所示。
前视图，进入边的子物体层级，连接三条线如图5－2－65所示。

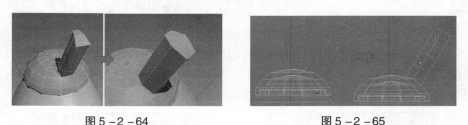

图5－2－64 　　　　　　　　　　图5－2－65

进入顶点的子物体层级，调整形状如图5－2－66所示。透视图也略作调
整至图5－2－67形状。

同样的方法，把另外一边的耳朵也做一下，如图5－2－68所示。

打开Use NURMS Subdivision（曲面细分），得到效果如图5－2－69所示。

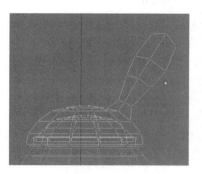

图 5 - 2 - 66

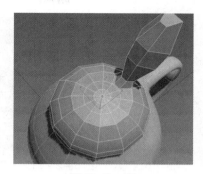

图 5 - 2 - 67

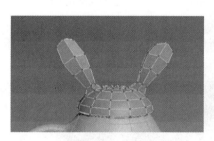

图 5 - 2 - 68

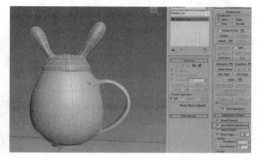

图 5 - 2 - 69

步骤 25 选择杯身的物体，点 M 键，打开材质编辑器，打开材质编辑器，新建一个 Standard（标准材质），把 Diffuse Color（漫反射）颜色连接一个 Bitmap（位图）节点，弹出的对话框找到配套光盘 \ 贴图文件 \ 05 第五章 多边形建模 \ 第二节 卡通茶杯/杯身贴图 . jpg，如图 5 - 2 - 70 然后把材质赋予杯身物体，同时打开 Show Shaded Material in Viewport（在视窗里显示材质）。

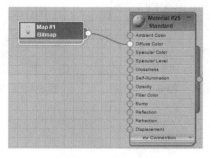

图 5 - 2 - 70

选择杯盖的物体，点 M 键，打开材质编辑器，打开材质编辑器，新建一个 Standard（标准材质），把 Diffuse Color（漫反射）颜色连接一个 Bitmap（位图）节点，弹出的对话框找到配套光盘 \ 贴图文件 \ 05 第五章 多边形建模 \ 第二节 卡通茶杯/杯盖贴图 . jpg，如图 5 - 2 - 71 然后把材质赋予杯身物体，同时打开 Show Shaded Material in Viewport（在视窗里显示材质）。

透视图得到的效果如图 5 - 2 - 72。

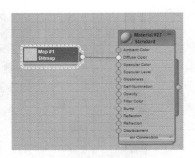 

图 5 – 2 – 71   图 5 – 2 – 72

步骤 25 这时发现杯身的贴图是歪的，在修改命令面板，修改器列表里使用 UVW Map 修改器，图 5 – 2 – 73 所示。贴图坐标类型中选择 Cylindrical（圆柱形），如图 5 – 2 – 74 所示。

调整 Gizmo 的子物体，如图 5 – 2 – 75 所示，得到一个贴图效果不错的杯子，这样这个杯子的模型我们就完成了。

图 5 – 2 – 73   图 5 – 2 – 74   图 5 – 2 – 75

小结

本节课我们学习了更为复杂的多边形建模的方法，包括自由地调整杯子耳朵的形状，通过 NURMS 细分来调整多边形建模的最终效果，以及更多的多边形调节工具，随着我们工具掌握的越来越多，构建模型也会越来越顺手。

（三）手雷

这节课，我们使用一个手雷的简单实例。进一步对多边形建模进行讲解。手雷的参考图如图 5 – 3 – 1，我们要分弹体、拉环、把手等几部分进行分别建模，包括它的主体部分，上面的几个部件。

图 5 – 3 – 1

步骤1 首先我们建造手雷下面主体部分的模型，透视图，新建一个圆柱体，如图5－3－2所示。

进入修改命令面板（图5－3－3），把圆柱体的边数改为8段，高度的段数改为6段，适当调节圆柱高度如图5－3－3，得到如图5－3－4效果，然后点右键把它转化成为可编辑多边形物体。

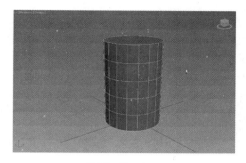

图5－3－2

图5－3－3

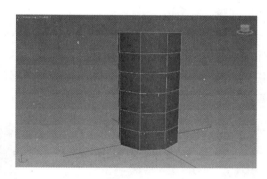

图5－3－4

步骤2 点4键，进入面子物体层级，删除圆柱顶面和底面，然后关掉面子物体。

我们通过观察参考图可以看出，手雷成一个橄榄的形状，需要我们给它加一个FFD修改器（图5－3－5），打开修改器前面的小加号，找到控制点（图5－3－6），会看到如图5－3－7效果。

选中最上面和最下面的四个控制点（图5－3－8），使用缩放工具，XYZ轴同时缩放。注意是对最上面的四个控制点和最下面四个控制点分别进行缩放，调整为如图5－3－9效果，然后再次将其转化成可编辑多边形。

图5－3－5

图5－3－6

图5－3－7

229

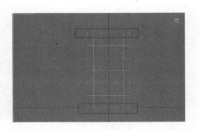

图 5 – 3 – 8

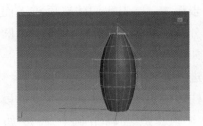

图 5 – 3 – 9

步骤 3 如果对效果不太满意，我们可以进入顶点子物体层级，对多边形进行微调（如图 5 – 3 – 10）。

接下来制作凹槽，透视图，点 3 键，进入边界子物体层级，选择弹体上部的边界，（图 5 – 3 – 11），用移动工具，按住 Shift 沿 Z 轴向上复制，再用缩放工具稍微进行缩放调整，得到如图 5 – 3 – 12 效果。

图 5 – 3 – 10

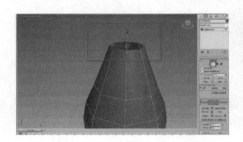

图 5 – 3 – 11

图 5 – 3 – 12

步骤 4 点 2 键，进入边子物体层级，选中一根垂直方向的边，然后使用 Loop（图 5 – 3 – 13）。

然后按住 Ctrl 键加选旁边竖方向的一根线，然后再使用 Loop 工具，重复以上操作，直到全部选中竖方向上的线（图 5 – 3 – 14）。

图 5 – 3 – 13

图 5 – 3 – 14

步骤5 使用修改命令面板的 Chamfer（切角）命令，调整 Edge Chamfer Amount（切角距离），如图 5 – 3 – 15 效果。

然后我们制作凹槽，点4键，进入面的子物体层级，选择如图 5 – 3 – 16 的面，最后选择的是除了下面每一条竖向缝隙的面以外所有的面，然后使用修改命令面板里的 Extrude（挤出）命令，选择 Local Normal（各自的法线）的挤出方式，得到如图 5 – 3 – 17 效果。

图 5 – 3 – 15

图 5 – 3 – 16

图 5 – 3 – 17

步骤6 接下来我们制作手雷主体部分的凸起，点4键，进入面子物体层级，选择需要隆起的面，使用 Bevel 命令（图 5 – 3 – 18），然后再使用一次 Bevel 命令（图 5 – 3 – 19），再使用一次 Bevel 命令（图 5 – 3 – 20），这是我们使用了三次 Bevel 命令之后的效果（图 5 – 3 – 21）。

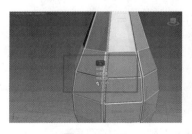

图 5 – 3 – 18

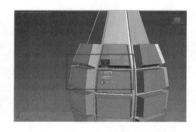

图 5 – 3 – 19

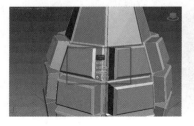

图 5 – 3 – 20

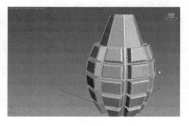

图 5 – 3 – 21

步骤7 如果现在我们直接使用 Subdivision Surface（细分曲面）下的 Use NURMS Subdivision（使用 NURMS 细分），我们会发现每个正方形的凸起会变成圆柱形状（图 5 – 3 – 22），这是因为缺乏保护线造成的，我们需要给它添加保护线。

图 5 – 3 – 22

用之前选择面的方法选择这些的线（图 5 – 3 – 23），然后使用 Connect（连接）命令（图 5 – 3 – 24），得到如图 5 – 3 – 25效果，然后再选择横向的线（图 5 – 3 – 26），连接它们制作保护线（图5 – 3 – 27），现在我们再打开使用 NURMS 细分，就得到了我们满意的效果（图5 – 3 – 28）。

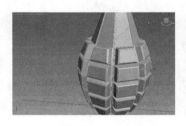

图 5 – 3 – 23

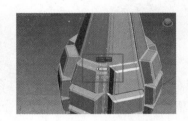

图 5 – 3 – 24

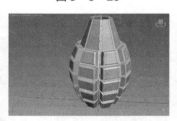

图 5 – 3 – 25

图 5 – 3 – 26

图 5 – 3 – 27

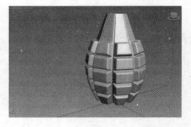

图 5 – 3 – 28

步骤 8 接下来我们制作手雷的底座，只需要我们把下面的口封起来即可，先关闭 NURMS 细分。

点 3 键，进入边界的子物体层级，选择下部的边界，选择缩放工具，按住 Shift 向内侧复制，再复制一次（图 5 – 3 –29），然后使用 Cap 工具，把它封闭起来（图 5 – 3 –30）。

图 5 – 3 –29   图 5 – 3 –30

点 1 键，进入顶点子物体层级，如图 5 – 3 –31 的顶点，就是最下部的一排顶点，使用缩放工具，沿着 Y 轴，在前视图将它们调整在一个平面上即可（图 5 – 3 –32）。

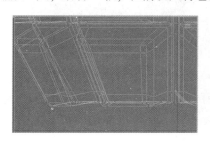
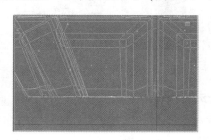

图 5 – 3 –31   图 5 – 3 –32

步骤 9 接下来我们制作手雷底下的物体透视图，在创建命令面板下，使用 Extended Primitives（扩展物体）下的 ChamferCyl（倒角圆柱）（图 5 – 3 –33），创建一个倒角圆柱物体，调整参数如图 5 – 3 –34，得到如图 5 – 3 –35 的倒角圆柱。

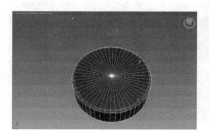

图 5 – 3 –33   图 5 – 3 –34   图 5 – 3 –35

步骤 10 使用对齐工具，把刚才创建的物体和手雷对齐，对齐的方式是 X 轴和 Y 轴中心对齐，使用移动工具沿 Z 轴移动到如图 5 – 3 – 36 位置。

然后在顶视图创建一个 Box（图 5 – 3 – 37），然后把 Box 和倒角圆柱对齐，X 轴和 Y 轴中心对齐，然后移动 Box 如图 5 – 3 – 38 位置，使用布尔运算，得到如图 5 – 3 – 39 效果。

图 5 – 3 – 36

图 5 – 3 – 37

图 5 – 3 – 38

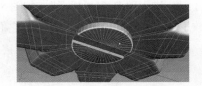

图 5 – 3 – 39

步骤 11 接下来我们制作手雷上面的部件，点 3 键，进入边界子物体层级，我们把上面的口进行缩放，使用缩放工具，选中里面的边界，然后调整成如图 5 – 3 – 40 效果。

然后创建一个球体在顶视图中，然后使用对齐工具把它和手雷的下半部分对齐，然后使用移动工具，移动到如图 5 – 3 – 41 位置，可以通过修改命令面板调整球体的半径至合适大小。

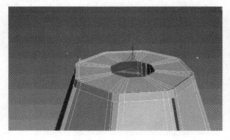

图 5 – 3 – 40

图 5 – 3 – 41

步骤12 接下来我们制作球体上面的部件，切换到前视图，创建一个 Box，然后使用对齐工具，把它和球体 Y 轴对齐（图 5 - 3 - 42），移动它到如图 5 - 3 - 43 位置，然后再把它和球体 Y 轴对齐，中心对中心，得到如图 5 - 3 - 44 效果。

图 5 - 3 - 42

图 5 - 3 - 43

图 5 - 3 - 44

步骤13 点右键，把 Box 转化成可编辑的多边形物体，点 1 键，进入顶点子物体层级，把 Box 调整成如图 5 - 3 - 45 效果。

然后制作保护线，点 2 键进入边的子物体层级，进行连接即可，这里不再赘述。

图 5 - 3 - 45

然后关闭子物体，使用曲面细分，为了使它更加圆滑，把它的迭代次数修改为 2（图 5 - 3 - 46），最后得到如图 5 - 3 - 47 效果。为了使得 Box 的右上角变得圆滑一些，我们这样调整保护线的点（图 5 - 3 - 48），调整之后得到如图 5 - 3 - 49 效果。

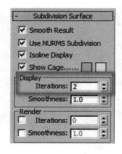

图 5 - 3 - 46

图 5 - 3 - 47

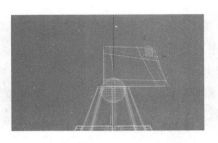

图 5 – 3 – 48　　　　　　　　　　　　　　图 5 – 3 – 49

步骤 14　接下来我们制作手雷最复杂的拉手部分，切换到顶视图，创建如图 5 – 3 – 50 的平面，把它的长和宽的段数都改为 1 段。

点右键，转化成可编辑的多边形物体。透视图，点 2 键，进入边子物体层级，按住 Shift，沿 X 轴和 Z 轴进行复制，调整成如图 5 – 3 – 51 效果，然后选中侧面的两条边，复制出来隆起的侧面（图 5 – 3 – 52）。

然后点 1 键，进入顶点子物体层级，调整上下两个点不要那么尖锐。

点 2 键，进入边的子物体层级，连接两条线，然后进入顶点子物体层级，将它调整成弯曲的形状，（在前视图调整），得到如图 5 – 3 – 53 效果。

图 5 – 3 – 50　　　　　　　　　　　　　　图 5 – 3 – 51

图 5 – 3 – 52　　　　　　　　　　　　　　图 5 – 3 – 53

步骤 15　然后我们制作侧面的两个凸起部分，点 2 键，进入边的子物体层级，选择侧面的三条边，复制出如图 5 - 3 - 54 的部分，然后使用点子物体进行调整，接着我们复制出如图 5 - 3 - 55 的面，然后使用点子物体进行调整。

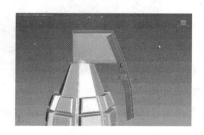

图 5 - 3 - 54

图 5 - 3 - 55

然后使用边子物体层级，连接如图 5 - 3 - 56 的三条线，然后再使用顶点子物体层级进行调整。

然后再对右边进行调整，连接两条线（图 5 - 3 - 57），使用顶点子物体层级进行调整，得到如图 5 - 3 - 58 效果。

图 5 - 3 - 56

图 5 - 3 - 57

图 5 - 3 - 58

我们再给它添加一条保护线（图 5 - 3 - 59），然后使用曲面细分，得到如图 5 - 3 - 60 效果。

图 5 - 3 - 59

图 5 - 3 - 60

步骤16 接下来我们制作下一个部件，在前视图创建一个倒角圆柱，在透视图使用对齐工具，与刚才制作的铁片对齐，调整它的位置到如图5－3－61效果。

图5－3－61

接下我们制作包住倒角圆柱的物体，继续调整刚才制作的铁片。选择铁片，点2键，进入边的子物体层级，使用连接工具再添加一条线（图5－3－62），然后复制侧边的边，复制大约10次左右，每复制一次都可以用移动工具在前视图调整位置，得到如图5－3－63效果。

图5－3－62

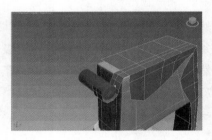

图5－3－63

步骤17 接下来我们制作手雷的拉环的圆洞，点1键，进入顶点子物体层级，选中如图5－3－64的点，调整它的位置至如图位置。

点4键，进入面的子物体层级，选中周围的四个面（如图5－3－65），使用修改面板的Inset（插入）工具。插入四个面，如图5－3－66效果。

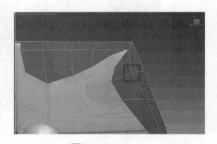

图5－3－64

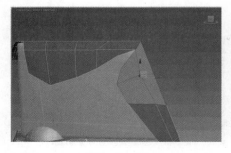

图5－3－65

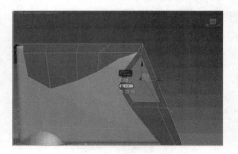

图5－3－66

把刚插入的四个面删除掉，再使用点子物体层级进行调节，最后如图5 – 3 –67效果。使用曲面细分后，得到如图5 – 3 – 68 效果。

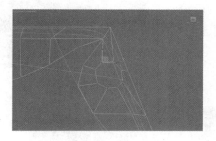

图5 – 3 – 67 图5 – 3 –68

步骤18 现在我们只是做了拉手的一半，接下来我们给手雷的拉手施加一个对称命令（图5 – 3 – 69），然后给它添加一个 shell（壳体）的修改器（图5 – 3 – 70），再给它添加一个 TurboSmooth（涡轮圆滑）修改器（图5 – 3 – 71），这时我们观察效果就比较理想了（图5 – 3 – 72）。

图5 – 3 –69 图5 – 3 –70

图5 – 3 –71 图5 – 3 –72

步骤19　然后我们创建一个 Box（图5－3－73），然后把它转化成为可编辑多边形，然后将它调整成为如图5－3－74效果，然后给它添加保护线，打开曲面细分，得到如图5－3－75效果。

图5－3－73

图5－3－74

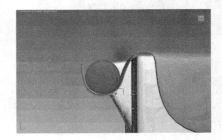

图5－3－75

步骤20　接下来我们制作拉环，切换到左视图，使用Line（线）工具绘制如图5－3－76的一条样条线，点1键进入顶点子物体层级，把这些点转化成 Smooth（圆滑）（图5－3－77），然后打开 Enable In Renderer（可渲染）和在 Enable In ViewPort（视图可见），以及调整它的粗细（图5－3－78）。得到如图5－3－79效果。

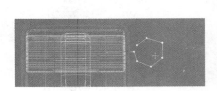

图5－3－76

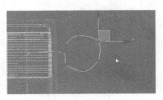

图5－3－77

图5－3－78

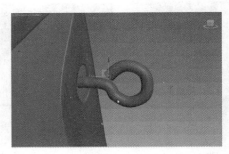

图5－3－79

步骤 21　圆环我们使用螺旋线进行制作，在前视图，使用创建命令面板里的图形下的 Helix（螺旋线）绘制如图 5 – 3 – 80 的一根螺旋线，在修改命令面板修改它的参数（图 5 – 3 – 81），得到如图 5 – 3 – 82 效果，到现在所有手雷的部件已经制作完毕。

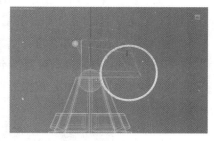

图 5 – 3 – 80

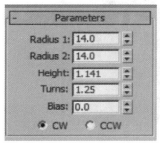
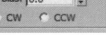

图 5 – 3 – 81

图 5 – 3 – 82

步骤 22　接下来我们赋予手雷材质，打开材质编辑器，新建一个标准材质，Bitmap（位图）和 Specular Level（高光级别）都使用配套光盘＼三维艺术基础最终稿＼贴图文件＼05 第五章 多边形建模＼第三节 手榴弹＼弹体贴图.jpg，如图 5 – 3 – 83。

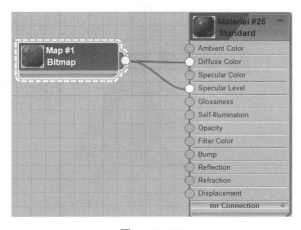

图 5 – 3 – 83

然赋予其一个 UVW 贴图，贴图的坐标类型都使用 Cylindrical（圆柱），注意要打开 Cap（封口），这样手雷的下面的底面也会贴上图，如图5－3－84。Specular Level 是使用贴图的明暗来控住贴图的区域，如图 5－3－85 的对比，没有使用 Specular Level，可以看到高光是大面积的，而使用了 Specular Level，只有贴图的亮部才存在高光，形成真正的拉丝效果。然后把材质赋予手雷的主体。

图 5－3－84

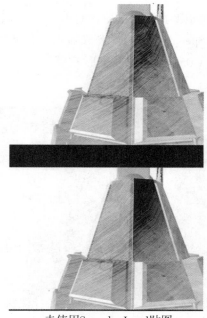

未使用Specular Level贴图

图 5－3－85

步骤 23　接下来制作底垫铝的材质，新建一个标准材质，位图使用配套光盘/第五章/第三节 手榴弹/铝，然后把材质赋予手榴弹底部的物体（图 5 – 3 – 86），然后再给它添加一个 UVW 贴图，贴图的类型也选择 Cylindrical，打开 Cap（封口）。把材质赋予底部的突起，如图 5 – 3 – 87 效果。

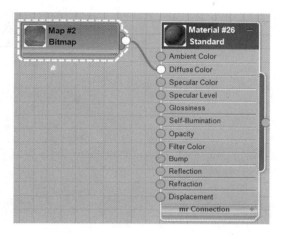

图 5 – 3 – 86

图 5 – 3 – 87

步骤 24　根据参考图，发现拉环、拉环扣、手雷开关都是一个材质，所以我们选择如图 5 – 3 – 88 的三个物体，在材质编辑器创建一个标准材质，使用配套光盘＼三维艺术基础最终稿＼贴图文件＼05 第五章 多边形建模＼第三节 手榴弹＼铝. jpg，由于上面有强烈的凹凸感，所以我们在 Bump（凹凸）贴

图里连接我们的位图里铝的贴图，如图
5－3－89的材质。双击如图5－3－90圆圈
处，在右侧的参数命令面板，把 Specular
Level（高光级别）和 Glossiness（高光范
围）调整至如图5－3－90，把材质赋予这
三个物体。

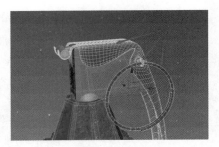

图 5－3－88

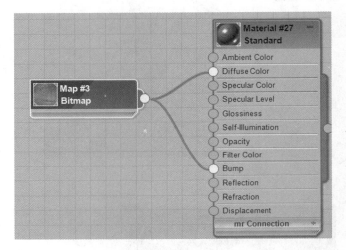

图 5－3－89

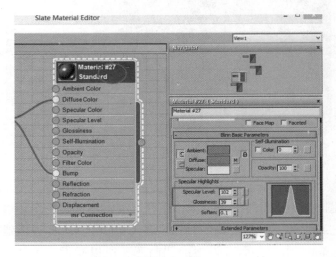

图 5－3－90

步骤 25　现在我们制作拉手的材质，选择拉手，给其一个 UVW Map 的修改器，贴图的坐标类型选择 Box，这里的 Length、Width、Height 分别可以调整长度、宽度和高度的贴图大小，我们把大小调整至如图 5 – 3 – 91。选择拉环和拉环扣，也分别给其他 UVW Map 的修改器，贴图的坐标类型选择 Box，大小基本不需要贴图，得到如图 5 – 3 – 92。

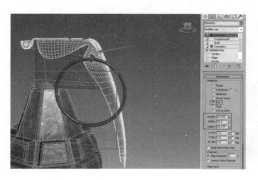
图 5 – 3 – 91

图 5 – 3 – 92

步骤 26　把其余的四个物体在材质编辑器建一个标准材质，位图里给其使用配套光盘 \ 三维艺术基础最终稿 \ 贴图文件 \ 05 第五章 多边形建模 \ 第三节 手榴弹 \ 锈. jpg，把材质赋予它们。如图 5 – 3 – 93 所示。

全部制作完毕后，我们得到如图 5 – 3 – 94 的效果。

图 5 – 3 – 93

图 5 – 3 – 94

小结

我们本节通过对手雷的学习，学习了几个重要的工具，Bevel、螺旋线、保护线的进一步学习，还复习了布尔运算，还学习了对称修改命令，Turbosmooth。多边形建模就学习到这里，之后还会结合其他工具进行综合学习。

（四）Edit Poly 详解

图 5 – 4 – 1

1. Slection（选择）卷展栏

（1） Vertex（顶点）

顶点是位于相应位置的点：它们定义构成多边形对象的其他子物体的结构。当移动或编辑顶点时，它们形成的几何体也会受影响。顶点也可以独立存在；这些孤立顶点可以用来构建其他几何体，但在渲染时，它们是不可见的。

在"编辑多边形（顶点）"子物体层级上，可以选择单个或多个顶点，并且使用标准方法移动它们。它的快捷键是1。

（2） Edge（边）

边是连接两个顶点的直线，它可以形成多边形的边。边不能由两个以上多边形共享。

在"编辑多边形边"子物体层级，可选择一条和多条边，然后使用标准方法变换它们。它的快捷键是2。

（3） Border（边界、轮廓）

边界是网格的线性部分，通常可以描述为孔洞的边缘。它通常是多边形仅位于一面时的边序列。例如，长方体没有边界，但茶壶对象有若干边界：壶盖、壶身和壶嘴上有边界，还有两个在壶把上。如果创建圆柱体，然后删除末端多边形，相邻的一行边会形成边界。

在"编辑多边形边界"的子物体层级，可选择一个和多个边界，然后使用标准方法变换它们。它的快捷键是 3。

（4） ■ Polygon （面）

（5） ◆ Element （元素）

（6） □ By Vertex

By Vertex （根据顶点选择）

启用时，只有通过选择所用的顶点，才能选择子物体。单击顶点时，将选择使用该选定顶点的所有子物体。

（7） □ Ignore Backfacing

Ignore Backfacing （忽略背面）

启用后，选择子物体将只影响朝向我们的那些对象。禁用（默认值）时，无论可见性或面向方向如何，都可以选择鼠标光标下的任何子物体。如果光标下的子物体不止一个，请反复单击在其中循环切换。同样，禁用"忽略朝后部分"后，无论面对的方向如何，区域选择都包括了所有的子物体。

（8） □ By Angle: 45.0 ⬍

By Angle （根据角度选择）

启用时，选择一个多边形也会基于复选框右侧的数字"角度"设置选择相邻多边形。该值可以确定要选择的邻近多边形之间的最大角度。仅在"多边形"子对象层级可用。

例如，如果单击长方体的一个侧面，且"角度"值小于 90.0，则仅选择该侧面，因为所有侧面相互成 90 度角。但如果"角度"值为 90.0 或更大，将选择长方体的所有侧面。使用该功能，可以加快连续区域的选择速度。其中，这些区域由彼此间角度相同的多边形组成。通过单击一次任何角度值，可以选择共面的多边形。

（9） Shrink

Shrink （收缩）

通过取消选择最外部的子对象缩小子对象的选择区域。如果不再减少选择大小，则可以取消选择其余的子对象。

（10） Grow

Grow （扩展）

朝所有可用方向外侧扩展选择区域。

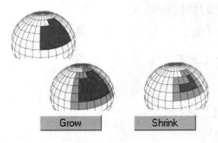

图 5 - 4 - 2

（11）Ring（环形） Ring

通过选择所有平行于选中边的边来扩展边选择。环形只应用于边和边界选择。如图 5 - 4 - 3。

（12）Loop（循环） Loop

可以选择呢与所选边对齐的边，尽可能远地扩展边选定范围。循环选择仅通过四向连接进行传播。如图 5 - 4 - 4

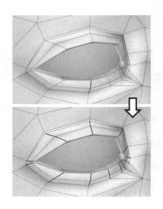
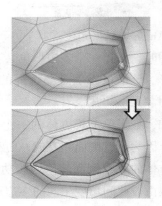

图 5 - 4 - 3 　　　　　　　　　　　图 5 - 4 - 4

（13）Preview Selection（预览选择器）

Off（关闭）：预览不可用。

SubObj（子物体）：仅在当前子对象层级启用预览。我们在对象上移动鼠标时，光标下面的子对象用黄色高亮显示。若要选择高亮显示的对象，请单击鼠标。

若要在当前层级选择多个子对象，按住 Ctrl 键，将鼠标移动到高亮显示的子对象处，然后单击以全选高亮显示的子对象。如图 5 – 4 – 5 所示。

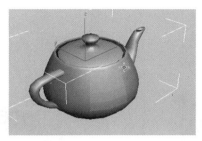

图 5 – 4 – 5

若要在当前层级取消选择多个子对象，按住 Ctrl + Alt 键，将鼠标移动到高亮显示的子对象处，然后单击选定的子对象。这样可以取消选择所有高亮显示的子对象。

Multi（多个）：多个像子对象一样起作用，但根据鼠标的位置，也在"顶点"、"边"和"多边形"子对象层级级别之间闲幌。例如，如果我们将鼠标放在边上，那么就会高亮显示边；然后单击激活边子对象层级并选中此边。

若要选择多个相同类型的子对象，高亮显示子对象后按住 Ctrl 键，将鼠标移动到高亮显示的子对象处，然后单击以激活该子对象层级，并选择所有高亮显示的子对象。

若要在当前子对象层级 取消选择多个子对象，按住 Ctrl + Alt 键，将鼠标移动到高亮显示的子对象处，然后单击选定的子对象。这样可以取消选择所有高亮显示的子对象。请注意，此方法不能在子对象层级之间切换。

2. Soft Slection（软选择）卷展栏

"软选择"卷展栏控件允许部分地选择显式选择邻接处中的子对象。这将会使显式选择的行为就像被磁场包围了一样（图 5 – 4 – 6）。在对子对象选择进行变换时，在场中被部分选定的子对象就会平滑的进行绘制；这种效果随着距离或部分选择的"强度"而衰减。

这种衰减在视口中表现为选择周围的颜色渐变，它与标准彩色光谱的第一部分相一致：ROYGB（红、橙、黄、绿、蓝）。红色子对象是显式选择的子对象。具有最高值的软选择子对象为红橙色；它们与红色子对象有着相同的选择值，并以相同的方式对操纵作出响应。橙色子对象的选择值稍低一些，对操纵的响应不如红色和红橙顶点强烈。黄橙子对象的选择值更低，然后是黄色、绿黄等等。蓝色子对象实际上是未选择，并不会对操纵作出响应，除了邻近软选择子对象需要的以外（如图 5 – 4 – 7）。

图 5 –4 –6

图 5 –4 –7

（1） Use Soft Selection （使用软选择）

（2） Edge Distance（使用边距离）

选择限制到连续面的顶点上。不连续的面即使距离再近也不会受软选择影响。

（3） Affect Backfacing（影响背面）

影响背面的子物体。

（4） Falloff（衰减距离）

Pinch（收缩），沿着垂直轴提高并降低曲线的顶点。设置区域的相对"突出度"。可以让衰减值变得迅速。

Bubble（膨胀），沿着垂直轴展开和收缩曲线。设置区域的相对"丰满度"。

（5） Shaded Face Selection（着色面切换）

可以在面上显示软选择的颜色。

（6） Lock Soft Selection（锁定软选择）

锁定软选择，以防止对按程序的选择进行更改。使用"绘制软选择"会自动启用"锁定软选择"。如果在使用"绘制软选择"之后禁用该选项，则绘制的软选择将会丢失，而且不能通过"撤销"恢复。

（7） Paint Soft Selection（绘制软选择）

使用画笔随意绘制软选择的衰减区。

Paint（使用画笔绘制），点击之后即可将鼠标变为画笔，绘制软选择区域，如图5-4-8。

Blur（绘制模糊），会把过度不自然的区域过度均匀。

Revert（翻转），让原先选择的强弱区域翻转过来，强变弱，弱变强。

图5-4-8

Selection Value（选择值）控制选择的强度。

Brush Size（笔头大小）。

Brush Strength（画笔强度）。

Brush Options（画笔设置选项）。

3. Edit Viertices（编辑点）卷展栏

图5-4-9

Remove（移除），删除选择的点，它和点击 Delete 键不同，Delete 键会把点所在的面也删除掉，而 Remove 只是删除掉点，如图5-4-10所示。

（1）Break（断开）

把一个点分成为几个点，从而使面断裂开。

（2）Extrude（挤出）

把点挤出。如图5-4-11。

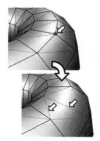

图5-4-10

图5-4-11

（3）Weld（合并点）

把多个点合并在一起，与 Break 正好是相反的两个工具（如图 5 - 4 - 12）。

（4）Chamfer（切角）

单击此按钮，然后在活动对象中拖动顶点。要用数字切角顶点，请单击"切角设置"按钮，然后使用"切角量"值（如图 5 - 4 - 13。）

（5）Target Weld（目标合并）

可拖拽一个点去合并另外一个点。

（6）Cennect（连接）

连接两个点，让两个点之间添加一条线。如图 5 - 4 - 14。

图 5 - 4 - 12   图 5 - 4 - 13   图 5 - 4 - 14

（7）Remove Isolated Vertices（移除孤立顶点）

将不属于任何多边形的所有顶点删除。

（8）Remove Unused Map Verts（移除未使用的贴图顶点）

某些建模操作会留下未使用的（孤立）贴图顶点，它们会显示在"展开UVW"编辑器中，但是不能用于贴图。可以使用这一按钮，来自动删除这些贴图顶点。

4. Edit Edge（编辑边）卷展栏

图 5 - 4 - 15

（1）Insert Vertex（插入点），可以在任意边插入一个点。

（2）Remove（移除边），删除选择的边，它和点击 Delete 键不同，Delete 键会把边所在的面也删除掉，而 Remove 只是删除掉边，如图 5 - 4 - 16 所示。

（3）Split（分割），沿着选择的边分割多边形物体。

（4）Extrude（挤出），挤出边，如图 5 - 4 - 17 所示。

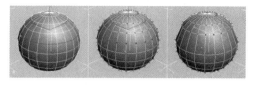

图 5 - 4 - 16

图 5 - 4 - 17

（5）Weld（合并），合并选择的边。

（6）Chamfer（切角），把选择的边切为两条。如图 5 - 4 - 18 所示。

（7）Target Weld（目标合并），选择一条边，拖拽鼠标合并另外一条边。

（8）Bridge（桥接），在原本不相连接的两条线之间连接面。

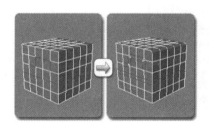

图 5 - 4 - 18

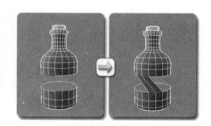

图 5 - 4 - 19

（9）Connect（连接），在选择的线之间连接线。

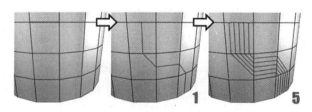

图 5 - 4 - 20

（10）Create Shape From Selection（用选择的边创建一条样条线）。

（11） Edit Tri （编辑对角线）

（12） Turn （旋转对角线）

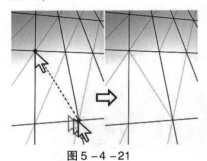

图 5 － 4 － 21

5. Edit Border （编辑边界）卷展栏

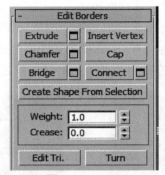

图 5 － 4 － 22

（1） Extrude （挤出），挤出边界。

（2） Insert Vertex （插入点），在边界上任意位置插入顶点。

（3） Chamfer （切线），把一条边界切为两条边。

（4） Cap （封口），把边界的口用一个多边形封住。

（5） Bridge （桥接），把两个边界之间连接 n 个多边形用以连接两条边界。

图 5 － 4 － 23

（6）Connect（连接），边界之间连接线。

（7）Create Shape From Selection（用选择的边创建一条样条线）。

（8）Edit Tri（编辑对角线）。

（9）Turn（旋转对角线）。

小结

我们本节详细地讲解了编辑多边形物体的一系列命令，并对命令进行了详细的解释，其中有些命令是经常用的，在讲解过程中我们也重点介绍了，希望大家熟练掌握，对于不常用的命令，大家只需要通过本节课的学习，了解一下用法即可，不必在此处浪费过多的时间。

6. Edit Polygons（编辑多边形）卷展栏

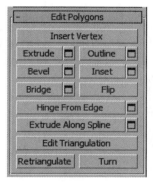

图 5 – 4 – 24

（1）Extrude（挤出），挤出多边形。

（2）Bevel（倒角），如图 5 – 4 – 25 所示。

（3）Outline（轮廓），通过它调整挤出面的大小。它不会缩放多边形，只会更改外边的大小，如图 5 – 4 – 26 所示。

图 5 – 4 – 25

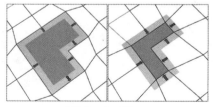

图 5 – 4 – 26

（4）Insert（插入），可以在选定的一个或多个多边形上使用（如图5-4-27）。

（5）Bridge（桥），连接对象上的两个多边形或选定多边形（如图5-4-28）。

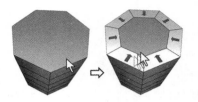

图5-4-27

图5-4-28

（6）Flip（翻转），反转选定多边形的法线方向，从而使其面向我们。

（7）Hinge From Edge（从边旋转），沿转枢进行的旋转。

（8）Extrude Along Spline（沿样条线挤出），可以挤出单个多边形（1），或多个选择的连续多边形（2），或非连续多边形（3），挤出2使用"锥化曲线"和"扭曲"（可通过"设置"访问）。挤出3使用"锥化量"；每个挤出有不同的曲线旋转，如图5-4-29所示。

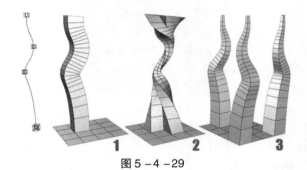

图5-4-29

（9）Edit Triangulation（编辑三角剖分），Retrianglulate（重复三角算法），Turn（旋转）。

7. Edit Elements（编辑元素）卷展栏

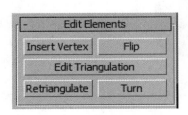

图5-4-30

（1）Insert Vertex（插入顶点），可以在任意边插入。

（2）Flip（翻转），翻转整个元素。

（3）Edit Triangulation（编辑三角剖分），Retrianglulate（重复三角算法），Turn（旋转）。

8. Edit Geometry（编辑几何体）卷展栏

图 5 － 4 － 31

（1）Repeat Last（重复上一个），重复最近使用的命令。

（2）Constraints（约束），可以使用现有的几何体约束子对象的变换。选择约束类型：无：没有约束。这是默认选项。边：约束子对象到边界的变换。面：约束子对象到单个面曲面的变换。法线：约束每个子对象到其法线（或法线平均）的变换。大多数情况下，会使子对象沿着曲面垂直移动。当设置为"边"时，移动顶点会使它沿着现存的其中一条边滑动，具体是哪条边取决于变换方向。如果设置为"面",那么顶点移动只发生在多边形的曲面上,如图 5 - 4 - 32 所示。

(3) Preserve UVs(保持 UV),启用此选项后,可以编辑子对象,而不影响对象的 UV 贴图。可选择是否保持对象的任意贴图通道;请参见下文中的"保持 UV 设置"。默认设置为禁用状态。如果不启用"保持 UV",对象的几何体与其 UV 贴图之间始终存在直接对应关系。例如,如果为一个对象贴图,然后移动了顶点,那么不管需要与否,纹理都会随着子对象移动。如果启用"保持 UV",可执行少数编辑任务而不更改贴图,如图 5 - 4 - 33 所示。

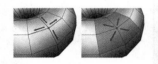

图 5 - 4 - 32   图 5 - 4 - 33

(4) Creat(创建),创建新的几何体,点、线、面。

(5) Collapse(塌陷),仅限于"顶点"、"边"、"边框"和"多边形"层级,通过将其顶点与选择中心的顶点焊接,使连续选定子对象的组产生塌陷,如图 5 - 4 - 34 和图 5 - 4 - 35 所示。

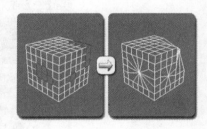

图 5 - 4 - 34   图 5 - 4 - 35

(6) Attach(附加),使场景中的其他对象属于选定的多边形对象,注意附加列表的使用。

(7) Detach(分离),将选定的子对象和关联的多边形分隔为新对象或元素。

(8) Slice Plane(切割平面),为切片平面创建 Gizmo,可以定位和旋转它,来指定切片位置。同时启用"切片"和"重置平面"按钮;单击"切片"可在平面与几何体相交的位置创建新边。

（9）Split（分割），启用时，通过"快速切片"和"切割"操作，可以在划分边的位置处的点创建两个顶点集。这样，便可轻松地删除要创建孔洞的新多边形，还可以将新多边形作为单独的元素设置动画。

（10）Slice（切片），仅限子对象层级，在切片平面位置处执行切片操作。只有启用"切片平面"时，才能使用该选项。该工具对多边形执行切片处理的操作同：切片修改器的"操作于：多边形"模式相同。

（11）Reset Plane（重置平面），仅限子对象层级，将"切片"平面恢复到其默认位置和方向。只有启用"切片平面"时，才能使用该选项。

（12）Quickslice（快速切片），可以将对象快速切片，而不操纵 Gizmo。进行选择，并单击"快速切片"，然后在切片的起点处单击一次，再在其终点处单击一次。激活命令时，可以继续对选定内容执行切片操作。

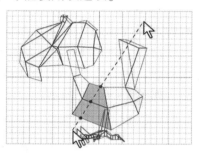

要停止切片操作，请在视口中右键单击，或者重新单击"快速切片"将其关闭，如图 5-4-36所示。

图 5-4-36

（13）Cut（剪切），用于创建一个多边形到另一个多边形的边，或在多边形内创建边。单击起点，并移动鼠标光标，然后再单击，再移动和单击，以便创建新的连接边。右键单击一次退出当前切割操作，然后可以开始新的切割，或者再次右键单击退出"切割"模式。切割时，鼠标光标图标会变为显示位于其下的子对象的类型，当单击时会对该子对象执行切割操作。图 5-4-37 显示了三种不同的光标图标。

（14）MSmooth（网格平滑），使用当前设置平滑对象。此命令使用细分功能，它与"网格平滑"修改器中的"NURMS 细分"类似，但是与"NURMS 细分"不同的是，它能即时将平滑应用到控制网格的选定区域，如图 5-4-38 所示。

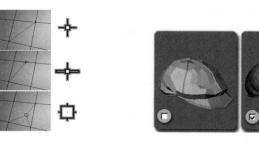

图 5-4-37

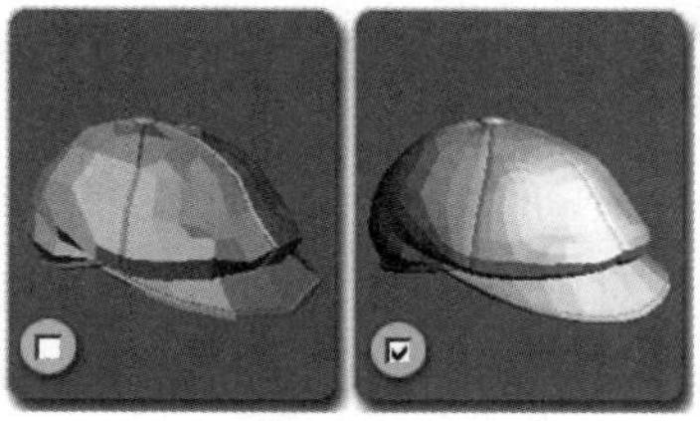

图 5-4-38

（15）Tessellate（细化），据细化设置细分对象中的所有多边形。增加局部网格密度和建立模型时，可以使用细化功能。我们可以对选择的任何多边形进行细分。两种细化方法包括："边"和"面"。

（16）Make Planar（平面化），强制所有选定的子对象成为共面。该平面的法线是选择的平均曲面法线。在"对象"层级，强制对象中所有的 顶点成为共面。X/Y/Z：平面化选定的所有子对象，并使该平面与对象的局部坐标系中的相应平面对齐。例如，使用的平面是与按钮轴相垂直的平面，因此，单击"X"按钮时，可以使该对象与局部 YZ 轴对齐。在"对象"层级，使对象中所有的 顶点平面化。

（17）View Align（视图对齐），使对象中的所有顶点与活动视口所在的平面对齐。在子对象层级，此功能只会影响选定顶点或属于选定子对象的那些顶点，如图 5 - 4 - 39 所示。

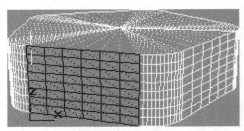

图 5 - 4 - 39

（18）Grid Align（栅格对齐），将选定对象中的所有顶点与当前视图的构造平面对齐，并将其移动到该平面上。或者，在子对象层级，只影响选定的子对象。

（19）Relax（松弛），"松弛"可以规格化网格空间，方法是朝着邻近对象的平均位置移动每个顶点。在对象层级，可以将"松弛"应用于整个对象。在子对象层级，"松弛"只会应用于当前选定的对象。

（20）Hide Selected（隐藏选定对象），仅限于顶点、多边形和元素级别，隐藏选定的子对象。

（21）Unhide All（全部取消隐藏），仅限于顶点、多边形和元素层级，将隐藏的子对象恢复为可见。

（22）Hide Unselected（隐藏未选定对象），仅限于顶点、多边形和元素级别，隐藏未选定的子对象。

（23）Named Selected（命名选择），用于复制和粘贴对象之间的子对象的命名选择集。Copy（复制），打开一个对话框，使用该对话框，可以指定要放置在复制缓冲区中的命名选择集。Paste（粘贴），从复制缓冲区中粘贴命名选择。

（24）Delete Isolated Vertices（删除孤立顶点），仅限于边、边框、多边形和元素层级，启用时，在删除连续子对象的选择时删除孤立顶点。禁用时，删除子对象会保留所有顶点。默认设置为启用。

（25）Full Interactivity（完全交互），仅限可编辑多边形，切换"快速切片"和"切割"工具的反馈级别，以及所有设置对话框和助手。仅限可编辑多边形对象使用，但编辑多边形修改器不可使用。

9. Polygon：Material IDs（多边形：材质 ID）卷展栏

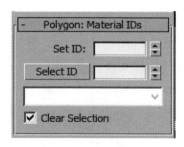

图 5 –4 –40

（1）Set ID（设置 ID）。

（2）Select ID（选择 ID）。

（3）Clear Selection（清除选定内容）。

10. Polygon：Smoothing Groups（多边形：平滑组）卷展栏

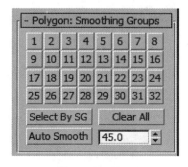

图 5 –4 –41

（1）Select By SG（按平滑组选择）。

（2）Clear All（清除全部）。

（3）Auto Smooth（自动平滑）。

11. Polygon：Vertex Colors（多边形：顶点颜色）卷展栏

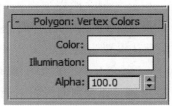

图 5 –4 –42

（1）Color（颜色）。

（2）Illumination（照明）。

（3）Alpha（通道）。

12. Subdivision Surface（细分曲面）卷展栏

图 5 –4 –43

（1）Smooth Result（平滑结果），对所有的多边形应用相同的平滑组。

（2）Use NURMS Subdivision（使用 NURMS 细分），通过 NURMS 方法应用平滑。

（3）Isoline Display（等值线显示），启用该选项后，3DS Max 仅显示等值线，即对象在进行光滑处理之前的原始边缘。使用此项的好处是减少混乱的显示，如图 5 -4 -44 所示。

（4）Show Cage（显示框架），在修改或细分之前，切换显示可编辑多边形对象的两种颜色线框的显示。框架颜色显示为复选框右侧的色样。第一种颜色表示未选定的子对象，第二种颜色表示选定的子对象。通过单击其色样更改颜色，如图 5 -4 -45 所示。

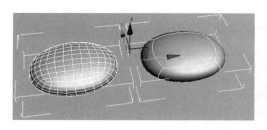

图 5 -4 -44

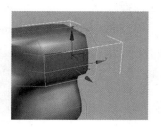

图 5 -4 -45

（5）Display group（"显示"组）。

Iterations（迭代次数），设置平滑多边形对象时所用的迭代次数。每个迭代次数都会使用上一个迭代次数生成的顶点生成所有多边形。范围从 0 到 10，最好不要把数值大于 3，否则会对计算机造成很大的压力。

Smoothness（平滑度），确定添加多边形使其平滑前转角的尖锐程度。如果值为 0.0，将不会创建任何多边形。如果值为 1.0，将会向所有顶点中添加多边形，即便位于同一个平面，也是如此。

（6）Render group（"渲染"组）。

Iterations（迭代次数），用于另外选择一个要在渲染时应用于对象的平滑迭代次数。启用"迭代次数"，然后使用其右侧的微调器设置迭代次数。

Smoothness（平滑度），用于另外选择一个要在渲染时应用于对象的平滑度值。启用"平滑度"，然后使用其右侧的微调器设置平滑度的值。

（8）Separate By group（"分隔方式"组）。

Smoothing Groups（平滑组），防止在面间的边处创建新的多边形。其中，这些面至少共享一个平滑组。

Materials（平滑度），防止为不共享"材质 ID"的面间的边创建新多边形。

（9）Update Options group（"更新选项"组）。设置手动或渲染时更新选项，适用于平滑对象的复杂度过高而不能应用自动更新的情况。

Update Option（"更新"选项）。

Always（始终），更改任意"平滑网格"设置时自动更新对象。

When Rendering（渲染时），只在渲染时更新对象的视口显示。

Manually（手动），直到单击"更新"按钮，我们更改的任何设置才会生效。

Update（更新），更新视口中的对象，使其与当前的"网格平滑"设置。仅在选择"渲染"或"手动"时才起作用。

13. Subdivision Displacement（细分置换）卷展栏

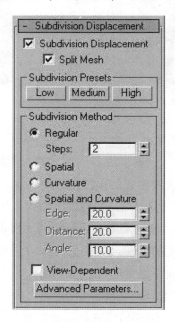

图 5 - 4 - 46

（1）Subdivision Displacement（细分置换），Split Mesh（分割网格）。

（2）Subdivision Presets（细分预设），Low（低）、Medium（中）、High（高）。

（3）Subdivision Method（细分方法），Regular（规则）；Spatial（空间）；

Curvature（曲率）；Spatial and Curvature（空间和曲率）：Edge（边）、Distance（距离）、Angel（角度）；View – Dependent（依赖于视图）；Advanced Parameters（高级参数）。

14. Paint Deformation（绘制变形）卷展栏

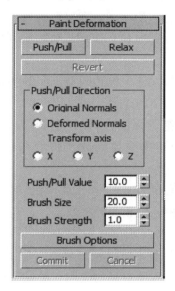

图 5 –4 –47

（1）Push/Pull（推/拉），将顶点移入对象曲面内（推）或移出曲面外（拉）。推拉的方向和范围由"推/拉值"设置所确定。

（2）Relax（松弛），将每个顶点移到由它的邻近顶点平均位置所计算出来的位置上，来规格化顶点之间的距离。"松弛"使用与"松弛"修改器相同的方法。使用"松弛"可以将靠得太近的顶点推开，或将离得太远的顶点拉近。

（3）Revert（复原），通过绘制可以逐渐"擦除"或反转"推/拉"或"松弛"的效果。仅影响从最近的"提交"操作开始变形的顶点。如果没有顶点可以复原，"复原"按钮就不可用。

（4）Push/Pull Direction group（"推/拉方向"组）。

Original Normals（原始法线），选择此项后，对顶点的推或拉会使顶点以它变形之前的法线方向进行移动。重复应用"绘制变形"总是将每个顶点以它最初移动时的相同方向进行移动。

Deformed Normals（变形法线），选择此项后，对顶点的推或拉会使顶点以它现在的法线方向进行移动，也就是说，在变形之后的法线。

Transform axis X/Y/Z（变换轴 X/Y/Z），选择此项后，对顶点的推或拉会使顶点沿着指定的轴进行移动，并使用当前的参考坐标系。

（5）Push/Pull Value（推/拉值），确定单个推/拉操作应用的方向和最大范围。正值将顶点"拉"出对象曲面，而负值将顶点"推"入曲面。默认设置为 10.0。单个的应用是指不松开鼠标按键进行绘制（即，在同一个区域上拖动一次或多次）。

（6）Brush Size（笔刷大小），设置圆形笔刷的半径。只有笔刷圆之内的顶点才可以变形。默认设置为 20.0。

（7）Brush Strength（笔刷强度），设置笔刷应用"推/拉"值的速率。低的"强度"值应用效果的速率要比高的"强度"值来得慢。范围从 0.0 到 1.0。默认设置为 1.0。

（8）Brush Options（笔刷选项），单击此按钮以打开"绘制选项"对话框，在该对话框中可以设置各种笔刷相关的参数。

（9）Commit（提交），使变形的更改永久化，将它们"烘焙"到对象几何体中。在使用"提交"后，就不可以将"复原"应用到更改上。

（10）Cancel（取消），取消自最初应用"绘制变形"以来的所有更改，或取消最近的"提交"操作。

小结

笔者在教学视频的最后环节，对 polygon 建模工具进行了总结，再次强调哪些工具是会在后面的学习中经常使用的，哪些是不经常使用的，各位读者观看教学视频就一目了然，在此不再赘述。

UV贴图 ■ ■ ■

各位同学，大家好，从今天开始，我们开始正式学习 UVW 贴图的调整，之前是我们在学习建模的过程中，曾经接触过简单的贴图调整，但是都不是很系统，本章我们通过几个复杂的实例，在复习和巩固建模知识的过程中，学习 UVW 贴图的调整。

UVW 贴图实际上在 3DS Max 中就是贴图坐标的调整，我们之前接触的 UVW 贴图都是简单的贴图调整，通过本章的学习我们要全面掌握复杂物体的贴图坐标调整。

（一）小屋

步骤1 在 AutoCAD 中打开配套光盘第六章 \ 第一节 \ 平面图 dwg，在如图 6 - 1 - 1 处点击黑色的墙体填充区域，点键盘上的 Delete 键删除掉。

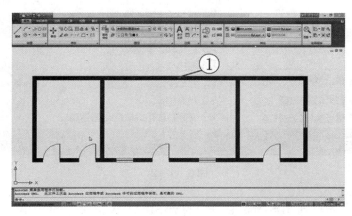

图 6 - 1 - 1

点 A 图标，文件菜单，找到另存为，另起一个文件名"平面图 A"，保存一下平面图。（图 6 – 1 – 2）注意不要覆盖，如果你没有安装 AutoCAD 软件，一会可以直接使用配套光盘里的文件。

在 AutoCAD 中调整的平面图，主要是把平面图简化，删除掉不必要的线和图层，像填充图层、标注图层，对我们 3DS Max 的绘制基本不起作用，而且会干扰我们的绘制，而且填充图层的花纹会产生大量的线，耗费我们宝贵的计算机资源，所以我们都要删除掉，只留下我们要绘制的三维图形的简单的线。

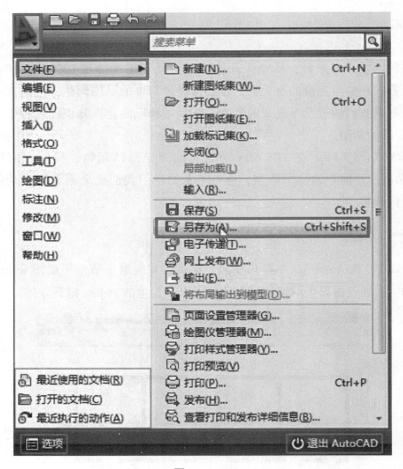

图 6 – 1 – 2

步骤 2　先打开 3DS Max 软件，打开 3DS Max 图标下拉菜单，import（导入）（图 6 – 1 – 3），在弹出的对话框中选择配套光盘 \ 贴图文件 \ 06 第六章

UV \ 第一节小屋 \ 平面图 A. dwg，点击 OPEN（打开）。弹出的对话框直接点击 OK（图 6 – 1 –4），就把平面图导入到 3DS Max 中了（图 6 – 1 –5）。

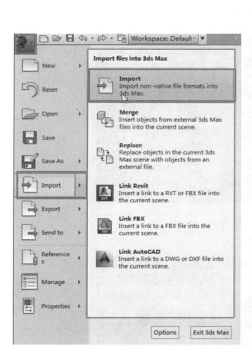

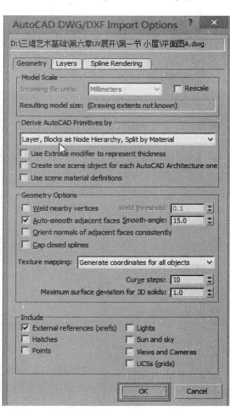

图 6 – 1 –3

图 6 – 1 –4

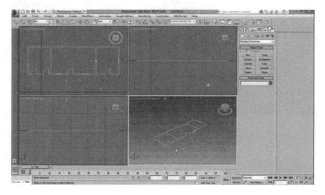

图 6 – 1 –5

269

除了.max 的格式，其他的三维格式只要是 3DS Max 支持的格式，都是通过 import 来进行格式交换的。

步骤3 在移动工具上点右键，把平面图的 X、Y 轴的坐标归零。（图 6-1-6）在 Top 视图，选择刚刚导入的平面图，点右键，选择 Freeze Selection（冻结选择的物体）（图 6-1-7）。

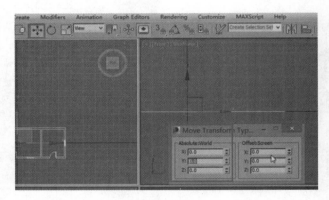

图 6-1-6

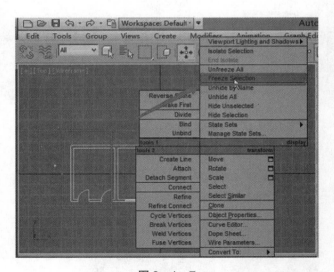

图 6-1-7

冻结选择的物体命令可以让物体在显示的情况下不被选择中，方便我们操作。

步骤4 在打开2.5snaps Toggle（2.5 维捕捉）工具，并在其上点右键，在弹出的捕捉设置对话框中选择 Vertex（顶点）捕捉。（图 6－1－8）在 Options（选项）栏中，选择 Snap to frozen objects（捕捉到冻结物体）（图 6－1－9）。

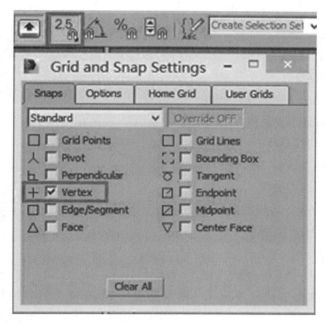

图 6－1－8

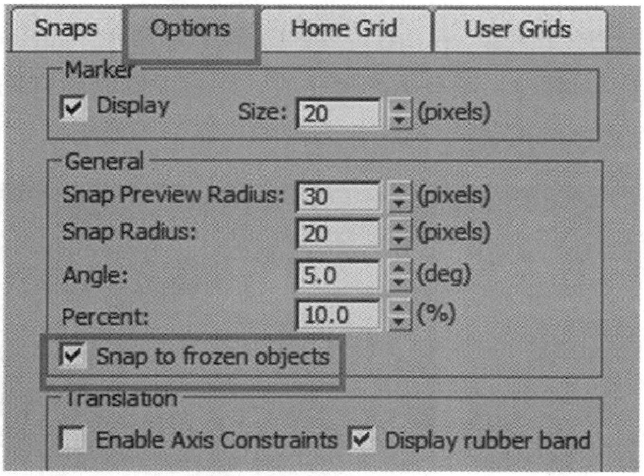

图 6－1－9

2.5D 和 3D 的捕捉区别在于，2.5D 的捕捉是无论三维的物体多高，所捕捉的点都会落在 0，0 的平面上，而 3D 的捕捉则会捕捉到三维空间的点。

捕捉设置里对象捕捉分别为：

Grid Points　栅格点捕捉

Grid Lines　栅格线捕捉

Pivot　轴心捕捉

Bounding Box　边框顶点捕捉

Perpendicular　垂足捕捉

Tangent　切线捕捉

Vertex　顶点捕捉

Endpoint　终点捕捉

Edge/Segment　边线捕捉

Midpoint　中点捕捉

Face　面捕捉

Center Face　面中心捕捉

其中，最常用的就是 Vertex（顶点捕捉）和 Pivot（轴心捕捉）。Snap to frozen objects 是必须打开的，因为我们的平面图已经冻结，如果它不打开，就没法捕捉到已经冻结的平面图。

步骤5　点击右侧工具栏里面 Create（创建）命令——Shape（图形）——Line（线）创建工具（图 6 - 1 - 10），在 Top（顶视图），如图 6 - 1 - 11 箭头的位置点击确定点，创建一条封闭的样条线，注意尤其是中间两条垂直的墙体的两端（即四个画圈的位置），有四个隐蔽的顶点，不要忘记绘制。

图 6 - 1 - 10

图 6 - 1 - 11

步骤6 点在修改命令面板——Modifier List（修改器列表）——Extrude（挤出）（图6－1－12），修改它的 Amount（挤出厚度）（图6－1－13），挤出的厚度修改为3000，即3米。

图6－1－12

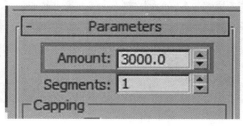

图6－1－13

一开始预留的顶点是非常重要的，因为它决定了我们门窗和墙体的精确位置，如果创建线时没有预留顶点，后期添加是非常麻烦的。挤出的厚度之所以是3000，是因为一般导入的 CAD 建筑图都是以毫米为单位的，所以3000是一个非常精确的房屋高度。

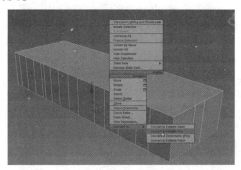

图6－1－14

步骤7 在选择我们创建的墙体的情况下，点击右键，在弹出的四联菜单中选择 Convert to（转换为）——Convert to Editable Poly（转换为多边形物体）（图6－1－14），点4键，选择面子物体（图6－1－15），Ctrl＋A 全选，（图6－1－16），点击 Slice

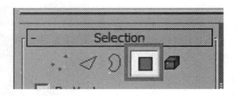

图6－1－15

Plane（切割平面），在 Z 轴的坐标上输入2200，即2.2米，然后点击 Slice，（图6－1－17）会在垂直的墙体上切割一条水平高度为2.2米的线。

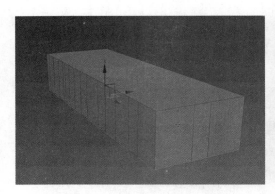

图 6 - 1 - 16 图 6 - 1 - 17

步骤8 选择顶面的子物体，点Delete键删除，选择底面的子物体，点 Delete 键删除。最后形成一个没有顶面和底面的桶装结构（图 6 - 1 - 18）。

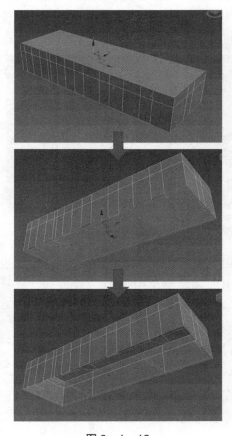

图 6 - 1 - 18

步骤9 按住 Ctrl 键选择如图 6－1－19 四个多边形子物体，点修改命令面板的 Extrude（挤出）命令，挤出的厚度输入 －240（图 6－1－20），得到了四扇门洞的效果（图 6－1－21）。

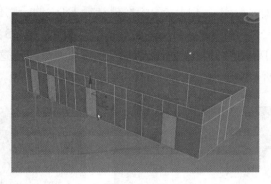

图 6－1－19

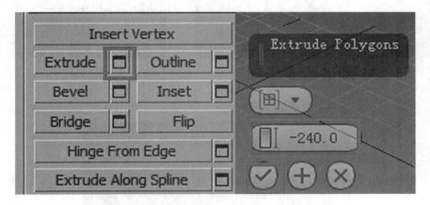

图 6－1－20

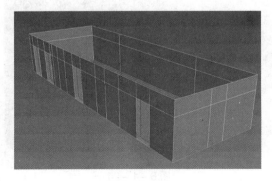

图 6－1－21

一般建筑的非承重墙宽度都是240mm，所以在一般与建筑相关的3D结构图中，除非特殊说明，一般默认按照240的墙厚来制作。240是向外挤出，−240是向里挤出。

步骤10 点2键，或者在修改命令面板选择 Edge 的子物体，选择如图6−1−22中的两根线，点击 Connect（连接）工具（图6−1−23），在两条线之间创建一条线，使用移动工具，把创建出的向上移动一点，使这个窗户变得矮一点，如图6−1−24所示。

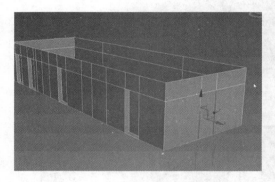

图6−1−22

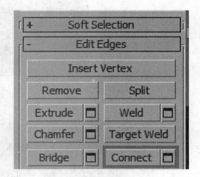

图6−1−23

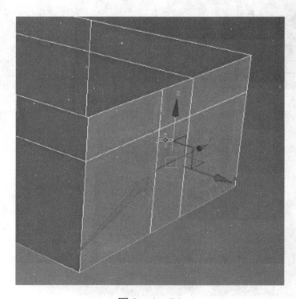

图6−1−24

步骤 11 选择如图 6 – 1 – 25 中的两根线，点击 Connect（连接）工具，在两条线之间创建一条线，使用移动工具，把创建出的向下移动一点，使这个窗户变得长一点，如图 6 – 1 – 26 所示。

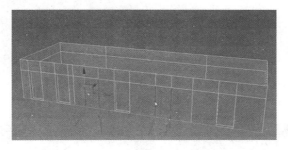

图 6 – 1 – 25

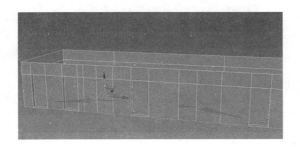

图 6 – 1 – 26

步骤 12 点击键盘上的 4 键或者选择面的子物体，选择如图 6 – 1 – 27 上的三个面，点 Extrude 右面的设置按钮，在厚度上输入 – 240（图 6 – 1 – 28），得到如图 6 – 1 – 29 的效果。这样三个窗洞也制作出来了。

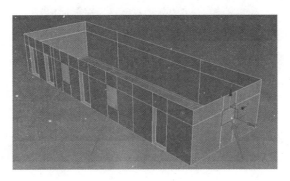

图 6 – 1 – 27

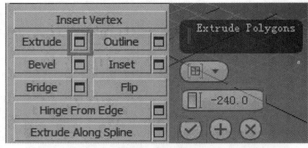

图 6 – 1 –28

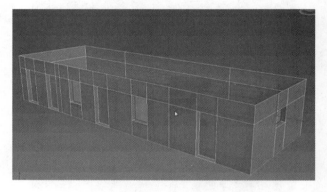

图 6 – 1 –29

步骤 13 点击键盘上的 1 键，使用顶点子物体，选择如图 6 – 1 – 30 门上的两个点，点击修改命令面板的 Remove（移除工具）（图 6 – 1 – 31），得到如图 6 – 1 –32 的结果，两个点就消除掉了，但是面还留了下来。

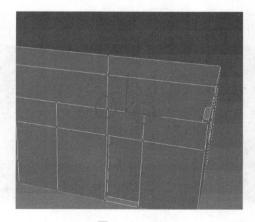

图 6 – 1 –30

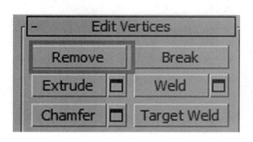

图 6 – 1 – 31

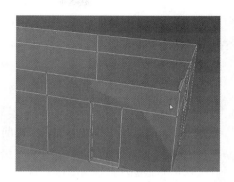

图 6 – 1 – 32

在 Front 视图，选择右上角的四个点，如图 6 – 1 – 33，使用移动工具，在移动工具的图标上点右键，在弹出的移动对话框的相对坐标值的 Y 轴输入 – 500,向下移动 500 个单位（图 6 – 1 – 34），得到如图 6 – 1 – 35 的结果。

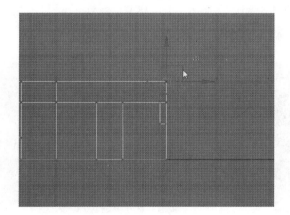

图 6 – 1 – 33

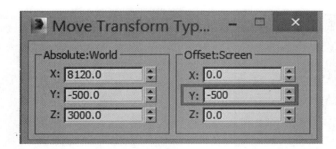

图 6 – 1 – 34

279

注意移除和 Delete 的区别，Delete 把点和点在的面都删除掉了，而移除只是把点删除掉而面保留。

另外，之前我们讲到 Polygon 建模的过程中尽量要保证面是四边面，这是在将来需要使用面细分和圆滑的前提下，因为我们制作的是建筑场景，最后边角全部是坚硬的，所以不必遵循四边面的原则。

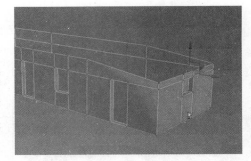

图 6 – 1 – 35

步骤 14 这时我们发现如图 6 – 1 – 36 箭头处的两个面变得比较奇怪，这是由于 Smooth Groups（圆滑组）的设置造成的，点击键盘上的 4 键，使用面的子物体，Ctrl + A 全选（如图 6 – 1 – 37），点击修改命令面板的 Clear All（清除所有的圆滑组）（图 6 – 1 – 38），得到了面与面之间都是很锐利的效果（图 6 – 1 – 39）。

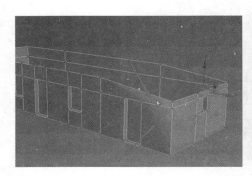

图 6 – 1 – 36

图 6 – 1 – 37

图 6 – 1 – 38

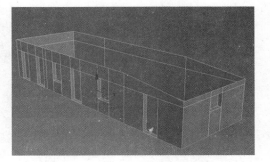

图 6 – 1 – 39

步骤 15 按照步骤 12 的方法，选择如图 6 – 1 – 40 处的两个点，把这两个点也移除掉。

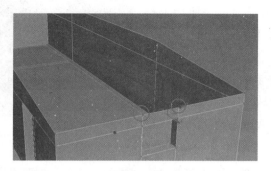

图 6 – 1 – 40

步骤 16 点键盘上的 2 键，使用 Edge（边）的子物体层级，选择如图 6 – 1 – 41 箭头处的两根边，点击修改命令面板的 Bridge（桥接）工具（图 6 – 1 – 42），得到如图 6 – 1 – 43 的结果。

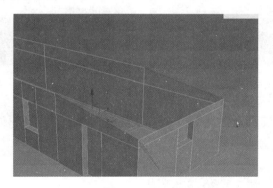

图 6 – 1 – 41

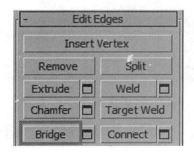

图 6 – 1 – 42

图 6 – 1 – 43

步骤17 点键盘上的1键，使用 Vertex（点）的子物体层级，选择如图6－1－44处的四个顶点，使用 Remove 工具，把点移除掉。

步骤18 选点键盘上的2键，使用 Edge（边）的子物体层级，选择如图6－1－45箭头处的两根边，点击修改命令面板的 Bridge（桥接）工具，得到如图6－1－46的结果。

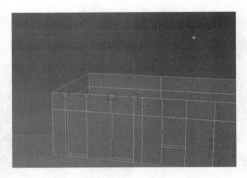

图6－1－44

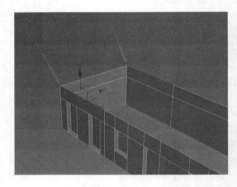

图6－1－45

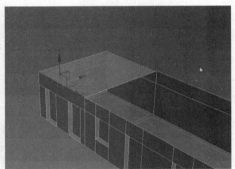

图6－1－46

步骤19 点键盘上的1键，使用 Vertex（点）的子物体层级，选择如图6－1－47处的一个顶点，使用 Break（断开）工具，把点断开（图6－1－48）。

图6－1－47

图6－1－48

步骤20 选点键盘上的2键，使用 Edge（边）的子物体层级，选择如图6－1－49箭头处的一个边，在移动工具上点右键，在相对坐标的 Z 轴输入

-500，把这条线向下移动 500 个单位（图 6 - 1 - 50），得到如图 6 - 1 - 51 的结果。然后选择图 6 - 1 - 52 圆圈处的点，注意这个位置有两个点，所以不要使用框选，点击选择即可，然后也在移动工具上点右键，在相对坐标的 Z 轴输入 -500（图 6 - 1 - 52）。得到如图 6 - 1 - 53 的结果。

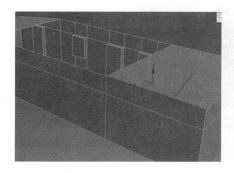

图 6 - 1 - 49

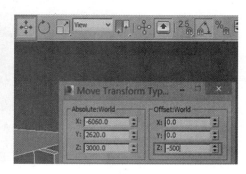

图 6 - 1 - 50

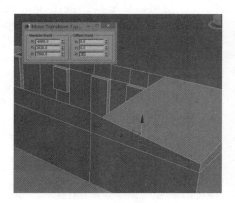

图 6 - 1 - 51

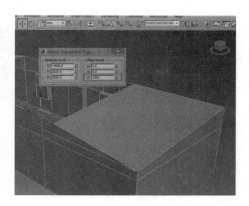

图 6 - 1 - 52

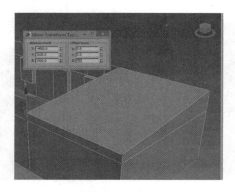

图 6 - 1 - 53

步骤21 点键盘上的 1 键，使用 Vertex（点）的子物体层级，选择如图 6 – 1 – 54 处的六个顶点，使用 Remove 工具，把点移除掉。

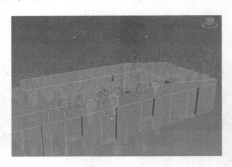

图 6 – 1 – 54

步骤22 点键盘上的 2 键，使用 Edge（边）的子物体层级，选择如图 6 – 1 – 55 箭头处的两根边，点击修改命令面板的 Bridge（桥接）工具，得到如图 6 – 1 – 56 的结果。然后选择 6 – 1 – 57 处的边，使用移动工具，按住 Shift 键向下复制，得到如图 6 – 1 – 58 的结果。

图 6 – 1 – 55   图 6 – 1 – 56

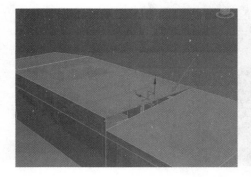

图 6 – 1 – 57   图 6 – 1 – 58

步骤 23 选择如图 6 – 1 – 59 处的两条边，使用修改命令面板的 Connect（连接）工具旁边的设置命令，连接条数输入 2，之间的距离调整到 85 左右（图 6 – 1 – 60）。点对号确定。

图 6 – 1 – 59

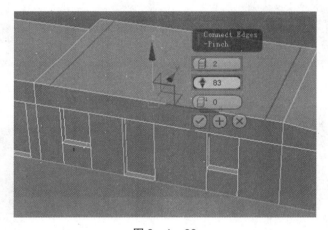

图 6 – 1 – 60

步骤 24 点击键盘上的 4 键或者选择面的子物体，选择如图 6 – 1 – 61 上的两个面，点 Extrude 右面的设置按钮，在厚度上输入 150，点对号确定，得到如图 6 – 1 – 62 的效果。然后再点 Extrude 右面的设置按钮，在厚度上输入 2500，挤出 2.5 米（图 6 – 1 – 63）。使用缩放工具，沿着 Y 轴缩放到如图 6 – 1 – 64 效果。然后再点 Extrude 右面的设置按钮，在厚度上输入 500，挤出 0.5 米，得到如图 6 – 1 – 65 效果。

步骤 25 点键盘上的 2 键，使用 Edge（边）的子物体层级，选择如图 6 – 1 – 66 箭头处的八个边，点击修改命令面板的 Connect（连接）工具，连接两条，之间的距离输入 46，位置偏移 211，点击对号，得到如图 6 – 1 – 67 的结果。

图 6 –1 –61

图 6 –1 –62

图 6 –1 –63

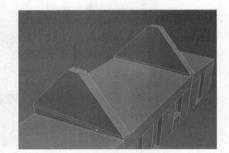

图 6 –1 –64

图 6 –1 –65

图 6 –1 –66

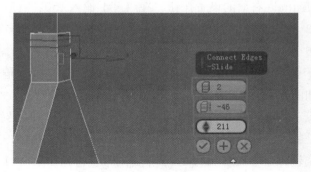

图 6 –1 –67

步骤 26 点击键盘上的 4 键或者选择面的子物体，选择如图 6 – 1 – 68 上的八个面，点 Extrude 右面的设置按钮，在挤出方向的选择上选择 Local Normal（各自法线），在厚度上输入 20，点对号确定，得到如图 6 – 1 – 69 的效果。

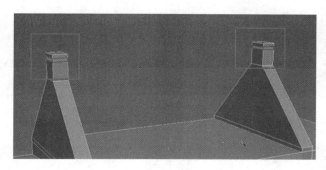

图 6 – 1 – 68

图 6 – 1 – 69

步骤 27 选择如图 6 – 1 – 70 上的一个面，在修改命令面板，点 Detach（分离）工具（图 6 – 1 – 71），在弹出的对话框中给分离的物体起名为 "右坡屋顶"（图 6 – 1 – 72），关闭子物体层级，改一下颜色，得到如图 6 – 1 – 73 效果。

分离物体可以让一个物体的一部分分成一个新的物体，分离之后的物体与之前的物体不再有联系，但是注意的是，两个物体要比之前的一个物体占用更多的系统资源，所以一般在最后都会把相同的材质的不同物体再合并起来，以节约更多的系统资源，提高制作速度。

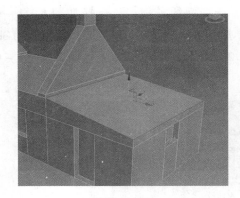

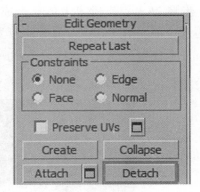

图 6 - 1 - 70   图 6 - 1 - 71

图 6 - 1 - 72   图 6 - 1 - 73

步骤 28　选择刚刚分离的"右坡屋顶"这个物体，点击键盘上的 4 键或者选择面的子物体，选择如图 6 - 1 - 74 上的一个面，点修改命令面板的 Extrude 右面的设置按钮，挤出厚度上输入 100，点对号确定（图 6 - 1 - 75）。

图 6 - 1 - 74   图 6 - 1 - 75

步骤 29 点键盘上的 2 键，使用 Edge（边）的子物体层级，选择如图 6 - 1 - 76 箭头处的两个边，点击修改命令面板的 Connect（连接）工具的设置，连接两条，之间的距离输入 33，点击对号，得到如图 6 - 1 - 77 的结果。

图 6 - 1 - 76

图 6 - 1 - 77

然后点修改命令面板的 Chamfer（切角）工具设置（图 6 - 1 - 78），切角的距离输入 350，点对号确定，得到如图 6 - 1 - 79 的效果。然后点击 Connect（连接）工具的设置，线数输入 1，位置偏移输入 - 32，点对号确定（图 6 - 1 - 80）。

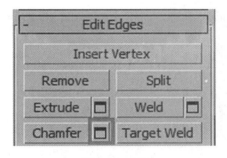

图 6 - 1 - 78

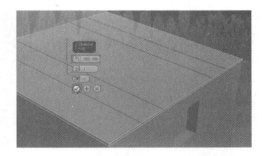

图 6 - 1 - 79

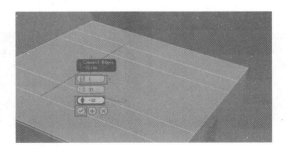

图 6 - 1 - 80

再次点 Chamfer（切角）工具设置，切角的距离输入 490，点击确定，得到如图 6 - 1 - 81 的效果。

图 6 - 1 - 81

步骤30　点击键盘上的 4 键，选择面的子物体层级，选择如图 6 - 1 - 82 上的两个面，点 Inset（插入面）工具的设置按钮（图 6 - 1 - 83），在插入距离上输入 80，点对号确定，得到如图 6 - 1 - 84 的效果。

点 Delete 键删除掉插入的面，留下两个窗洞（图 6 - 1 - 85），选择如图 6 - 1 - 86 的八个面，点修改命令面板 Detach（分离）工具，在弹出的对话框中把分离的物体取名为"天窗"，点 OK 确定（图 6 - 1 - 87）。

关闭面的子物体层级，选择刚刚分离的天窗物体，改一下颜色，得到如图 6 - 1 - 88 效果。

图 6 - 1 - 82

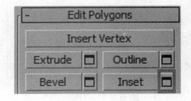

图 6 - 1 - 83

图 6 - 1 - 84

图 6 - 1 - 85

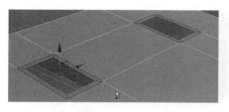

图 6 – 1 – 86

图 6 – 1 – 87

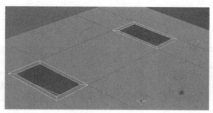

图 6 – 1 – 88

步骤31 在选择"天窗"物体的情况下，点击键盘上的 4 键，选择面的子物体层级，选择如图 6 – 1 – 89 上的八个面，点修改命令面板的 Extrude 右面的设置按钮，挤出厚度上输入 50，点对号确定（图 6 – 1 – 90）。

图 6 – 1 – 89

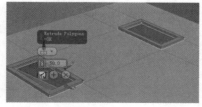

图 6 – 1 – 90

步骤32 关闭子物体层级，选择面的子物体层级，选择"右坡屋顶"物体。（图 6 – 1 – 91）点击键盘上的 4 键，选择面的子物体层级，选择如图 6 – 1 – 92 上的一个面，点 Extrude 右面的设置按钮，在厚度上输入 300，点对号确定（图6-1-93），得到如图6-1-94的效果。

图6-1-91 图6-1-92

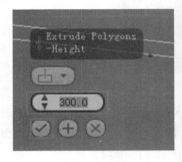

图6-1-93 图6-1-94

步骤33 打开Left（左）视图，点键盘上的G键，关掉栅格线显示，避免视觉上的干扰，点击右侧工具栏里面Create（创建）命令——Shape（图形）——Line（线）创建工具（图6-1-95），创建如图6-1-96的线条。

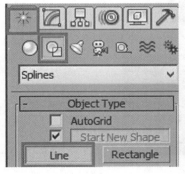

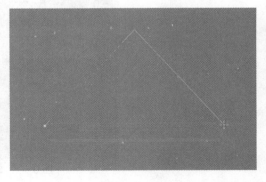

图6-1-95 图6-1-96

栅格线在不捕捉的情况下，可以尽可能的关掉，避免视觉干扰，快捷键是G键，再打开仍然是点击G。

步骤 **34** 修改器列表里找到 Extrude（挤出）命令（图 6 – 1 – 97），挤出厚度输入 7100（图 6 – 1 – 98），在透视图用移动工具沿 X 轴把其调整到如图 6 – 1 – 99的位置。

点右键，把它转换成 Editable Poly 物体，给它起名为"中坡屋顶"，如图 6 – 1 – 100 所示。

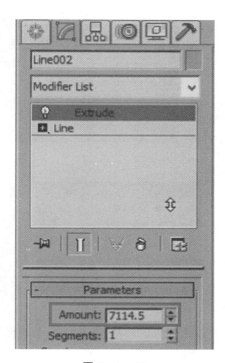

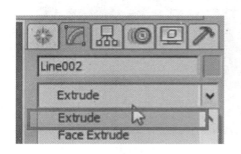

图 6 – 1 – 97

图 6 – 1 – 98

图 6 – 1 – 99

图 6 – 1 – 100

步骤 35 点击键盘上的 4 键，在面的子物体层级，选择如图 6 – 1 – 101 "中坡屋顶" 上的两个面，点修改命令面板的 Extrude 右面的设置按钮，挤出厚度上输入 – 50（注意，当时创建中坡屋顶时绘制的线如果是从左向右绘制的，现在挤出的数值就是 – 50，如果绘制的线上从右向左绘制的，那现在挤出的数值就是 50），点对号确定（图 6 – 1 – 102），得到如图 6 – 1 – 103 效果。

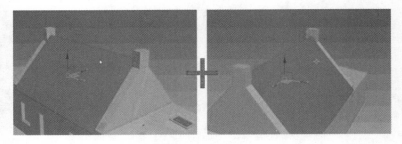

图 6 – 1 – 101

图 6 – 1 – 102

图 6 – 1 – 103

按照步骤 27 至步骤 29 的方法，创建出 "中天窗"，效果如图 6 – 1 – 104。

图 6 – 1 – 104

步骤 36 选择左侧的顶面（如图 6 - 1 - 105），按照步骤 25 至步骤 26 的方法，创建"左坡屋顶"，这里不必创建天窗，得到的效果如图 6 - 1 - 106 所示。

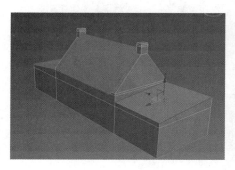

图 6 - 1 - 105

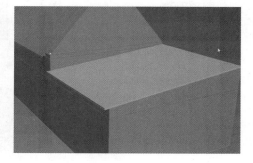

图 6 - 1 - 106

步骤 37 点击右侧工具栏里面 Create（创建）命令——Shape（图形）——Line（线）创建工具（图 6 - 1 - 107），进入前视图，在右坡屋顶的右端，创建出这样一条样条线，使用顶点的调整，调整至如图 6 - 1 - 108 所示。

在修改器列表中点击 Extrude（挤出）命令（图 6 - 1 - 109），挤出的厚度输入 5300，得到如图 6 - 1 - 110 效果。

点击对齐工具，对齐的目标物体选择右坡屋顶，对齐的轴选择 Y 轴，都选择 Center（中心对齐），点 OK，得到的结果如图 6 - 1 - 111。修改它的名字为"滴水"。

图 6 - 1 - 107

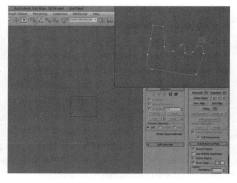

图 6 - 1 - 108

图 6 − 1 − 109

图 6 − 1 − 110

图 6 − 1 − 111

步骤 38 进入 Top（顶）视图，按住 shift 键用移动工具对滴水进行复制，用旋转工具，打开角度锁定，旋转 90°，如图 6 − 1 − 112 所示。

用移动工具，在透视图把新复制的滴水移动到如图 6 − 1 − 113 处。在修改命令面板，把新复制的滴水挤出的厚度改为 7150，如图 6 − 1 − 114 所示。同样的方法复制左坡屋顶的滴水，如图 6 − 1 − 115 所示。

至此，我们模型部分就全部创建完毕，如图 6 − 1 − 116 所示。

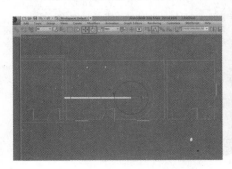

图 6 − 1 − 112

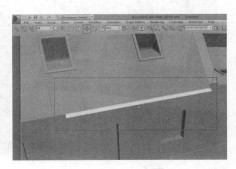

图 6 − 1 − 113

图 6 – 1 –114

图 6 – 1 –115

图 6 – 1 –116

步骤 39 选择右坡屋顶，点键盘上的 M 键，打开材质编辑器，把左侧的 Standard 材质球拖拽到 View 区域，创建一个标准材质（如图 6 – 1 – 117），拖拽 Diffuse Color（漫反射色彩）左侧的小圆球，向左拖拽，选择 Bitmap（位图）的贴图形式（如图 6 – 1 – 118）。在弹出的对话框中，选择配套光盘 \ 贴图文件 \ 06 第六章 UV \ 第一节小屋 \ 瓦 . jpg（图 6 – 1 – 119），点 Assign Material to selection（把材质赋予选择的物体），同时打开 Show Shaded Material in Viewport（在视窗里显示材质）（图 6 – 1 – 120）。

Assign Material to selection 按钮只有在选择物体的情况下才能使用，不选择物体的时候他是灰色的。

Show Shaded Material in Viewport 打不打开对最后的渲染效果没有影响，只是让我们在视图中看到大致的贴图效果，如果考虑到节约资源的目的，可以把其关闭。

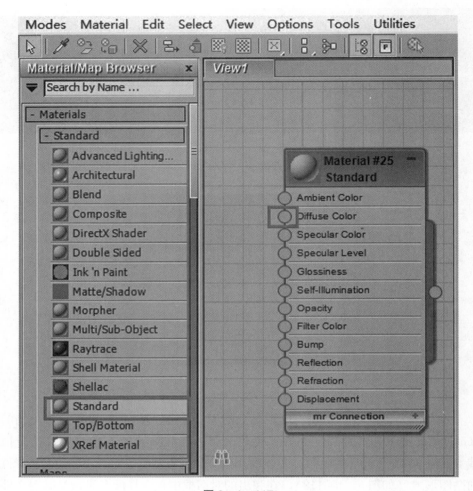

图 6 – 1 –117

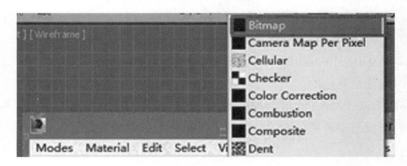

图 6 – 1 –118

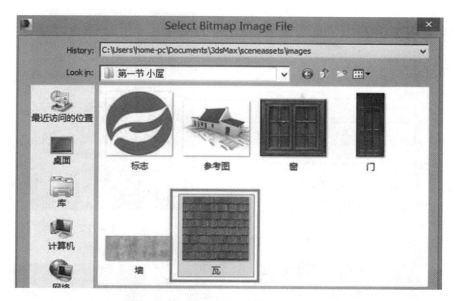

图 6 - 1 -119

图 6 - 1 -120

步骤 40 在修改器列表里选择 UVW Map（UVW 贴图）修改器（图 6 - 1 - 121），贴图的坐标类型选择 Planar（平面）形式，贴图的大小调整为 1000，（图 6 - 1 - 122）。在修改命令面板，选择 UVW Map 的子物体 Gizmo（图 6 - 1 - 123），在 Front（前）视图，用旋转工具，把 Gizmo 物体旋转的与右坡屋顶平行，如图 6 - 1 - 124（由于坡屋顶的倾斜角度不是标准角度，所以要把角度锁定关闭）。调整好之后关闭 Gizmo 的子物体层级。

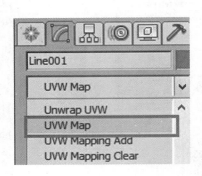

图 6 – 1 –121

图 6 – 1 – 122

图 6 – 1 – 123

图 6 – 1 –124

　　这时我们看到视图里瓦的方向是不对的，所以点键盘上的 M 键，打开材质编辑器，双击图 6 – 1 – 125 圆圈处的 Map 贴图，把它 W 方向即 Z 轴的角度调整为 – 90 度。

　　这样我们瓦的效果已经制作出来，如图 6 – 1 – 126。

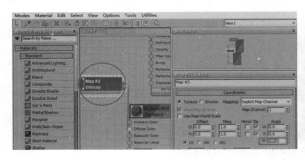

图 6 – 1 – 125

图 6 – 1 – 126

　　UVW Map 修改器常用的贴图坐标形式有七种，分别是 Planar（平面）、Cylindrical（圆柱）、Spherical（球）、Shrink Wrap（包裹球）、Box（盒子）、Face（面）、XYZ to UVW（XYZ3d 坐标）。

　　Planar 只能对物体的某一方向做贴图坐标调整，其他方向只能做拉伸处理（如图 6 – 1 – 127）。

　　Cylindrical 可以以圆柱形式对物体进行包裹，同时开启 Cap 的话还可以从顶和底对物体进行贴图坐标调整（如图 6 – 1 – 128）。

　　Spherical 有点类似于圆柱包裹，但是，它没有上下顶底的处理，如图 6 – 1 – 129 所示。

　　Shrink Wrap 类似一个包袱，包袱的四个角集中于一点做处理，如图 6 – 1 – 130 所示。

　　Box 是从六个面的方向对物体进行贴图坐标调整，如图 6 – 1 – 131 所示。

　　Face 是物体的每个面都会加上一张贴图，贴上它之后就无法再对其进行长宽高尺寸坐标的调整，如图 6 – 1 – 132 所示。

　　XYZ to UVW 是在进行三维贴图时，避免物体的贴图产生拉伸时应用的。如图 6 – 1 – 133 所示。

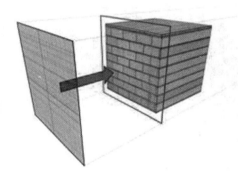

图 6 – 1 – 127

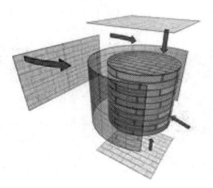

图 6 – 1 – 128

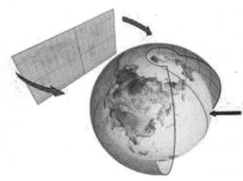

图 6 – 1 – 129

301

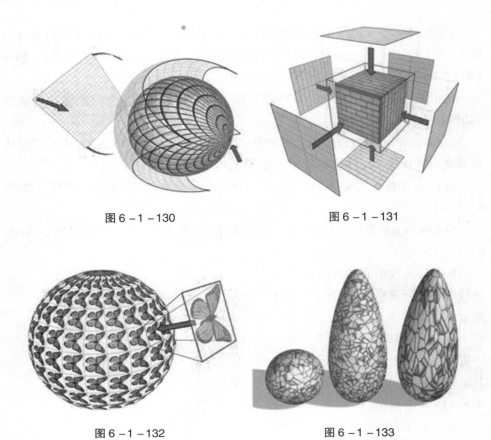

图 6 - 1 - 130

图 6 - 1 - 131

图 6 - 1 - 132

图 6 - 1 - 133

步骤 41 选择 "中坡屋顶" Alt + Q，孤立显示，如图 6 - 1 - 134 所示。

点 4 键进入面的子层级，在左视图选择左侧的半边面，如图 6 - 1 - 135。在右侧的修改命令面板，把所选择的的面的 id 设置成为 2，如图 6 - 1 - 136 所示。

Edit 下拉菜单找到 Select Invert（反选），如图 6 - 1 - 137 所示，然后在右侧的修改命令面板，把所选择的面的 id 设置成为 1，如图 6 - 1 - 138 所示。然后退出子物体层级。

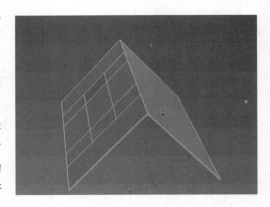

图 6 - 1 - 134

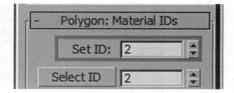

图 6 – 1 –135   图 6 – 1 –136

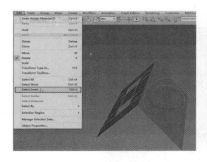

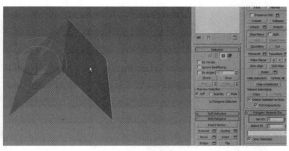

图 6 – 1 –137   图 6 – 1 –138

步骤42　点 M 键，打开材质编辑器，建立一个 Multi/Sub – Object（多重子物体材质），双击圆圈处（图 6 – 1 –139），在右侧的参数面板把子材质的数量设置为 2（如图 6 – 1 –140）。

拖拽大圆圈处的节点，分别给两个子材质设置 Standard（标准）材质，然后每个 Standard 材质的 Diffuse color（漫反射）使用 Bitmap（位图），材质都找到配套光盘里"瓦 . jpg"。如图 6 – 1 –141 所示。

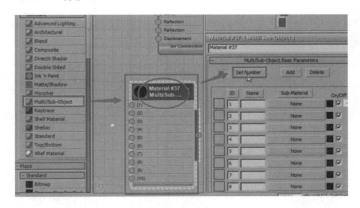

图 6 – 1 –139

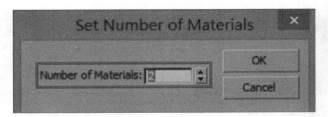

图 6 - 1 - 140

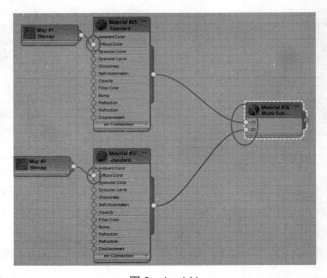

图 6 - 1 - 141

　　如图 6 - 1 - 142，双击圆圈处，在右侧的参数面板的 Map Channel（贴图通道）处输入 1。如图 6 - 1 - 143，双击圆圈处，在右侧的参数面板的 Map Channel（贴图通道）处输入 2。

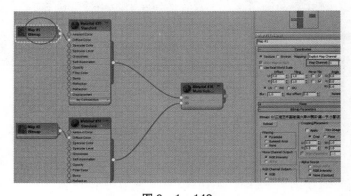

图 6 - 1 - 142

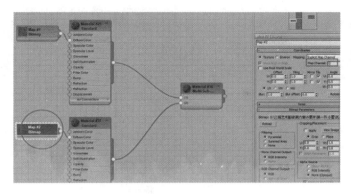

图 6 – 1 –143

步骤 43 在左视图，在修改器列表为其添加一个 UVW Map 的修改器，length（长度）输入 1000，width（宽度）输入 1000，Alignment 对齐方向旋转 X 轴，使用旋转工具，点击 Gizmo 的子物体，旋转到和右侧的边平行（图 6 – 1 –144），因为它的默认 Map Channel 贴图通道是 1，所以不用修改。然后关掉 Gizmo 的子物体层级。

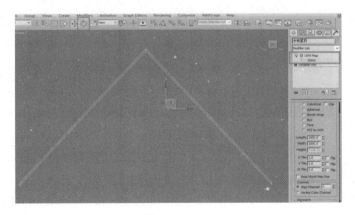

图 6 – 1 –144

在左视图，在修改器列表再次为其添加一个 UVW Map 的修改器，length（长度）输入 1000，width（宽度）输入 1000，Alignment 对齐方向旋转 X 轴，使用旋转工具，点击 Gizmo 的子物体，旋转到和左侧的边平行。然后关掉 Gizmo 的子物体层级，在 Map Channel 贴图通道输入 2（图 6 – 1 –145）。

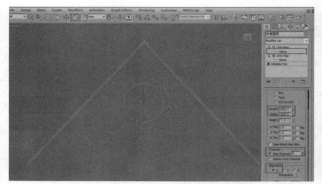

图 6 - 1 - 145

这样中坡屋顶的贴图就完成了，点如图 6 - 1 - 146 处的按钮取消孤立模式。

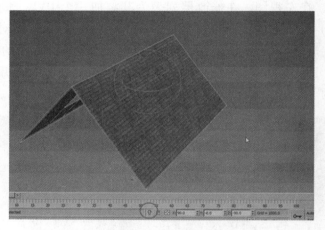

图 6 - 1 - 146

Uvw Map 修改器里的 Map Channel 与材质编辑器里的 Map Channel 是相关联的，对应 ID 的 UVW Map 修改器只对对应 ID 的材质起作用。

步骤 44 按照步骤 37，把左坡屋顶的贴图也贴上，得到如图 6 - 1 - 147 的效果。

图 6 - 1 - 147

步骤45 选择建筑的主体，点 4 键进入面的子物体层级，选择如图 6-1-148三个窗户的面，点右面的 Detach（分离）工具，起名为"窗户"（如图 6-1-149）。

如图 6-1-150，选择四个门的面，点右面的 Detach（分离）工具，起名为"门"。然后关闭子物体层级。

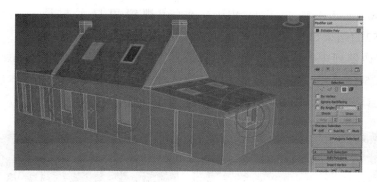

图 6-1-148

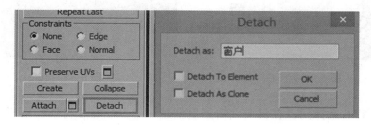

图 6-1-149

图 6-1-150

步骤 46 点键盘上的 M 键，打开材质编辑器，把左侧的 Standard 材质球拖拽到 View 区域，创建一个标准材质，拖拽 Diffuse Color（漫反射色彩）左侧的小圆球，向左拖拽，选择 Bitmap（位图）的贴图形式。在弹出的对话框中，选择配套光盘 \ 贴图文件 \ 06 第六章 UV \ 第一节小屋 \ 墙 .jpg（图 6－1－147），点 Assign Material to selection（把材质赋予选择的物体），同时打开 Show Shaded Material in Viewport（在视窗里显示材质），得到如图 6－1－152 的结果。

在修改器列表中选择 UVW Map 修改器，贴图坐标的形式使用 Box 的形式，长度输入 5000，宽度输入 8000，高度输入 3000，打开 Gizmo 子物体层级，使用移动工具调整到如图 6－1－152 效果，然后关闭子物体层级。

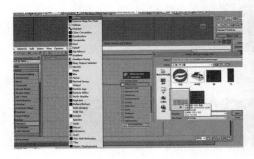

图 6－1－151

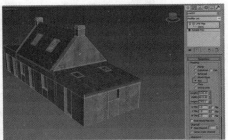

图 6－1－152

步骤 47 选择门，在材质编辑器里创建一个 Standard 材质，漫反射贴图使用配套光盘 \ 贴图文件 \ 06 第六章 UV \ 第一节小屋 \ 门 .jpg，然后点 Assign Material to selection（把材质赋予选择的物体），同时打开 Show Shaded Material in Viewport（在视窗里显示材质）。

在修改器列表中选择 UVW Map 修改器，贴图坐标的形式使用 Face 的形式，得到如图 6－1－153 效果。

步骤 48 选择窗，在材质编辑器里创建一个 Standard 材质，漫反射贴图使用配套光盘 \ 贴图文件 \ 06 第六章 UV \ 第一节小屋 \ 窗 .jpg，然后点 Assign Material to selection（把材质赋予

图 6－1－153

选择的物体），同时打开 Show Shaded Material in Viewport （在视窗里显示材质）。W 轴的角度调整为 90 度。

在修改器列表中选择 UVW Map 修改器，贴图坐标的形式使用 Face 的形式，得到如图 6 - 1 - 154 效果。

双击如图 6 - 1 - 155 处的 Map 面板，在右侧的参数面板，打开 cropping/placement （截取）选项下的 Apply （应用）左侧的对号，点击 View Image （观察图片），在弹出的对话框中调节需要的图像区域。

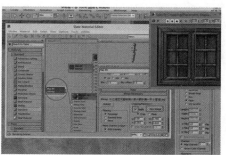

图 6 - 1 - 154　　　　　　　　　　　　　　　　图 6 - 1 - 155

Cropping/Placement 可以在不通过二维图像处理软件的情况下，快速的调整需要的图像区域，非常高效，是一个非常常用的命令。

步骤 49　左侧的窗户贴图有点变形，我们把"窗"转换成 Editable Poly，点 4 键，进入面的子层级，选择左侧的窗，点 Detach，分离取名为"左窗"，然后关闭子物体层级。

选择左窗，在材质编辑器里重建一个窗的材质球，和上一个窗的材质球区别在于 cropping/placement （截取）选项下的 Apply （应用）左侧的对号，点击 View Image （观察图片），在弹出的对话框中按照如图 6 - 1 - 156 调节需要的图像区域。

步骤 50　选择三个滴水，在材质编辑器里创建一个 Standard 材质，在 diffuse 色块中选择一个灰色，把材质赋予它们。（图 6 - 1 - 157）。

图 6 - 1 - 156

选择两个天窗，在材质编辑器里创建一个 Standard 材质，在 diffuse 色块中选择一个白灰色，把材质赋予它们（图 6 – 1 – 158），最后得到如图 6 – 1 – 159效果。

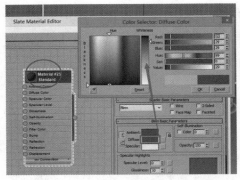

图 6 – 1 – 157

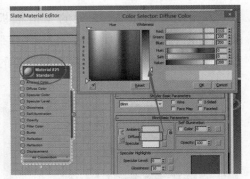

图 6 – 1 – 158

图 6 – 1 – 159

小结

这本节课我们主要复习了使用多边形建模的多个工具，学习了与 AutoCAD互动的导入方法，学习了捕捉工具的重要作用，重点讲解了 UVW Map 修改器的贴图坐标调节方法，下节课我们要进一步学习贴图坐标的调整。

（二）盒子

这节课我们将贴图坐标的调整进行进一步的拓展学习，进一步讲解贴图坐标的复杂展开方法和原理。

步骤 1 点击右侧工具栏里面 Create（创建）命令——Geometry（几何体）——Box（盒子）创建工具（图 6-2-1），在透视图创建出一个 Box（图 6-2-2）。

 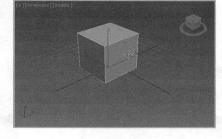

图 6-2-1　　　　　　　　　　　　　　图 6-2-2

步骤 2 点键盘上的 M 键，打开材质编辑器，把左侧的 Standard 材质球拖拽到 View 区域，创建一个标准材质，拖拽 Diffuse Color（漫反射色彩）左侧的小圆球，向左拖拽，选择 Bitmap（位图）的贴图形式。在弹出的对话框中，选择配套光盘 \ 贴图文件 \ 06 第六章 UV \ 第二节箱子 \ 材质.jpg（图 6-2-3），点 Assign Material to selection（把材质赋予选择的物体），同时打开 Show Shaded Material in Viewport（在视窗里显示材质），得到如图 6-2-4 的结果。

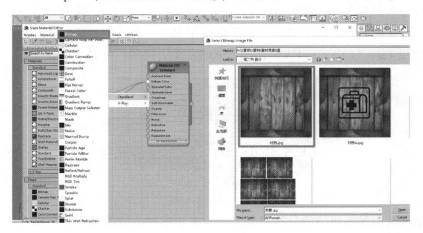

图 6-2-3

311

图 6 – 2 – 4

步骤 3 在修改器列表里选择 UVW Map（UVW 贴图）修改器（图 6 – 2 – 5），默认的贴图坐标类型是 Planar（平面）形式，得到了如图 6 – 2 – 6 的效果。

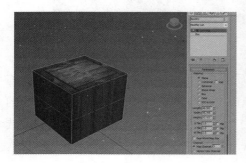

图 6 – 2 – 5

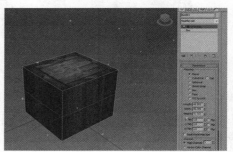

图 6 – 2 – 6

Length 是贴图 X 轴方向上的尺寸，Width 是贴图 Y 轴方向上的尺寸，Height 是贴图 Z 轴方向上的尺寸，注意使用 Planar 方式时，Height 是无法调整的，使用 Face 和 XYZ to UVW 贴图方式时三个方向的尺寸都无法调整。

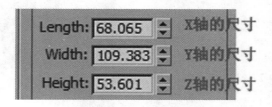

图 6 – 2 – 7

如果我们的三维空间是按照真实尺寸来建模的，就像我们上一节的例子一样，我们就可以在贴图的坐标尺寸中进行非常精确的定义。

　　U Tile 、V Tile、W Tile 可以调整三个方向上坐标的重复数量，Filp 是方向的翻转（图 6 - 2 - 8），它们和图 6 - 2 - 9 里材质编辑器的属性面板的功能类似。

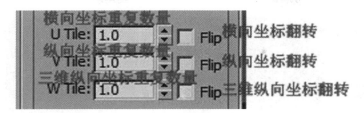

图 6 - 2 - 8

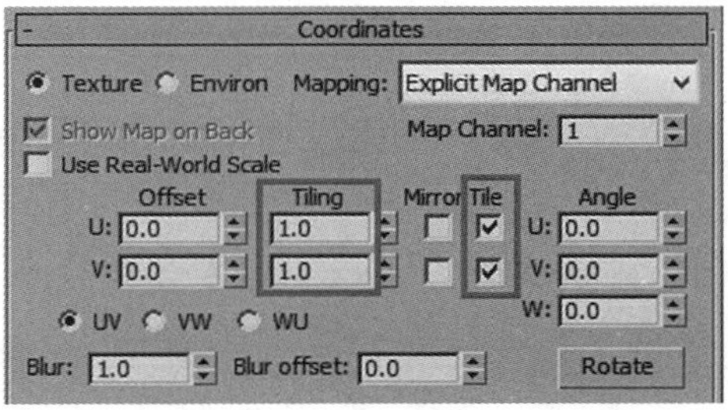

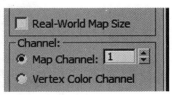

图 6 - 2 - 9

　　Real - World Map Size，按照真实的单位进行贴图坐标设置，每个单位的物体上贴一个贴图（图 6 - 2 - 10）。

　　Map Channel 与材质编辑器里的 Map Channel 搭配使用，可以调整相应的贴图的坐标。我们在上节课小屋的实例中讲解中坡屋顶的贴图时曾经使用它。

　　Vertex Color Channel 是顶点颜色通道，配合顶点颜色贴图使用，顶点颜色相当于在引擎中放置一个带有矢量通道的贴图，可以大量的节约引擎的资源。一般制作渲染动画时很少使用它。

　　Alignment 是对齐轴，分别对应三个方向，特别是在 Planar 方式和 Cylindyical 方式时可以调整坐标的方向（如图 6 - 2 - 11）。

　　Manipulate（操纵），点了之后，可以再 Gizmo

图 6 - 2 - 10

图 6 - 2 - 11

物体的边缘拖动鼠标，实时的调整贴图坐标的大小，Cylindyical 的贴图坐标方式
会多出一个绿色小方块，可以调整 Z 轴的大小。（图 6－2－12、图 6－2－13）

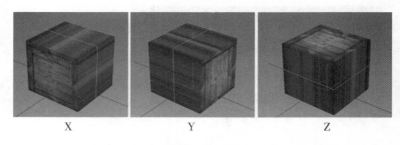

X   Y   Z

图 6－2－12

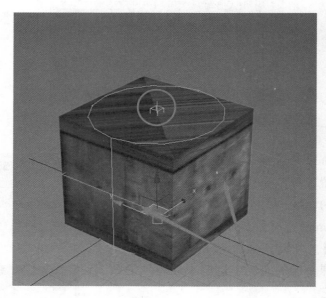

图 6－2－13

Fit（适配），可以让贴图坐标自动适配模型的大小。

Center（中心），可以让贴图的坐标的中心自动调整到物体的中心。

Bitmap Fit（位图适配），点了之后，会弹出一个对话框，选择一张图片，
可以让贴图坐标的比例与所选图片的比例相同。

Normal Align（法线对齐），点了之后，在物体的某个面上拖拽鼠标的左
键，可以对齐所选择的面的法线。

View Align（视口对齐），在透视图起作用，会与我们当前调整的视口方向齐平。

Region Fit（区域适配），点了之后，在视口拖拽鼠标，拖拽的大小就是我们贴图坐标的大小。

Reset（重置），重置成为默认状态。

Acquire（获取），点了之后，再拾取另外一个已经调整好贴图坐标的物体，会出现对话框，复制所拾取物体的贴图坐标。Acquire Relative 是相对值，Acquire Relative 是绝对值，如图 6 – 2 – 14、6 – 2 – 15 所示。

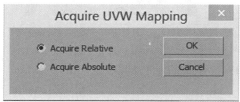

图 6 – 2 – 14

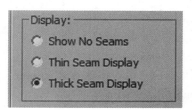

图 6 – 2 – 15

Show No Seams 是不显示接缝，Thin Seam Display 是显示细接缝，放大或缩小视图时，线条的粗细保持不变 Think Seam Display 是显示粗接缝，在放大视图时，线条变粗；而在缩小视图时，线条变细（如图 6 – 2 – 16）。

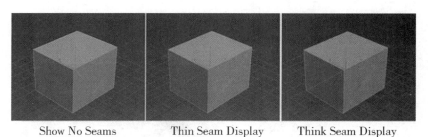

Show No Seams Thin Seam Display Think Seam Display

图 6 – 2 – 16

步骤 4 我们现在想把这个盒子的每一个面都贴一个不一样的图片，那么我们之前学习的 UVW Map 修改器就达不到我们的要求了。

点修改命令面板的 Remove Modifier From the stack（从修改堆栈移除修改器），如图 6 – 2 – 17 所示。这样盒子就恢复成原始的样子。

在修改器列表中选择 Unwrap UVW（UVW 展开）修改器，如图 6 – 2 – 18。

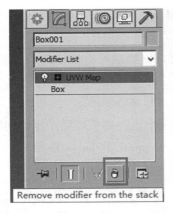

图 6 – 2 – 17

图 6 – 2 – 18

步骤5 点 3 键或者如图 6 – 2 – 19 选择面的子物体层级，Ctrl + A 全选择，如图 6 – 2 – 20 所示。

图 6 – 2 – 19

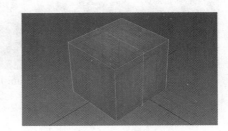

图 6 – 2 – 20

点击 Open UV Editor 按钮，如图 6 – 2 – 21。会弹出 Edit UVWs 对话框。如图 6 – 2 – 22 所示。

在 Mapping（贴图）下拉菜单（图 6 – 2 – 23），选择 Normal Mapping（法线贴图）的展开形式（图 6 – 2 – 24），得到了如图 6 – 2 – 25 的展开效果。

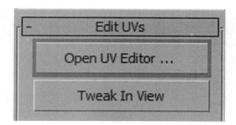

图 6 - 2 - 21

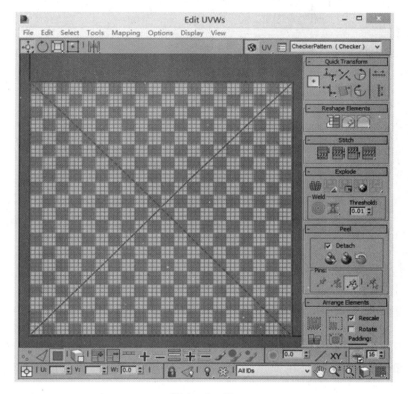

图 6 - 2 - 22

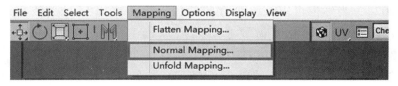

图 6 - 2 - 23

317

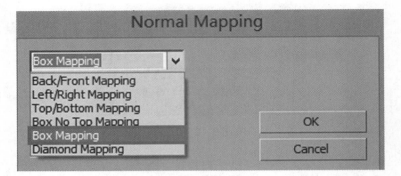

图 6 - 2 - 24

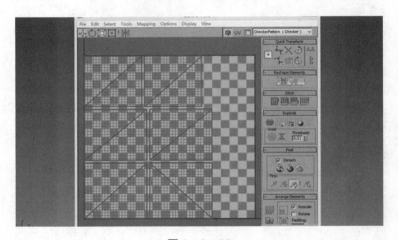

图 6 - 2 - 25

在 Tools（工具）下拉菜单，选择 Render UVW Template（渲染 UVW 模板），如图 6 - 2 - 26，在弹出的对话框中，把长度和宽度都设置成为 512，注意，尤其是为游戏建模的过程中，必须使用 8 的倍数作为贴图的最小单位，一般游戏的贴图大小是 64 × 64、128 × 128、256 × 256、512 × 512、1024 × 1024，当然也可以某一个方向使用一半，比如 512 × 1024，如果是普通的动画贴图，尺寸不做要求。然后点击 Render UV Template（如图 6 - 2 - 27）。

渲染完毕后，点左上角的磁盘（保存）按钮，在弹出的对话框中选择 . Png 格式，名字取名为"线框"（如图 6 - 2 - 28）。

图 6 - 2 - 26

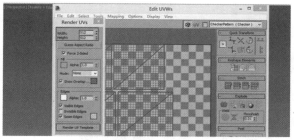

图 6 - 2 - 27

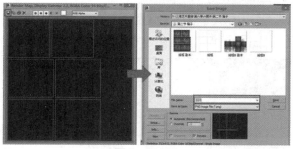

图 6 - 2 - 28

Umwrap UVW 修改器是自由的展开 UV 的修改器，它比 UVW Map 更自由，但是使用起来较为复杂，一般的流程是，展开 UV 之后，在二维的图形软件里根据展开的 UV 绘制贴图，然后再在 3DS Max 中进行贴图。

保存的线框格式之所以选择 png 格式，是因为 png 格式带有通道，可以方便的在 Photoshop 软件中进行修改。

步骤 6　来到 Photoshop 软件，打开我们刚刚保存的"线框 . png"，如图 6 - 2 - 29，再打开配套光盘 \ 贴图文件 \ 06 第六章 UV \ 第二节箱子 \ 材质 . jpg，用移动工具，把材质 . jpg 的箱子的图层拖拽到图 6 - 2 - 30 里，在图层面板，把图层 1 拖拽到图层 0 下面，让线框图层遮挡住箱子图层（如图 6 - 2 - 31）。

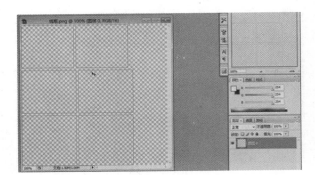

图 6 -2 -29

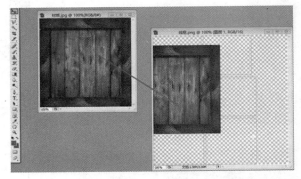

图 6 -2 -30

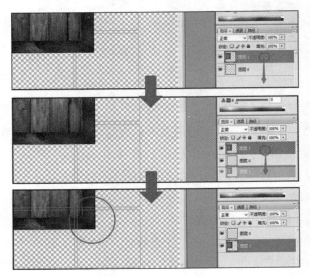

图 6 -2 -31

Ctrl + T，使用自有变换工具，把图层 1 缩放到如图 6 – 2 – 32 效果。

使用移动工具，按住 Alt 键移动图层 1，可以复制图层 1，然后使用 Ctrl + T 缩放大小，复制出 5 个图层都调整到绿色的线框里，如图 6 – 2 – 33 所示。

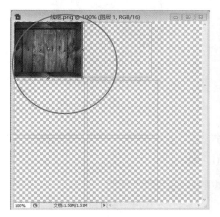
图 6 – 2 – 32

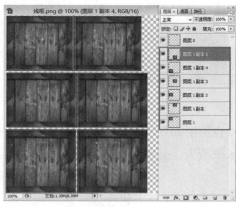
图 6 – 2 – 33

步骤 7 打开配套光盘 \ 贴图文件 \ 06 第六章 UV \ 第二节箱子 \ 023. jpg，这是一张医疗箱标志的图片，我们使用它来制作一个标记（图 6 – 2 – 34）。

图 6 – 2 – 34

用移动工具，拖拽住 023 的图片至线框图中（如图 6 – 2 – 35）。Ctrl + T 调整医疗箱的大小。（如图 6 – 2 – 36）点回车确定。

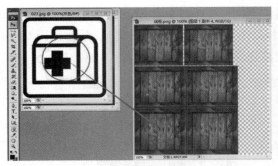

图 6 - 2 - 35　　　　　　　　　　　　　图 6 - 2 - 36

在图层命令面板中把图层 2 的叠加方式改为正片叠底，可以看到图层 2 白色区域消失，只剩下黑色区域。关闭图层 0，如图 6 - 2 - 37。

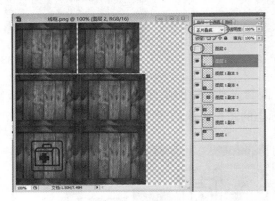

图 6 - 2 - 37

步骤 8　打开配套光盘 \ 贴图文件 \ 06 第六章 UV \ 第二节箱子 \ dirt01. jpg，使用同样的方法，把 dirt01 的图层拖拽到"线框"图中，把其图层都改为"正片叠底"，得到如图 6 - 2 - 38 效果。

然后文件下拉菜单，另存为，格式选择 png 格式，取名为"线框副本"。

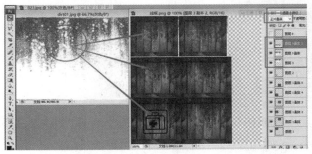

图 6 - 2 - 38

步骤9 来到 3DS Max 软件，点 M 键，打开材质编辑器，新建一个 Standard 材质，把新保存的"线框副本"赋予盒子，得到如图 6-2-39 的效果。

但是我们发现接缝处的衔接不太自然（如图 6-2-40），说明我们这种分离式的 UV 展开方式有一定的缺陷，所以，我们需要进一步进行 UV 的调整。

图 6-2-39   图 6-2-40

步骤10 点 Reset，重置场景，重新创建一个 Box，点右键转换为 Editable Poly，原始的物体带有自身的贴图参数信息，在快速展 UV 时很容易因为对机器资源的占用而导致死机，如图 6-2-41 所示。

修改命令面板，在修改器列表给其一个 Unwarp UVW 的修改器。点 3 键，进入面的子物体层级，Ctrl + A 全选，选择全部的面（图 6-2-42）。

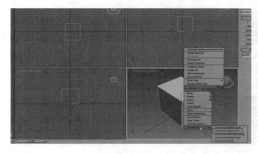

图 6-2-41   图 6-2-42

步骤11 可以看到 Box 周围有些绿色的边，这些是 Box 自身所带的贴图接缝，我们需要把他消除掉，点修改命令面板的 Prjection（投影方式）选择 Planar Map（平面贴图）投影方式（图 6-2-43），这样可以把绿色的接缝消除掉（图 6-2-44）。

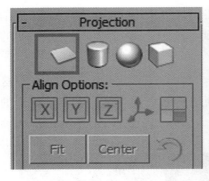

图 6 – 2 – 43

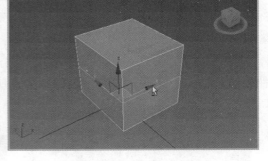

图 6 – 2 – 44

步骤 12　点 Edit Seams（编辑接缝工具），如图 6 – 2 – 45 所示，选择 Box 的 7 条边，这时接缝会做蓝色显示，如果多选了，可以按住 Alt 键进行减选。如图 6 – 2 – 46 所示，这就是我们最后需要展开 UV 时不得不打开的接缝。

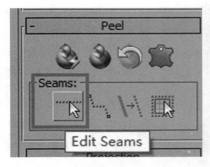

图 6 – 2 – 45

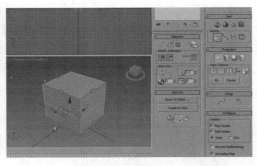

图 6 – 2 – 46

我们为什么会选择者 7 条边作为最后展开的接缝呢？这么选择有什么依据呢？大家想象一下小时候自己剪纸制作的纸盒（图 6 – 2 – 47），在一张纸上剪出 6 个方块，但是是连接在一起的，最后用胶水粘起来，如果没有接缝，我们是没有办法把他连接在一起的，但是我们应该尽可能的减少我们的接缝，

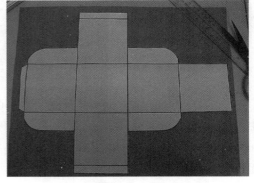

图 6 – 2 – 47

尽量使他们连接在一起，这就是展 UV 的原理所在。

步骤 12 点 Quick Peel（快速剥离）工具，如图 6 - 2 - 48，会弹出 Edit UVWs 对话框，可以看到我们的盒子就被我们分成了六个连接的方块（图 6 - 2 - 49）。

图 6 - 2 - 48

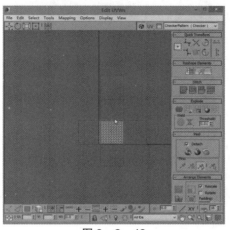

图 6 - 2 - 49

步骤 13 点 Rotate - 90 around Pivot（根据轴心旋转 - 90 度），可以看到所展开的面逆时针方向旋转了 90 度。

然后点击 Pack Custom（自定义排列），可以看到所选择的的面被压缩到我们的渲染区域，注意，超出这个区域的面是无法被渲染的（图 6 - 2 - 50）。

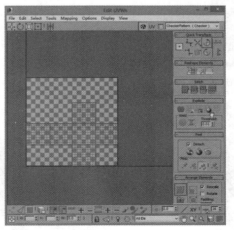

图 6 - 2 - 50

步骤14　在 Tools（工具）下拉菜单，选择 Render UVW Template（渲染 UVW 模板），在弹出的对话框中，把长度和宽度都设置成为 512，然后点击 Render UV Template（如图 6 - 2 - 51）。然后点左上角的磁盘图标，把它保存成格式是 png 的"线框 B. png"图片。

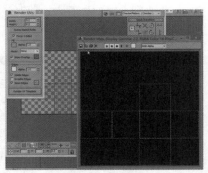

图 6 - 2 - 51

步骤15　在按照步骤 6 的方法，在 Photoshop 里把"线框 B. png"修改成如图 6 - 2 - 52 效果。

关闭图层 0，选择图层 1 副本 5，点 5 次 Ctrl + E，合并所有的图层 1，如图 6 - 2 - 53 所示。

使用仿制图章工具，把五处接缝处进行修改处理，让接缝不明显（图 6 - 2 - 54、图 6 - 2 - 55）。

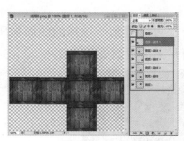

图 6 - 2 - 52

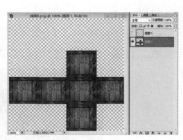

图 6 - 2 - 53

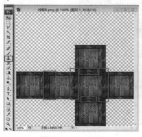

图 6 - 2 - 54

图 6 - 2 - 55

步骤 16 把标志和脏迹按照步骤 7 进行修改，修改后的效果如图 6 - 2 - 56，另存为 "线框 B 副本 . png"。

步骤 17 制回到 3DS Max 中，把 "线框 B 副本 . png" 作为材质赋予 Box，得到如图 6 - 2 - 57 效果。可以看到，接缝的位置不再那么明显。

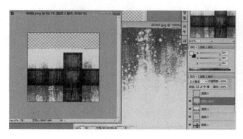

图 6 - 2 - 56

图 6 - 2 - 57

小结

本节课我们主要学习了 UVW Map 的详细命令讲解，并应用 Unwarp UVW 命令对盒子进行自定义的 UV 展开，Unwarp UVW 展开主要要找准接缝处，这个需要丰富的经验，很多同学在初学展 UV 时不明白为什么接缝在这里而不在那里，没有关系，随着大家的深入学习，一定会慢慢掌握展 UV 的奥秘。下节课我们会用更加复杂的实例，对展 UV 进行详细讲解。

（三）树门

本节课我们使用一个小的游戏设计场景（图 6 - 3 - 1），从建模到展 UV 进行详细讲解，在对略微复杂的物体进行展 UV 时，我们怎样去寻找它的接缝是本节课的难点所在。同时我们会复习之前几章中讲到的建模方法，以及这些方法怎样应用到实例当中。

步骤 1 在透视图，创建一个圆柱体，如图 6 - 3 - 2。在修改命令面板把它的边数调整为 8 段（图 6 - 3 - 3）。

图 6 - 3 - 1

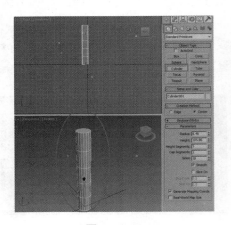

图 6 - 3 - 2

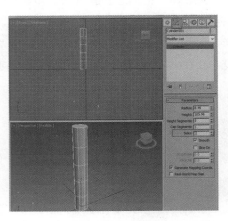

图 6 - 3 - 3

步骤 2 点右键转换为 Editable Poly，点 3 键，选择面的子物体层级，把上下两个顶面删除，使其成为一个圆筒（如图 6 - 3 - 4）。

步骤 3 激活前视图，点 1 键进入顶点的子层级（如图 6 - 3 - 5）。使用移动工具和缩放工具把它调整为如图 6 - 3 - 6 的效果。

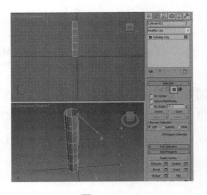

图 6 - 3 - 4

图 6 - 3 - 5

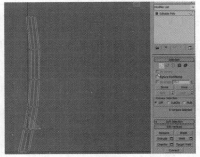

图 6 - 3 - 6

步骤4 激活透视图，点2键，进入边的子物体层级，选择最上面一排边（如图6－3－7）。点 Connect（连接）工具，连接处一条线（如图6－3－8）。

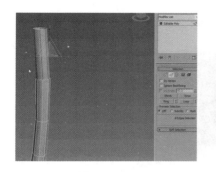

图6－3－7　　　　　　　　　　　　　　　图6－3－8

步骤5 点4键，进入面的子物体层级，选择如图6－3－9的两个面。

然后点 Insert（插入）工具右边的设置，插入的宽度如图6－3－10，因为大家一开始创建的圆柱体的大小不同，所以不必完全按照我的参数进行设置，大体相似即可。

顶点子物体层级，在前视图调整顶点位置（如图6－3－11）。

图6－3－9　　　　　　　　　　　　　　　图6－3－10

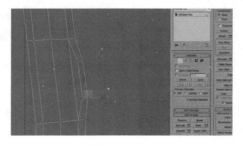

图6－3－11

329

步骤6 透视图，点2键，进入边的子物体层级，选择如图6-3-12的一排线。

点 Connect（连接）工具，快捷键是 Shift + Ctrl + E，连接出一条线（如图6-3-13）。

顶点子层级，用移动工具，对刚连接的线的顶点进行调节（如图6-3-14）。

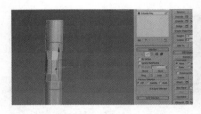

图6-3-12　　　　　　　　　　　图6-3-13

图6-3-14

步骤7 点4键，进入面的子物体层级，选择如图6-3-15的四个面。

点 Extrude（挤出）工具右边的设置，挤出的长度如图6-3-16所示。

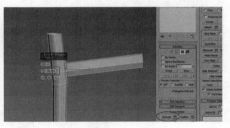

图6-3-15　　　　　　　　　　　图6-3-16

步骤8 前视图，点2键，进入边的子物体层级，选择如图6-3-17的一排线。

点 Connect（连接）工具，连接出一条线，如图6-3-18所示。

进入顶点子物体层级，移动工具调整顶点如图6-3-19所示。

透视图，面子物体层级，选择四个面，Delete 键删除掉。

图 6 - 3 - 17

图 6 - 3 - 18

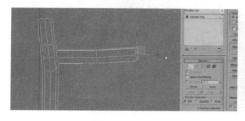

图 6 - 3 - 19

图 6 - 3 - 20

步骤 9 前视图，点 1 键，进入点的子物体层级，用移动、旋转、缩放工具对上部突出的点进行调节至如图 6 - 3 - 21。

透视图，选择如图 6 - 3 - 22 一排边，点 Connect（连接）工具，连接出一条线（如图 6 - 3 - 23）。

前视图，进入顶点子物体层级，移动工具调整顶点如图 6 - 3 - 24 所示。

图 6 - 3 - 21

图 6 - 3 - 22

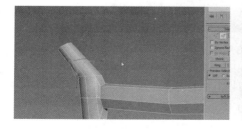

图 6 - 3 - 23

图 6 - 3 - 24

步骤 10　透视图，点 4 键，进入面的子物体层级，选择如图 6 - 3 - 25 的四个面。然后点 Insert（插入）工具右边的设置，插入的宽度如图 6 - 3 - 26。

点 Extrude（挤出）工具右边的设置，挤出的长度如图 6 - 3 - 27。

前视图，再点 Extrude（挤出）工具右边的设置，挤出的长度如图 6 - 3 - 28。用移动、旋转和缩放工具调整至如图 6 - 3 - 29。

图 6 - 3 - 25

图 6 - 3 - 26

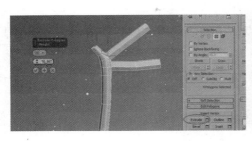

图 6 - 3 - 27

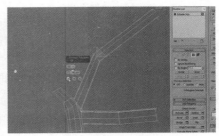

图 6 - 3 - 28

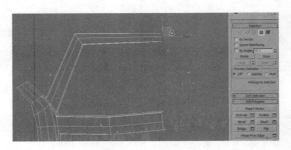

图 6 - 3 - 29

步骤 11　Delete 键删除掉所选择的四个面。进入线的子物体层级，使用 Connect（连接）工具，在如图 6 - 3 - 30 连接两条线。

点 2 键，进入点的子物体层级，调整点至如图 6 - 3 - 31 效果。

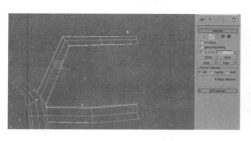
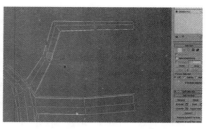

图 6－3－30   图 6－3－31

步骤 12　透视图，关闭子物体层级，在修改器列表选择 Symmetry（镜像工具），打开 Flip（翻转），找到 Symmetry 的 Mirror 子物体，移动工具沿 X 轴移动至图 6－3－32 效果。关闭子物体。

再次进入 Editbale Poly 的顶点子午体层级，发现 Symmetry 就不起作用了（图 6－3－33），这时打开 Show end result on/off toggle（显示最终效果），可以既调整顶点子物体，又显示最后的 Symmetry 效果。

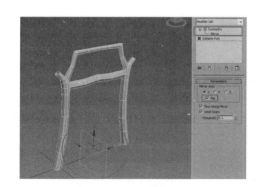

图 6－3－32   图 6－3－33

显示最终效果可以在前几个堆栈修改时，提前预览最终效果，一般制作有多个修改器的物体时都要打开它。

步骤 13　前视图，对门左侧的顶点进行调节（如图 6－2－34），调整得下粗上细。

在制作的过程中，我们发现打开最终效果时橘红色的线会造成一定的视觉干扰，所以我们关闭 Show end result on/off toggle（显示最终效果）（图 6－3－35）。

进入边的子物体层级，选择如图 6－3－36 的一排线。Shift + Ctrl + E 就是 Connect（连接）工具，连接上一根线，如图 6－3－37 所示。

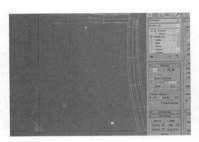
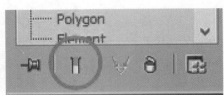

图 6 - 3 - 34　　　　　　　　　　　　图 6 - 3 - 35

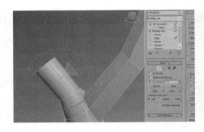
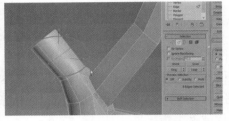

图 6 - 3 - 36　　　　　　　　　　　　图 6 - 3 - 37

步骤 14　前视图，进入边界线子物体层级，选择如图 6 - 3 - 38 处的轮廓线，调整位置（如图 6 - 3 - 39）。

线子物体层级，选择如图 6 - 3 - 40 处一排线，Connect（连接）工具，连接上一根线（图 6 - 3 - 41）。

图 6 - 3 - 38　　　　　　　　　　　　图 6 - 3 - 39

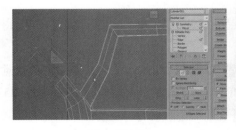
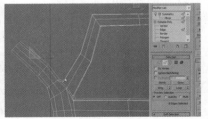

图 6 - 3 - 40　　　　　　　　　　　　图 6 - 3 - 41

步骤 15 透视图，进入面子物体层级，选择如图 6 – 3 – 42 处的两个面。点 Extrude（挤出）工具右边的设置，挤出的长度如图 6 – 3 – 43 所示。

选择如图 6 – 3 – 44 处的两个面。点 Extrude（挤出）工具右边的设置，挤出的长度如图 6 – 3 – 45 所示。

图 6 – 3 – 42

图 6 – 3 – 43

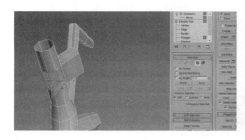

图 6 – 3 – 44

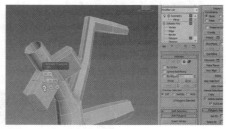

图 6 – 3 – 45

步骤 16 面子物体层级，把图 6 – 3 – 46 处的面缩小。让分出的树杈下粗上细。

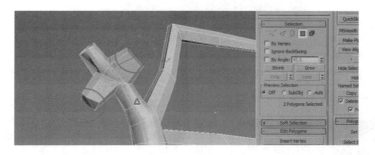

图 6 – 3 – 46

选择如图 6 – 3 – 47 处的四个面，点 Extrude（挤出）工具右边的设置，挤出的长度如图 6 – 3 – 48。然后略微缩小，使树杈下粗上细。

图6-3-47

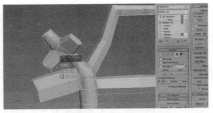
图6-3-48

步骤17 边子物体层级，选择图6-3-49处的一排线，然后连接，如图6-3-50所示。点子物体层级，调整点，如图6-3-51所示。

图6-3-49

图6-3-50

图6-3-51

步骤18 边子物体层级，选择如图6-3-52的一排边，连接出一条线（图6-3-53）。

图6-3-52

图6-3-53

同样的方法（如图 6 – 3 – 54），也连接一排线。选择如图 6 – 3 – 55 的四个面，挤出。进入顶点子物体层级，调整点位置（图 6 – 3 – 56）。

图 6 – 3 – 54

图 6 – 3 – 55

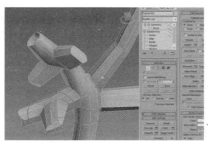

图 6 – 3 – 56

步骤 19 边子物体层级，选择图 6 – 3 – 57 处的一排线，然后连接。边界子层级，选择如图 6 – 3 – 58 处的边界，点修改命令面板的 Cap（封口）工具或者点 Alt + P 的快捷键，把缺口封住。

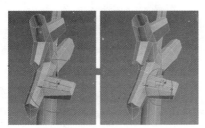

图 6 – 3 – 57

图 6 – 3 – 58

进入顶点子物体层级，使用 Cut 或者点快捷键 Alt + C，切割工具，把刚封的口切成四个四边形。如图 6 – 3 – 59。

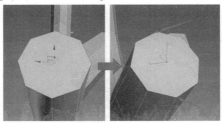

图 6 – 3 – 59

步骤20 通过连接工具进行加线，然后调整顶点，让左侧的树干有一些凹凸不平的细节效果。如图6-3-60所示。

在图6-3-61处的位置，通过连接工具进行加线，然后调整顶点，让左上角的树干有一些凹凸不平的细节效果（如图6-3-62）。

图6-3-60

通过连接工具进行加线，然后调整顶点，让横梁处的树干有一些凹凸不平的细节效果，如图6-3-63所示。

通过连接工具进行加线，然后调整顶点，左上角的两个树杈有一些弯曲的细节效果，如图6-3-64所示。

通过连接工具进行加线，然后调整顶点，左上角的大树杈基部有一些弯曲的细节效果，如图6-3-65所示。

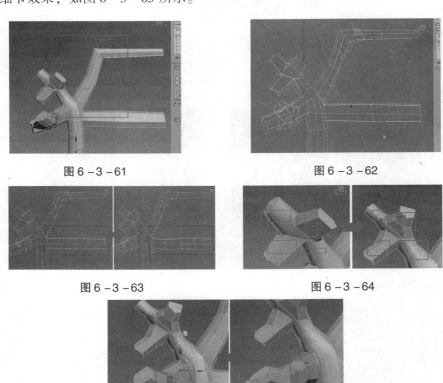

图6-3-61

图6-3-62

图6-3-63

图6-3-64

图6-3-65

步骤 21 修改堆栈里回到 Symmetry（对称）层级，可以看到一个完整的门已经做出来了，如图 6 - 3 - 66 所示。

但是门的左右应该是不对称的，所以我们需要把它转换成多边形物体在进行调整。点右键，转换为多边形物体。如图6 - 3 - 67所示。

这时我们再次进入点的子物体层级，发现左侧调整右侧不再跟着变化，这样我们可以调整的左右略微不同。

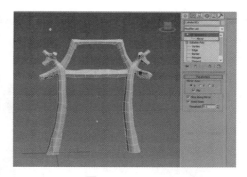

图 6 - 3 - 66

这样我们进入点的子物体层级，用移动和旋转工具把右侧略作调整，调整的效果如图 6 - 3 - 68 所示。

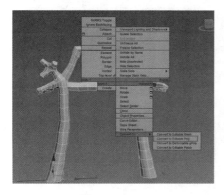

图 6 - 3 - 67

图 6 - 3 - 68

步骤 22 点 4 键，进入面的子物体层级，选择如图 6 - 3 - 69 的面，在 Smoothing Groups（圆滑组）中设置为 2。

选择如图 6 - 3 - 70 的面，在 Smoothing Groups（圆滑组）中设置为 1。

选择如图 6 - 3 - 71 的面，在 Smoothing Groups（圆滑组）中设置为 2。

选择如图 6 - 3 - 72 的面，在 Smoothing Groups（圆滑组）中设置为 4。

选择如图 6 - 3 - 73 的面，在 Smoothing Groups（圆滑组）中设置为 7。

选择如图 6 - 3 - 74 的面，在 Smoothing Groups（圆滑组）中设置为 8。

选择如图 6 - 3 - 75 的面，在 Smoothing Groups（圆滑组）中设置为 9。

选择如图 6 - 3 - 76 的面，在 Smoothing Groups（圆滑组）中设置为 10。

选择如图 6 – 3 – 77 的面，在 Smoothing Groups（圆滑组）中设置为 11。
选择如图 6 – 3 – 78 的面，在 Smoothing Groups（圆滑组）中设置为 12。
最后得到的效果如图 6 – 3 – 79。

图 6 – 3 – 69

图 6 – 3 – 70

图 6 – 3 – 71

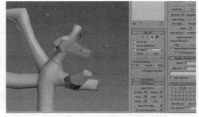

图 6 – 3 – 72

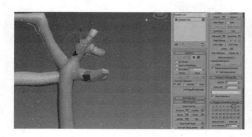

图 6 – 3 – 73

图 6 – 3 – 74

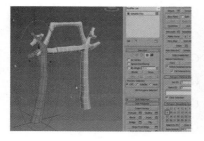

图 6 – 3 – 75

图 6 – 3 – 76

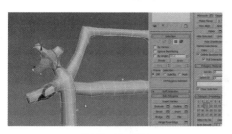
图 6 - 3 - 77

图 6 - 3 - 78

Smoothing Groups（圆滑组）是在不使用曲面细分的前提下，制作圆滑物体所使用的工具，一般游戏引擎内为了节约引擎的资源，需要尽可能的节约面数，所以在游戏的模型制作中 Smoothing Groups（圆滑组）是必不可少的。它的区分原理就是相邻的需要硬边相交的部分，圆滑组的 ID 号需要有所区别。

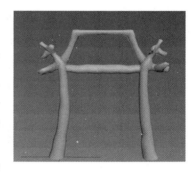
图 6 - 3 - 79

步骤 23 在透视图创建一个 Box（如图 6 - 3 - 80），长度的段数是 4，宽度的段数是 2。

点右键，转换为多边形物体（如图 6 - 3 - 81）。

点 1 键进入顶点子物体层级，把其调整为如图 6 - 3 - 82 的效果。

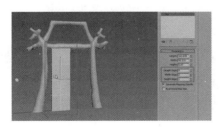
图 6 - 3 - 80

图 6 - 3 - 81

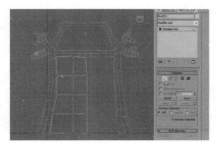
图 6 - 3 - 82

步骤24　进入面的子物体层级，选择如图6-3-83的8个面。使用 Inset（插入面）工具，插入8个面如图6-3-84效果。移动工具向外略作移动，如图6-3-85所示。

点2键进入边子物体层级，选择一排边如图6-3-86所示，使用 Connect（连接）工具加一条线，如图6-3-87所示。

顶点子物体层级，移动工具调整至如图6-3-88效果。

同样的方法，使用 Connect（连接）工具在如图6-3-89处加线，顶点子物体层级调整至如图6-3-90效果。

同样的方法，使用 Connect（连接）工具在如图6-3-91处加线，顶点子物体层级调整至如图6-3-92效果。

同样的方法，使用 Connect（连接）工具在如图6-3-93处加线，顶点子物体层级调整至如图6-3-94效果。

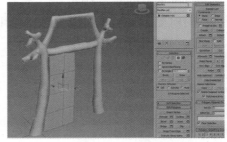

图6-3-83

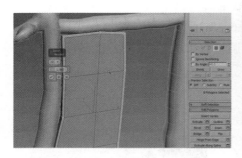

图6-3-84

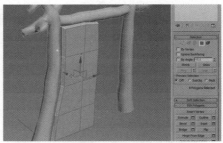

图6-3-85

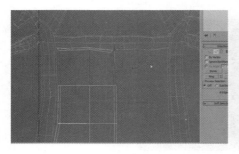

图6-3-86

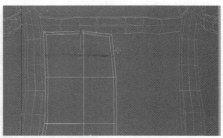

图6-3-87

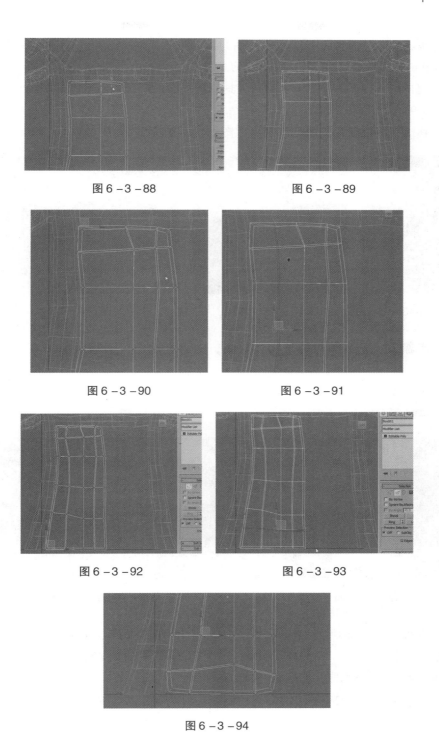

图 6 - 3 - 88

图 6 - 3 - 89

图 6 - 3 - 90

图 6 - 3 - 91

图 6 - 3 - 92

图 6 - 3 - 93

图 6 - 3 - 94

步骤 25   点 4 键，进入面的子物体层级，选择如图 6 - 3 - 95 的面，在 Smoothing Groups（圆滑组）中设置为 1。

前视图，使用 Mirror（镜像）工具，把刚做的门镜沿 X 轴镜像一个，如图 6 - 3 - 96。

移动工具把新复制的门移动到如图 6 - 3 - 97 处。

  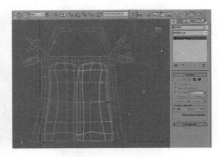

图 6 - 3 - 95   图 6 - 3 - 96   图 6 - 3 - 97

步骤 26   进入顶点的子物体层级，把新复制的门调整至如图 6 - 3 - 98 效果。

步骤 27   按照步骤 24 - 25，同样的方法，制作顶部的窗，效果如图 6 - 3 - 99 所示。

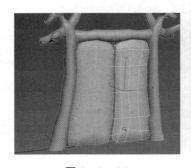 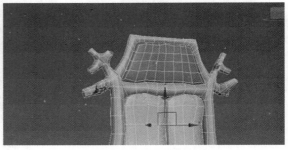

图 6 - 3 - 98   图 6 - 3 - 99

步骤 28   仔细观察参考图，我们发现整个门向左倾斜，如果一个一个物体调整，会非常麻烦，我们点 Ctrl + A，全部选择，在修改器列表，使用一个 FFD4 × 4 × 4 的修改器，如图 6 - 3 - 100 所示。

前视图，进入 Control Points（控制点）子物体层级，对其进行调整至如图 6 - 3 - 101 效果。然后点右键转换多边形物体。

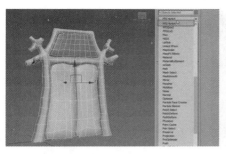

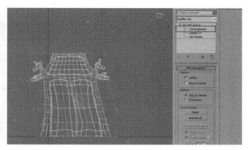

图 6 - 3 - 100

图 6 - 3 - 101

步骤 29 顶视图，点击右侧工具栏里面 Create （创建）命令—Shape （图形）—Line （线）创建工具，创建一条线，注意创建时创建的点都是 Corner （角点）（图 6 - 3 - 102）。

点 1 键，进入点子物体层级，Ctrl + A 全选，在选择的点上点右键，把点的形式改为 Smooth （圆滑）（图 6 - 3 - 103）。

透视图，效果如图 6 - 3 - 104。用移动工具移动点到如图 6 - 3 - 105 效果。

打开 Enable In Renderer （可渲染）和 Enable In Viewport （视窗可见），把 Thickness （粗细）调整至如图 6 - 3 - 106 效果，Sides （边数）调整为 8 段，Interpolation （迭代次数）的 Steps （段数）调整为 1，让它的边数减少。

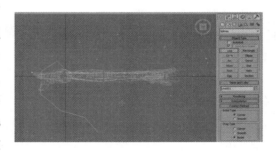

图 6 - 3 - 102

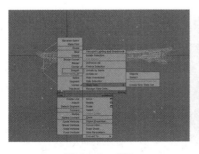

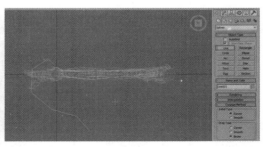

图 6 - 3 - 103

图 6 - 3 - 104

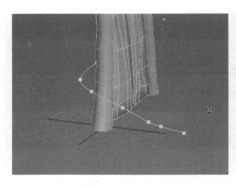

图 6 – 3 –105　　　　　　　　图 6 – 3 –106

步骤 30　点右键，转换为多边形物体，点面工具，把如图 6 – 3 –107 处的面删除。

进入边的子物体层级，使用移动和缩放工具，把树根调整得上面细下面粗，如图 6 – 3 –108 效果。

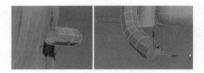

图 6 – 3 –107

步骤 31　选择如图 6 – 3 –109 一排边，连接出一条线，如图 6 – 3 –110 效果。同样的方法，如图 6 – 3 –111 也加一条线。

顶视图，点击右侧工具栏里面 Create（创建）命令—Shape（图形）—Line（线）创建工具，创建一条线，注意创建时创建的点都是 Corner（角点）（图 6 – 3 –112）。

图 6 – 3 –108

点 1 键，进入点子物体层级，Ctrl + A 全选，在选择的点上点右键，把点的形式改为 Smooth（圆滑）（图 6 – 3 –113）。

透视图，移动工具，把线调整为如图 6 – 3 –114 效果。

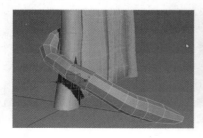

图 6 – 3 –109

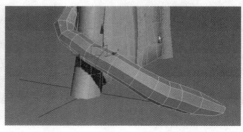

图 6 – 3 –110

图 6 − 3 −111

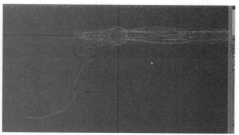

图 6 − 3 −112

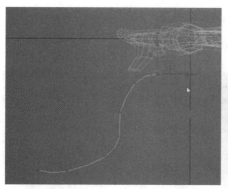

图 6 − 3 −113

图 6 − 3 −114

步骤 32 点 4 键，进入面的子物体层级，选择如图 6 − 3 −115 处的四个面，点 Extrude Along Spline（沿着线挤出），然后拾取刚才创建的线，得到如图 6 − 3 −116 效果。

Delete 键，删除所选的四个面，进入线的子物体层级，使用移动工具和缩放工具，把刚刚创建的树根调整至如图 6 − 3 −117 效果。

图 6 − 3 −115

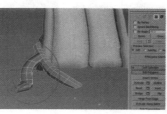

图 6 − 3 −116

图 6 − 3 −117

步骤 **33** 使用步骤 31 – 32 的方法，在树根上再创建两个分叉，调整顶点如图 6 – 3 – 118 效果。

面子物体层级，选择如图 6 – 3 – 119 的面，在 Smoothing Groups（圆滑组）中设置为 1。

选择如图 6 – 3 – 120 的面，在 Smoothing Groups（圆滑组）中设置为 2。

选择如图 6 – 3 – 121 的面，在 Smoothing Groups（圆滑组）中设置为 3。

选择如图 6 – 3 – 122 的面，在 Smoothing Groups（圆滑组）中设置为 4。

图 6 – 3 – 118

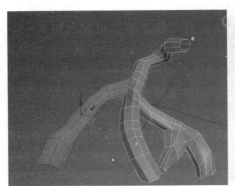

图 6 – 3 – 119

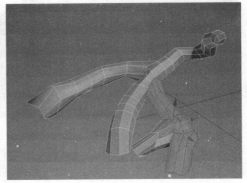

图 6 – 3 – 120

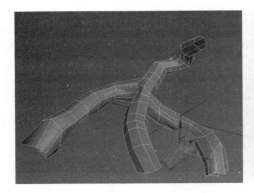

图 6 – 3 – 121

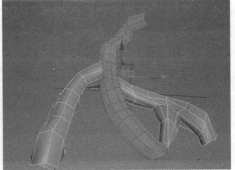

图 6 – 3 – 122

步骤 34 使用镜像工具，沿 X 轴，镜像一根树根，如图 6 – 3 – 123 所示。移动工具，沿 X 轴，移动到如图 6 – 3 – 124 处。

顶点子物体级别，用移动工具把刚镜像出的树根略作调整，让它与原来的树根有所区别，如图 6 – 3 – 125 所示。

图 6 – 3 – 123

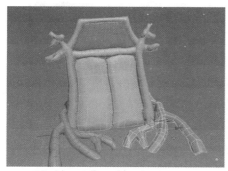

图 6 – 3 – 124

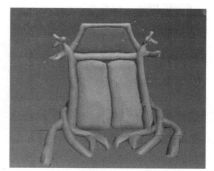

图 6 – 3 – 125

步骤 35 下面我们来创建蘑菇，创建蘑菇时我们先创建其中一个，然后其他的复制即可。在透视图，创建一个圆柱体，调节段数为 8 段，大小如图 6 – 3 – 126。

点右键，转换成为多边形物体，点 4 键进入面的子物体层级，删除上下两个面，如图 6 – 3 – 127 所示。

透视图，1 键，进入顶点子物体层级，使用移动工具调整为图 6 – 3 – 128 效果。

图 6 – 3 – 126

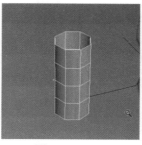

图 6 – 3 – 127

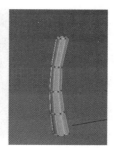

图 6 – 3 – 128

步骤36　点3键，进入轮廓子物体层级，选择如图6-3-129处的轮廓。按住 Shift 键沿 XY 轴复制两次，如图6-3-130效果。

用移动和缩放工具，按住 Shift 键复制成如图6-3-131效果。

Alt + P（Cap 即封口）工具，封口，如图6-3-132效果。

Alt + C（Cut 即切割）工具，切割成如图6-3-133效果。

边子物体层级，使用移动和缩放工具，对蘑菇进行调整，如图6-3-134效果。

前视图，给蘑菇加一个 FFD4×4×4 的修改器，使用 Control Point（控制点）子物体层级，对蘑菇进行调整至如图6-3-135效果。点右键，转换成为多边形物体。

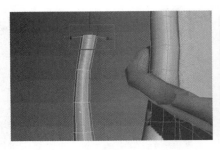

图6-3-129

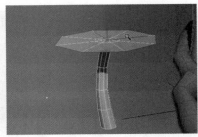

图6-3-130

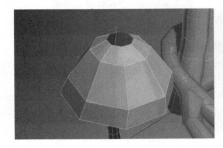

图6-3-131

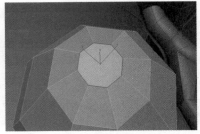

图6-3-132

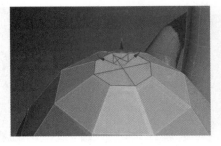

图6-3-133

图6-3-134

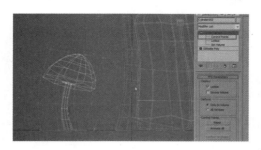

图 6 - 3 - 135

步骤 37 现在我们创建藤条和花苞的模型。前视图，点击右侧工具栏里面 Create（创建）命令—Shape（图形）—Line（线）创建工具，使用拖拽的创建方法，创建一条线，这样创建的线的点都是 Bezier 点（图 6 - 3 - 136）。

图 6 - 3 - 136

透视图，点 1 键，点子物体层级，用移动工具调整藤条的效果如图 6 - 3 - 137。

打开 Enable In Renderer（可渲染）和 Enable In Viewport（视窗可见），把 Thickness（粗细）调整至如图 6 - 3 - 138 效果，Sides（边数）调整为 8 段，Interpolation（迭代次数）的 Steps（段数）调整为 5，让它的边数增多。关闭子物体层级。

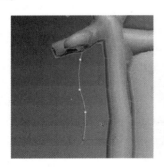

图 6 - 3 - 137

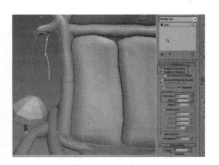

图 6 - 3 - 138

步骤38 在透视图，创建一个圆柱体，调节高度段数为 3 段，周边段数为 8 段，大小如图 6 - 3 - 139。

点右键，转换为多边形物体。点 4 键，把上下两个面删除掉，使其成为一个圆筒。效果如图 6 - 3 - 140。

点 1 键，进入点子物体层级，前视图，用移动和缩放工具调整至如图 6 - 3 - 141 效果。

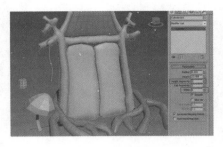

图 6 - 3 - 139

图 6 - 3 - 140

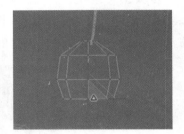

图 6 - 3 - 141

步骤39 在透视图，点 3 键，进入轮廓子物体层级，移动工具向下复制两次，缩放到如图 6 - 3 - 142 效果。向上复制一次，缩放到如图 6 - 3 - 143 效果。

图 6 - 3 - 142

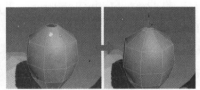

图 6 - 3 - 143

退出子物体层级，移动工具把花苞移动到藤条的末端（如图 6 - 3 - 144）。

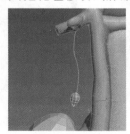

图 6 - 3 - 144

步骤 40 创建叶子，顶视图，点击右侧工具栏里面 Create（创建）命令的 Plane（平面）工具，创建一个平面，如图 6 - 3 - 145。

点右键，转换为多边形物体，点 1 键，进入顶点的子物体层级，调整至如图 6 - 3 - 146 效果。

修改命令面板，给其加一个 FFD3 × 3 × 3 的修改器，调整至如图 6 - 3 - 147 效果。点右键，转换为多边形物体。

点 M 键，打开材质编辑器，创建一个 Standard 材质，在图 6 - 3 - 148 圆圈处点右键，选择 Rename（重命名），给材质球改下名字，在弹出的对话框中输入"树叶"（图 6 - 3 - 149）。

在 Diffuse Color（漫反射贴图）中贴一个"树叶 A. jpg"材质。树叶 A. jpg 在"配套光盘 \ 贴图文件 \ 06 第六章 UV \ 第三节树门"中，Opacity（半透明贴图）中贴一个"树叶 B. jpg"材质，如图 6 - 3 - 150 所示。然后把材质赋予树叶，在修改命令面板中选择 UVW Map 修改器，得到如图 6 - 3 - 151 效果。

图 6 - 3 - 145   图 6 - 3 - 146

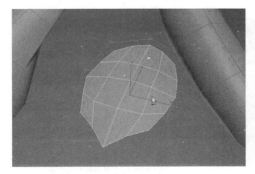

图 6 - 3 - 147   图 6 - 3 - 148

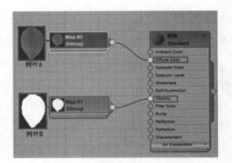

图 6 – 3 – 149　　　　　　　　　　　图 6 – 3 – 150

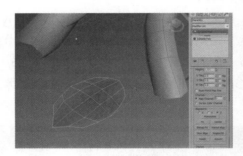

图 6 – 3 – 151

步骤 41　顶视图，点击右侧工具栏里面 Create（创建）命令——Shape（图形）——Line（线）创建工具，在叶子的根部创建一条线，注意创建时创建的点都是 Corner（角点）（图 6 – 3 – 152）。

点 1 键，进入点子物体层级，Ctrl + A 全选，在选择的点上点右键，把点的形式改为 Smooth（圆滑）（图 6 – 3 – 153）。

图 6 – 3 – 152　　　　　　　　　　　图 6 – 3 – 153

透视图，移动工具调整叶茎的效果如图 6 - 3 - 154。

打开 Enable In Renderer（可渲染）和 Enable In Viewport（视窗可见），把 Thickness（粗细）调整至如图 6 - 3 - 155 效果，Sides（边数）调整为 8 段，Interpolation（迭代次数）的 Steps（段数）调整为 2，让它的边数减少。关闭子物体层级。

点右键，转换为多边形物体，1 键，顶点子物体层级，用移动和缩放工具调整至如图 6 - 3 - 156 效果。关闭子物体层级。

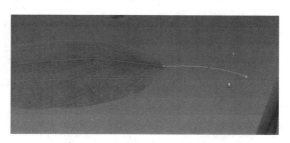

图 6 - 3 - 154

图 6 - 3 - 155

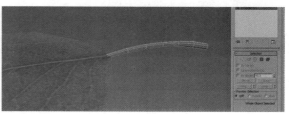

图 6 - 3 - 156

步骤 42 点 M 键，打开材质编辑器，创建一个 Standard 材质，给材质球重命名为"树叶茎"。在 Diffuse Color（漫反射贴图）中贴一个"树皮 . jpg"材质。然后把材质赋予树叶茎（图 6 - 3 - 157）。

在修改命令面板中选择 UVW Map 修改器，使用一个 Cylindrical（圆柱）的贴图坐标形式，对齐的轴选择 X 轴，点 fit（适配）一下，得到如图 6 - 3 - 158 效果。

这时发现贴图有点粗糙，打开操作编辑器，双击如图 6 - 3 - 159 圆圈处，在右侧的参数面板，把 Mirror（镜像）打开，把 Tile（重复）数量调成 2，这样材质就相当于重复了 2 × 2 = 4 次，材质也就变细腻了。

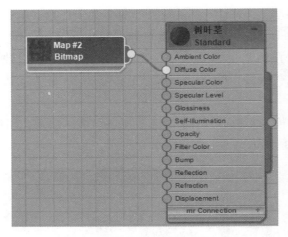

图 6 – 3 – 157

图 6 – 3 – 158

图 6 – 3 – 159

步骤 43　同时选择树叶和树叶茎（如图 6 – 3 – 160），点 Group（组）下拉菜单，选择 Group，在弹出的对话框中输入 "树叶"，给两个物体打一个组（图 6 – 3 – 161）。

在 Hierarchy（层级）命令面板，选择 Affect Pivot Only（仅影响轴），如图 6 – 3 – 162 所示，使用移动工具，把树叶组的轴心移动到茎的末端，如图 6 – 3 – 163所示。关掉影响轴心。

图 6 – 3 – 160

图 6 – 3 – 161

图 6 – 3 – 162   图 6 – 3 – 163

步骤 44 选择树叶组，使用移动工具和旋转工具，缩放工具调整大小，把树叶组移动到如图 6 – 3 – 164 的树杈处。

使用旋转工具，复制一个树叶，如图 6 – 3 – 165 所示。

使用移动和缩放工具略作调整，如图 6 – 3 – 166 所示。

同样的方法，在复制三个树叶，调整位置和大小，如图 6 – 3 – 167 所示。

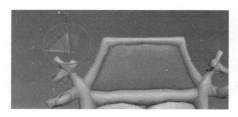

图 6 – 3 – 164   图 6 – 3 – 165

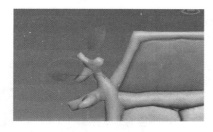

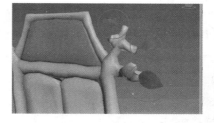

图 6 – 3 – 166   图 6 – 3 – 167

步骤 45 选择藤条，如图 6 – 3 – 168，M 键，打开材质编辑器，把"树叶茎"的材质赋予藤条（如图 6 – 3 – 169）。

在修改命令面板，给藤条一个 UVW Map 的修改器，贴图坐标的类型选择 Cylindrical（圆柱）形，对齐的轴选择 X 轴，先点 Fit（适配）藤条的大小，我们发现太长了，所以把 Height 的长度调短至如图 6 – 3 – 170。

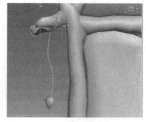

图 6 – 3 – 168

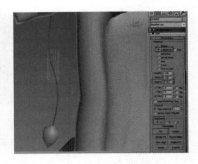

图 6 - 3 - 169　　　　　　　　　　　　图 6 - 3 - 170

步骤 46　选择花苞，如图 6 - 3 - 171，我们发现当时做的下面一排面没有圆滑，点 4 键，进入面的子物体层级，Ctrl + A，全选，在修改命令面板，Smoothing Groups（圆滑组）中设置为 1，如图 6 - 3 - 172 所示。关闭面的子物体层级。

　　打开材质编辑器，建立一个名称为"花苞"的材质，Diffuse Color（漫反射色彩）里选择 Bitmap 贴图方式，然后选择配套光盘 \ 贴图文件 \ 06 第六章 UV \ 第三节树门 \ 花苞 . jpg，把材质赋予花苞物体，如图 6 - 3 - 173 效果。

　　在修改命令面板，给花苞一个 UVW Map 的修改器，贴图坐标的类型选择 Cylindrical（圆柱）形，如图 6 - 3 - 174 所示。

　　这时我们发现贴图正好是倒着的，M 键，打开材质编辑器，双击如图 6 - 3 - 175圆圈处，在右侧的属性面板，W 方向的旋转角度输入 180 度。这样花苞的贴图就倒转过来，如图 6 - 3 - 176 所示。

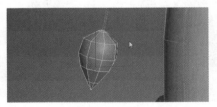

图 6 - 3 - 171　　　　　　　　　　　　图 6 - 3 - 172

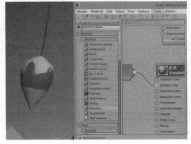

图 6 - 3 - 173　　　　　　　　　　　　图 6 - 3 - 174

图 6 - 3 - 175

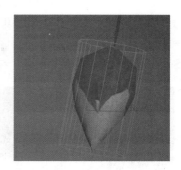

图 6 - 3 - 176

步骤47 选择花苞和藤条，在前视图，按住 shift 键复制一个，如图6 - 3 - 177 所示。

选择新复制的藤条，进入 Line 的 Vertex 子物体层级，如图6 - 3 - 178，使用移动工具进行调整至如图6 - 3 - 179 效果。关闭子物体层级。

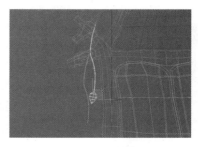

图 6 - 3 - 177

透视图，选择新复制的花苞，略作旋转和缩放，使其与原来的花苞有所区别，如图6 - 3 - 180 所示。

同样的方法，在右侧再复制 2 根藤条和花苞，如图 6 - 3 - 181 所示。

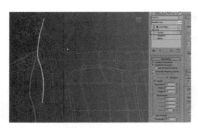

图 6 - 3 - 178

图 6 - 3 - 179

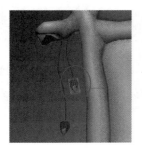

图 6 - 3 - 180

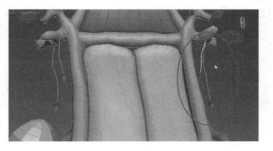

图 6 - 3 - 181

步骤48 选择蘑菇, Alt + Q 键, 孤立模式, 如图 6 – 3 – 182 所示。点 3 键, 进入面的子物体层级, 选择如图 6 – 3 – 183 的面, 在修改命令面板, Smoothing Groups (圆滑组) 中设置为4。

图 6 – 3 – 182

图 6 – 3 – 183

选择如图 6 – 3 – 184 的面, 在修改命令面板, Smoothing Groups (圆滑组) 中设置为3。关闭子物体层级。

在修改命令面板, 为蘑菇添加一个 Unwrap UVW 的修改器, 可以看到明显的绿色接缝线, 这不是我们想要的接缝

图 6 – 3 – 184

线, 所以选择面子层级, Ctrl + A 全选, 选择 Planar Map (平面投射) 的投影方式, 这样接缝就全消除了, 如图 6 – 3 – 185, 然后关掉平面投射。

使用 Edit Seams (编辑接缝) 工具, 如图 6 – 3 – 186, 先选择如图 6 – 3 – 187 接缝, 再加选图 6 – 3 – 188 接缝, 再选择图 6 – 3 – 189 处接缝, 再选择图 6 – 3 – 190处接缝。

图 6 – 3 – 185

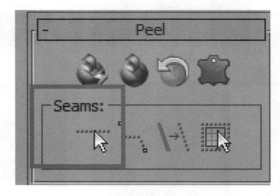

图 6 – 3 – 186

图 6 - 3 - 187

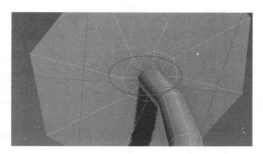

图 6 - 3 - 188

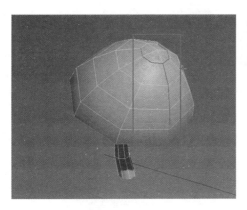

图 6 - 3 - 189

图 6 - 3 - 190

步骤 49 Ctrl + A 全选，使用 Quick Peel（快速剥离）工具，如图 6 - 3 - 191 所示。在弹出的 Edit UVWs（编辑 UVW）对话框中，看到蘑菇已经快速展开，然后点击 Pack：Custom（自动排列），可以看到蘑菇的 UV 就被排列到渲染框内，如图 6 - 3 - 192 所示。

在 Edit UVWs 对话框中选择如图 6 - 3 - 193 的面，使用 Tools 下拉菜单，找到 Relax（松弛），如图 6 - 3 - 194。在弹出的对话框中点 Start Relax（开始松弛）。如图 6 - 3 - 195，同样的方法对其他几部分也做下松弛。使用旋转和移动工具对其位置略作调整，如图 6 - 3 - 196。

Tools 下拉菜单，render UVW Template（渲染 UVW 模板），渲染一张 512 × 512 的 UVW 线框图，如图 6 - 3 - 197，保存一张名为"蘑菇．png"。

关闭面的子物体层级。

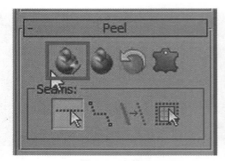

图 6 - 3 - 191

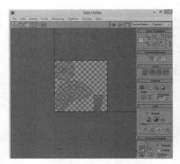

图 6 - 3 - 192

图 6 - 3 - 193

图 6 - 3 - 194

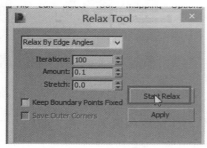

图 6 - 3 - 195

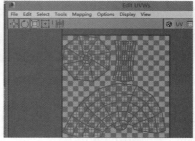

图 6 - 3 - 196

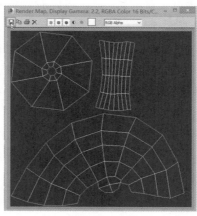

图 6 - 3 - 197

步骤 50 来到 Photoshop 软件，打开我们刚刚保存的"蘑菇.png"，按住 Ctrl 键，点选如图 6 – 3 – 198 圆圈处，这样会把图层 0 整个选择下来。

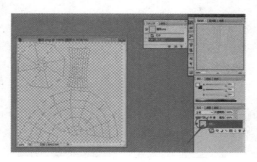

图 6 – 3 – 198

确定工具栏的背景色是黑色，如图 6 – 3 – 199 所示，使用 Ctrl + Back-space 键，填充背景色，可以把线框填充成黑色，Ctrl + D 取消选区，效果如图6 – 3 – 200 所示。

图 6 – 3 – 199

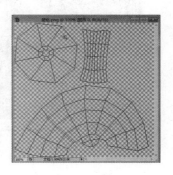

图 6 – 3 – 200

步骤 51 打开配套光盘/第六章/第三节/蘑菇茎.jpg，移动到蘑菇的线框图中，Ctrl + T，缩放至大小如图 6 – 3 – 201。

打开配套光盘 \ 贴图文件 \ 06 第六章 UV \ 第三节树门 \ 蘑菇头.jpg，移动到蘑菇的线框图中，Ctrl + T，缩放至大小如图 6 – 3 – 202。

打开配套光盘 \ 贴图文件 \ 06 第六章 UV \ 第三节树门 \ 树皮.jpg，使用滤镜下拉菜单——模糊——径向模糊，如图 6 – 3 – 203，移动到蘑菇的线框图中，Ctrl + T，缩放至大小，删除掉多余的部分，如图 6 – 3 – 204。

隐藏掉图层 0 即网格线的图层，如图 6 – 3 – 205 效果，另存为蘑菇副本.png。

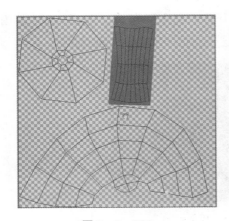
图6-3-201

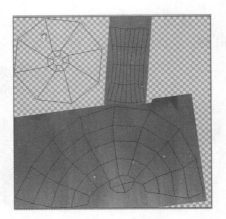
图6-3-202

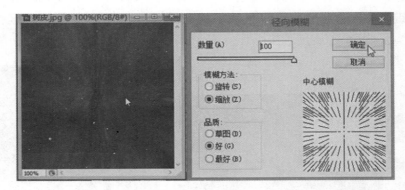
图6-3-203

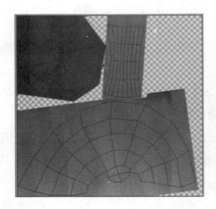
图6-3-204

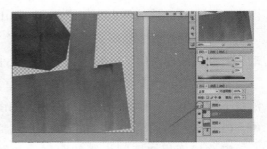
图6-3-205

步骤52 回到 3DS Max，打开材质编辑器，新建一个 Standard 材质，取名为蘑菇，Diffuse Color 漫反射颜色使用 Bitmap 贴图方式，使用刚才保存的"蘑菇副本.png"，如图 6-3-206，把材质赋予蘑菇物体，效果如图 6-3-207。点下部的取消 Isolate Selection Toggle（取消孤立）（如图 6-3-208）。

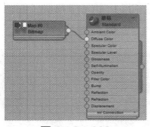

图 6-3-206

图 6-3-207

图 6-3-208

步骤53 复制一个蘑菇，使用移动、旋转和缩放工具调整其位置至如图 6-3-209 处。

再复制一个蘑菇，使用移动、旋转和缩放工具调整其位置至如图 6-3-210 处。

图 6-3-209

图 6-3-210

步骤54 来到 Photoshop 软件，激活图层 2（如图 6-3-211）。

Ctrl + U，调整色相/饱和度（如图 6-3-212），另存为"蘑菇副本 B.png"。

图 6-3-211

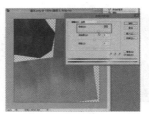

图 6-3-212

　　步骤 55　回到 3DS Max，打开材质编辑器，新建一个 Standard 材质，取名为蘑菇 B，Diffuse Color 漫反射颜色使用 Bitmap 贴图方式，使用刚才保存的"蘑菇副本 B. png"，把材质赋予复制的第三个蘑菇物体，效果如图 6 – 3 – 213。

　　同样的方法，在右侧也复制三个蘑菇，颜色和形状都略作调整，如图 6 – 3 – 214 效果。

图 6 – 3 – 213　　　　　　　　　　　　图 6 – 3 – 214

　　步骤 56　选择左侧的门（如图 6 – 3 – 215），Alt + Q，孤立模式，在修改命令面板，为蘑菇添加一个 Unwrap UVW 的修改器，可以看到明显的绿色接缝线，可以看到接缝线比较合适，所以不需要重新切割线，点 3 键直接进入面子层级，Ctrl + A 全选，使用 Quick Peel（快速剥离）工具，如图 6 – 3 – 217。

　　使用步骤 49，把 UV 调整成为如图 6 – 3 – 218 效果，存为一张 512 × 512 的"左门 . png"。

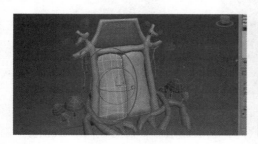

图 6 – 3 – 215　　　　　　　　　　　　图 6 – 3 – 216

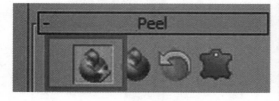

图 6 – 3 – 217　　　　　　　　　　　　图 6 – 3 – 218

步骤 57 来到 Photoshop 软件，打开我们刚刚保存的"左门.png"，打开配套光盘＼贴图文件＼06 第六章 UV＼第三节树门＼门.jpg，把门.jpg 移动到左门.png 上，并复制，得到如图 6 - 3 -219 效果。关掉图层 0 即线框图层，另存为"左门副本.png"。

步骤 58 回到 3DS Max，打开材质编辑器，新建一个 Standard 材质，取名为左门，Diffuse Color 漫反射颜色使用 Bitmap 贴图方式，使用刚才保存的"左门副本.png"，把材

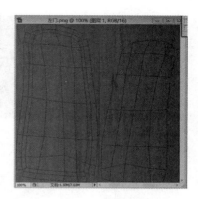

图 6 - 3 -219

质赋予蘑菇物体，点下部的取消 Isolate Selection Toggle（取消孤立）。效果如图 6 - 3 - 220。

同样的方法，把右门和窗也展一下 UV，贴完材质的效果如图 6 - 3 - 221。

图 6 - 3 -220

图 6 - 3 -221

步骤 59 选择左侧树根，Alt + Q 键，孤立模式，如图 6 - 3 - 222。

在修改命令面板，为蘑菇添加一个 Unwrap UVW 的修改器，可以看到绿色接缝线，这不是我们想要的接缝线，所以选择面子层级，Ctrl + A 全选，选择 Planar Map（平面投射）的投影方式，这样接缝就全消除了，如图 6 - 3 - 223，然后关掉平面投射。

使用 Edit Seams（编辑接缝）工具，选择接缝如图 6 - 3 - 224 所示。

Ctrl + A 全选面，使用 Quick Peel（快速剥离）工具，如图 6 - 3 - 225 所示。

弹出 Edit UVWs（编辑 UVW）对话框，如图 6 - 3 - 226。

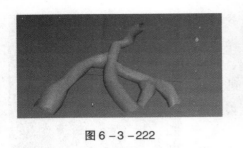

图 6 - 3 - 222

图 6 - 3 - 223

正面　　　　背面

图 6 - 3 - 224

图 6 - 3 - 225

图 6 - 3 - 226

　　步骤60　在 Edit UVWs 对话框中使用 Tools 下拉菜单，找到 Relax（松弛）。在弹出的对话框中选择 Relax By Polygon Angeles（根据多边形的角度松弛），点 Start Relax（开始松弛），如图 6 - 3 - 227 所示，使用旋转和移动工具对其位置略作调整。

　　然后点击 Pack：Custom（自动排列），可以看到蘑菇的 UV 就被排列到渲染框内，如图 6 - 3 - 228 所示。

　　Tools 下拉菜单，render UVW Template（渲染 UVW 模板），渲染一张 1024 × 1024 的 UVW 线框图，保存一张名为"树根 . png"。

　　关闭面的子物体层级。

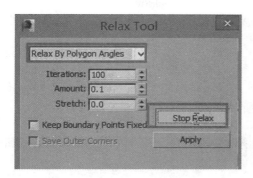

图 6 - 3 - 227

图 6 - 3 - 228

步骤 61 来到 Photoshop 软件，打开我们刚刚保存的"树根.png"，打开配套光盘 \ 贴图文件 \ 06 第六章 UV \ 第三节树门 \ 树根.jpg，把树根.jpg 移动到树根.png 上，并复制，得到如图 6 - 3 - 229 效果。关掉图层 0 即线框图层，另存为"树根副本.png"。

3DS Max 把材质赋予左边树根，效果如图 6 - 3 - 230。取消孤立模式。

同样的方法，把右边树根也展 UV，绘制贴图，得到如图 6 - 3 - 231 效果。

图 6 - 3 - 229

图 6 - 3 - 230

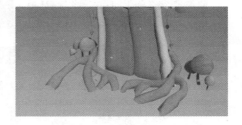

图 6 - 3 - 231

步骤 62 选择左侧树根，Alt + Q 键，孤立模式，如图 6 - 3 - 232 所示。

在修改命令面板，为蘑菇添加一个 Unwrap UVW 的修改器，可以看到绿色接缝线，这不是我们想要的接缝线，所以选择面子层级，Ctrl + A 全选，选择 Planar Map。

369

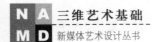

　　（平面投射）的投影方式，这样接缝就全消除了（如图 6 – 3 – 223），然后关掉平面投射。

　　使用 Edit Seams（编辑接缝）工具，选择接缝如图 6 – 3 – 234 所示。

　　Ctrl + A 全选面，使用 Quick Peel（快速剥离）工具，弹出 Edit UVWs（编辑 UVW）对话框，如图 6 – 3 – 235 所示。

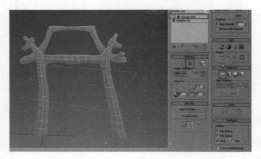

图 6 – 3 – 232　　　　　　　　　　　　　　　图 6 – 3 – 233

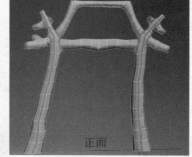

正面　　　　　　　　　　　　　　　　　　正面

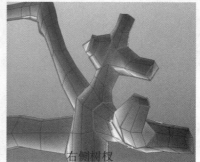

左侧树杈　　　　　　　　　　　　　　　　右侧树杈

图 6 – 3 – 234

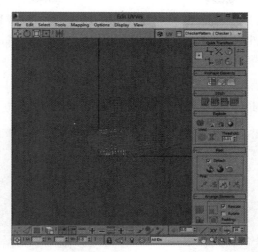

图 6 - 3 - 235

步骤 63　在 Edit UVWs 对话框中使用 Tools 下拉菜单，找到 Relax（松弛）。在弹出的对话框中选择 Relax By Polygon Angeles（根据多边形的角度松弛），点 Start Relax（开始松弛）。如图 6 - 3 - 236 所示，使用旋转和移动工具对其位置略作调整。

　　然后点击 Pack：Custom（自动排列），可以看到蘑菇的 UV 就被排列到渲染框内，如图 6 - 3 - 237 所示。

　　Tools 下拉菜单，render UVW Template（渲染 UVW 模板），渲染一张 1024 × 1024 的 UVW 线框图，保存一张名为"树干 . png"。

　　关闭面的子物体层级。

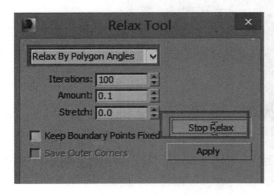

图 6 - 3 - 236

图 6 - 3 - 237

步骤 64 来到 Photoshop 软件，打开我们刚刚保存的"树干.png"，打开配套光盘 \ 贴图文件 \ 06 第六章 UV \ 第三节树门 \ 树皮.jpg，把树皮.jpg 移动到树干.png 上，并复制，得到如图 6 - 3 - 238 效果。关掉图层 0 即线框图层，另存为"树根副本.png"。

3DS Max 把材质赋予门，效果如图 6 - 3 - 239。取消孤立模式。

图 6 - 3 - 238

图 6 - 3 - 239

我们发现有些地方存在明显的接缝，尤其是蘑菇的顶部，这是在 Photoshop 里无法避免的，接缝问题一直是三维软件里的一个难题。接下来我们要在三维软件里解决它。

步骤 65 选择如图 6 - 3 - 240 的蘑菇，Alt + Q 孤立，点右键，转换成多边形物体。

图 6 - 3 - 240

点 Tools（工具）下拉菜单，找到 ViewPort canvas（视口绘制），如同 6 - 3 - 241。弹出的视口绘制对话框，如图 6 - 3 - 242，可以看到上面的工具和 Photoshop 工具很类似，我们重点使用橡皮图章工具。

选择橡皮图章工具，如图 6 – 3 –243，弹出的菜单中选择 Diffuse Color – 蘑菇副本 . png，如图 6 – 3 –244，按住 Alt 键，在如图 6 – 3 –245 处点一下，确定仿制点，然后在接缝上绘制，如图 6 – 3 –246。这样接缝就消失了。

图 6 – 3 – 241

图 6 – 3 – 242

图 6 – 3 –243

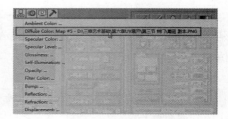

图 6 – 3 –244

图 6 – 3 –245

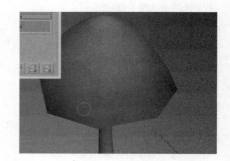

图 6 – 3 –246

同样的方法，把蘑菇的顶部也绘制一下，如图 6 – 3 – 247。

取消孤立模式，把其他的蘑菇、树根、树干的接缝处都绘制一下，得到如图 6 – 3 – 248 效果。

视口绘制相当于三维空间里的 Photoshop，在 Max2011 版本之前，没有这个工具，一般使用 CINEMA4D 里的 Bodypanit3d 来进行绘制，随着视口绘制工具越来越完善，我们已经几乎可以完全使用 3DS Max 就可以解决接缝问题了。

图 6 – 3 –247

图 6 – 3 –248

步骤 66 最后还剩两朵花没有制作，在前视图，创建一个如图 6 – 3 – 249 的 Plan（平面），长度和宽度的分段数都是 4，点右键，转换成多边形物体。

在修改命令面板，加入一个 FFD4×4×4 的修改器，进入 Control Points（控制点）子物体层级，使用移动工具对其进行调整至如图 6 – 3 – 250 效果。然后点右键，转换为多边形物体。

点 1 键，进入顶点子物体层级，移动工具进行调整至如图 6 – 3 – 251 效果。透视图，调整至如图 6 – 3 – 252 效果。关闭子物体层级。

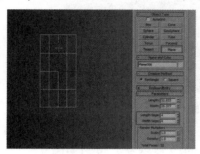

图 6 – 3 – 249

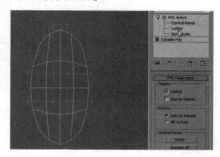

图 6 – 3 – 250

图 6 – 3 – 251

6 – 3 – 252

打开材质编辑器，创建一个 Standard 材质，给材质球改下名字，在弹出的对话框中输入"花瓣"。

在 Diffuse Color（漫反射贴图）中贴一个"花瓣 . jpg"材质。树叶 A. jpg 在"配套光盘 \ 贴图文件 \ 06 第六章 UV \ 第三节树门"中，Opacity（半透明贴图）中贴一个"花瓣 B. jpg"材质。如图 6 – 3 – 253。然后把材质赋予花瓣。

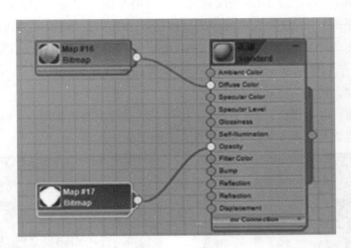

图 6 – 3 – 253

步骤 67 在修改命令面板中选择 UVW Map 修改器，得到如图 6 – 3 – 254 效果。

使用 Hierarchy 层级命令——Affect Pivot Only（影响轴心），使用移动工具把轴心移动到如图 6 – 3 – 255，退出影响轴心。

旋转工具，按住 shift 键旋转复制，如图 6 – 3 – 256 所示，数量旋转 4 个。得到如图 6 – 3 – 257 效果。

旋转 5 个花瓣，Group 下拉菜单，group（成组），把它们打一个名字为"花"的组，如图 6 – 3 – 258 所示。

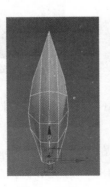

图 6 – 3 – 254   图 6 – 3 – 255   图 6 – 3 – 256

图 6 – 3 –257

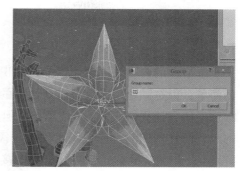

图 6 – 3 –258

　　移动和缩放工具，把花移动到如图 6 – 3 – 259 处，在复制一个，移动一下，得到如图 6 – 3 – 260 效果。

　　这样这个树门的模型我们就制作完成了。如图 6 – 3 – 261、图 6 – 3 – 262 所示。

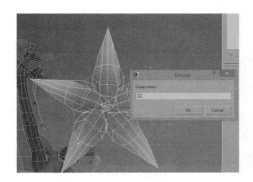

图 6 – 3 –259

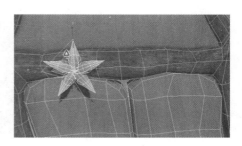

图 6 – 3 –260

图 6 – 3 –261

图 6 – 3 –262

小结

本节课的内容主要利用以前的知识，建了一个简单的游戏场景模型，虽然很简单，但是涵盖了大部分游戏建模的知识点，特别是 Unwrap UVW 修改器的综合应用，让我们一窥 UV 的奥秘，但是，我们现在掌握的知识还是一些简单的点，而且掌握的可能也不太熟练，需要更多的练习，反复制作，增加经验，特别是 UV 的接缝的定位，以及后期接缝的处理，这些都需要丰富的经验才能完全掌握，所以需要我们勤加练习。

第七章

材质与渲染 ■■■

　　各位同学，大家好，从今天开始，我们开始正式学习材质与渲染，材质与渲染是在三维软件里的最后一个环节，它表现的好与坏，直接影响了我们最终的作品质量，而渲染一张好的作品，需要长期的经验积累、良好的艺术功底与色彩感觉，大家如果希望学好材质与渲染，在研究三维软件的同时，提高自己的艺术修养是必不可少的。

　　材质是对现实世界材料质感的模拟，我们用三维软件制作的虚拟物体本身不具备材质特征，如果想要制作真实的三维作品，就需要通过各种方法无限接近现实世界的材料感觉，而现实世界的材料是多种多样的，所以学习材质与渲染是一个复杂的，不可能制作出与世界完全一样的作品，但是我们可以无限接近现实世界的效果。

图 7 - 0 - 1

图 7 - 0 - 2

图 7 - 0 - 3

（一）角落

步骤 1　在透视图创建一个 Sides 为 10，Height Segements 为 1 的一个圆柱，点右键转换为多边形物体，按照配套光盘内的教程，完成易拉罐的建模，如图 7 – 1 – 1 效果。

步骤 2　点 4 键，进入面的子物体层级，选择如图 7 – 1 – 2 左侧的面，在 Polygon：Material IDs（材质 ID）的 Set ID（设置 ID）中

图 7 – 1 – 1

输入 1，Ctrl + I 键，反选，如图 7 – 1 – 2 右侧的面，把它的材质 ID 设置为 2。退出子物体层级。

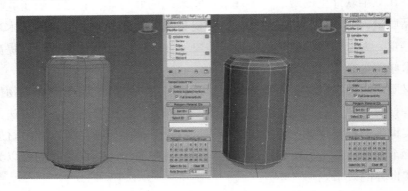

图 7 – 1 – 2

设置材质 ID，不仅仅是为了对材质进行不同的贴图，有时候把常用的面设置为同一个 ID，可以通过 Select ID（选择 ID）进行快速的选择。

步骤 3　点右侧的创建命令面板，使用 Plane（平面）工具创建一个大小如图 7 – 1 – 3 的平面物体。

在修改命令面板，把 Plane 物体的 Length Segs（长度的段数）和 Width Segs（宽度的段数）分别设置为 200 和 300（图 7 – 1 – 4）。

在修改命令面板，为平面物体加一个 Displace（置换）的修改器，如图 7 – 1 – 5。

Displace（置换）是一种基于贴图的建模方法，它的造型是基于 segs（分段数）的，所以使用它之前必须增加分段数以寻求更多的建模细节，同时所使用的贴图的分辨率也影响建模的精细程度。

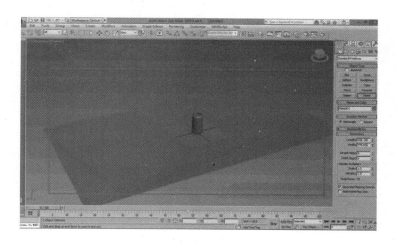

图 7 – 1 – 3

图 7 – 1 – 4　　　　　　图 7 – 1 – 5

　　Strength（强度）控制的是模型根据贴图的增高程度，当 Strength 的数值是正数时，白色表示向上突起，黑色则表示没有变化，所以我们看到如图 7 – 1 – 6，小人的白色区域都是突起的，黑色区域则没有变化。Image 控制着根据何种贴图进行建模，我们可以选择任何的二维图像进行操作，包括动态的 Avi 动画文件。

图 7 – 1 – 6

步骤4 在修改命令面板，点击 Image——Bitma 的 None 按键，找到配套光盘 \ 贴图文件 \ 07 第七章 渲染 \ 第一节 角落 \ 地面 . jpg，把 Strength （强度）修改为如图 7 – 1 – 7 所示。大家的数值不需要完全与我的相同，因为我们之前的建模尺寸并不统一，所以只需要根据我的效果做近似调整即可。

图 7 – 1 – 7

这时我们发现，我们的置换效果过于锐利，这主要是由于我们使用的贴图对比过于强烈造成的，现在我们需要用平面软件对我们的图像进行一下修正。

步骤5 打开 Photoshop，打开配套光盘 \ 贴图文件 \ 07 第七章 渲染 \ 第一节 角落 \ 地面 . jpg 文件使用滤镜下拉菜单——模糊——高斯模糊，如图 7 – 1 – 8，把模糊的半径设置为 6 像素，得到如图 7 – 1 – 9 效果，把文件另存为"地面副本 . jpg"。

图 7 - 1 - 8

图 7 - 1 - 9

步骤6 回到 3DS Max 软件，点击 Image 下的按钮，把置换的贴图换成刚才保存的"地面副本.jpg"，得到如图 7 - 1 - 10 效果，现在地面就不那么锐利了。

图 7 - 1 - 10

这时候我们仍然可以在修改命令面板回到 Plane 的层级对它的长度和宽度进行调整，但是一旦调整就会在两侧留下 Displace 的空白区（如图 7 - 1 - 11），在 Displace 的层级点击 Fit（适配）可以适配最新的 Plane 尺寸，也可以通过 Displace 的 Gizmo 子物体来调整置换的位置和方向。

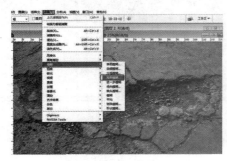

图 7 - 1 - 11

图 7 - 1 - 12

　　步骤7　点 M 键，打开材质编辑器，创建一个名为"地面"的材质，把 Diffuse color（漫反射颜色）连接一个 Bimap（位图），选择配套光盘＼贴图文件＼07 第七章 渲染＼第一节 角落＼地面 .jpg，把材质赋予平面物体，点击 Show Shaded Material In Viewport（在视窗里显示材质），如图 7－1－13 所示，得到透视图如图 7－1－14 效果。

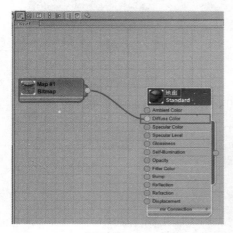 

　　　　　图 7－1－13　　　　　　　　　　　　　　图 7－1－14

　　虽然地面的建模已经取得不错的效果，但是如果我们放大一下视图，还是会看到细节的缺失，因为置换建模不可能 100% 的还原贴图的细节，毕竟模型的面数是有限的，而置换建模又受到面数的限制，所以我们还需要对材质进行进一步调整。

　　步骤8　打开 Photoshop，打开配套光盘＼贴图文件＼07 第七章 渲染＼第一节 角落＼地面 .jpg 文件，使用图像下拉菜单——调整——色相/饱和度，或者使用快捷键 Ctrl＋U，把饱和度调制最低，即把图片变成一张黑白图，如图7－1－15所示，把文件另存为"地面副本 B.jpg"。

　　　　　　　　　　　　　　　图 7－1－15

　　黑白的图像更容易让 3DS Max 辨别明暗信息，还可以通过"亮度/对比度"工具调整其明暗对比，以在三维软件里得到更好的凹凸效果。

步骤9 回到 3DS Max，打开材质编辑器，在刚才的"地面"材质上的 Bump（凹凸）材质加一个 Bitmap（位图）节点，选择刚刚保存的底面副本 B. jpg，在参数命令面板把凹凸的数值改为 15（如图 7 – 1 – 16），渲染可以得到如图 7 – 1 – 17 的效果，可以看到凹凸贴图给我们的渲染带来了更多的细节。

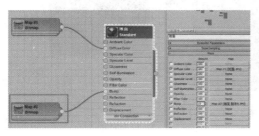

图 7 – 1 – 16 图 7 – 1 – 17

步骤10 下面我们对易拉罐进行贴图，选择易拉罐，Alt + Q 孤立，打开材质编辑器，创建一个"Blend"（混合）材质，拖拽 Mask 的节点，为其添加配套光盘 \ 贴图文件 \ 07 第七章 渲染 \ 第一节 角落 \ 杂乱 . jpg，Material 1 的漫反射贴图给其一个配套光盘 \ 贴图文件 \ 07 第七章 渲染 \ 第一节 角落 \ 可乐 . jpg 的贴图，Material 2 的漫反射贴图给其一个配套光盘 \ 贴图文件 \ 07 第七章 渲染 \ 第一节 角落 \ 锈 . jpg 的贴图，如图 7 – 1 – 18 所示，把材质赋予易拉罐，得到如图 7 – 1 – 19 效果。

图 7 – 1 – 18 图 7 – 1 – 19

Blend（混合）材质是一种以 Standard（标准）材质为基础的复合材质，它包含两个 Standard 材质和一个 Mask（遮罩）贴图，Mask 的作用是控制前两个 Standard 材质的比例，它会把贴入 Mask 的图像识别为一张灰度图片，黑色控制的是材质 1 的数量，白色控制的是材质 2 的数量，如图 7 – 1 – 20 所示。

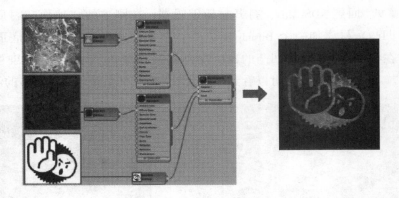

图 7 – 1 –20

步骤 11 为易拉罐加一个 UVW Map 的修改器，把贴图坐标的类型改为圆柱形，把 Cap（封口）开启，然后选择 Gizmo 物体，使用移动工具和缩放工具调整大小及位置到如图 7 – 1 – 21 位置。

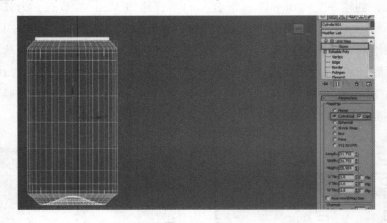

图 7 – 1 –21

打开材质编辑器，选择左上角的材质 1（如图 7 – 1 – 22），点 Delete 键删除，因为易拉罐的材质不仅仅是红色的效果，还包含上下两部分的铝合金材质，所以我们需要一个多重子物体贴图。

在左侧的材质栏选择一个 Multi/Sub – Object（多重子物体贴图），拖拽至视口，把其输出节点与刚才的 Blend 材质的材质 1 的输入节点相连接，如图 7 – 1 –23效果。

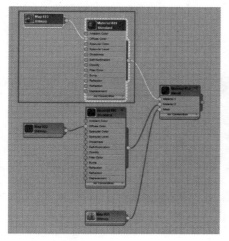

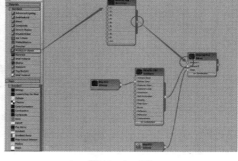

图 7 - 1 - 22   图 7 - 1 - 23

步骤 12 双击如图 7 - 1 - 24 处，在右侧的参数面板，点击 Set Number （设置数量），在弹出的对话框中输入 2，我们只需要两种材质即可。

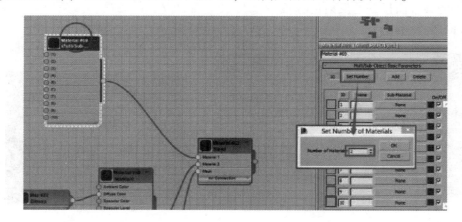

图 7 - 1 - 24

把多重子物体材质的材质 1 连接一个 Standard 材质，漫反射贴图里使用配套光盘 \ 贴图文件 \ 07 第七章 渲染 \ 第一节 角落 \ 可乐 . jpg。把多重子物体材质的材质 1 连接一个 Standard 材质，漫反射贴图里使用配套光盘 \ 07 第七章 渲染 \ 第一节 角落 \ 铝 . jpg。如图 7 - 1 - 25。渲染得到如图 7 - 1 - 26效果。

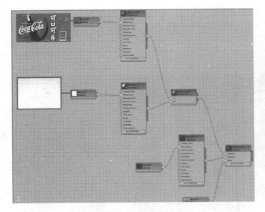

图 7 -1 -25

图 7 -1 -26

步骤 13　把多重子物体材质的铝的材质进行调整，Specular Level（高光级别）调整为 98，Glossiness（光泽度）调整为 61，为其反射加一个 Bitmap 的图片，找到配套光盘 \ 贴图文件 \ 07 第七章 渲染 \ 第一节 角落 \ 反射 . jpg，在右侧的参数面板，把反射的强度调整为 58（如图 7 -1 -27），渲染得到如图 7 -1 -28效果。

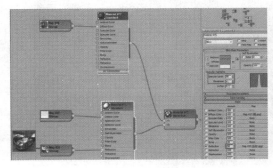

图 7 -1 -27

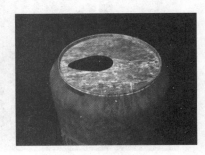

图 7 -1 -28

　　把多重子物体材质的铝的材质进行调整，Specular Level（高光级别）调整为 92，Glossiness（光泽度）调整为 43，为其反射加一个 Bitmap 的图片，找到配套光盘 \ 贴图文件 \ 07 第七章 渲染 \ 第一节 角落 \ 反射 . jpg，在右侧的参数面板，把反射的强度调整为 27（如图 7 -1 -29），渲染得到如图 7 -1 -30 效果。

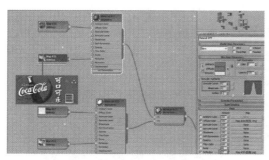

图 7 - 1 - 29

图 7 - 1 - 30

在 Reflection（反射）里使用 Bitmap 贴图，是假定物体对 Bitmap 内的内容进行反射，这种反射是一个模拟的、假定的，并非是对周围真实环境的反射，通常用在周围没有任何环境，物体无从反射的情况下，它比真实的反射要节约渲染的时间，是一种非常经济的贴图方式。

步骤 14 在修改命令面板，为易拉罐加一个 Noise（澡波）的修改器，把 Strength（强度）的 X、Y、Z 三个方向调整为 21、16、24，把 Seed（种子）数调整为 7，Scale 按照自己的模型比例进行调整至如图 7 - 1 - 31 效果，打开 Fractal（分形），让易拉罐的扭曲锐利一些。

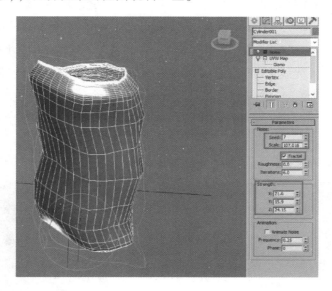

图 7 - 1 - 31

渲染得到如图 7 – 1 – 32 效果。

使用旋转工具和移动工具，把易拉罐调整位置和角度至如图 7 – 1 – 33 效果。

图 7 – 1 – 32

图 7 – 1 – 33

步骤 15 创建命令面板。在顶视图从左向右创建一盏 Target Direct（目标平行光）（如图 7 – 1 – 34），在前视图用移动工具调整其位置至如图 7 – 1 – 35 效果。

图 7 – 1 – 34

图 7 – 1 – 35

在修改命令面板，把灯光的 Shadows（阴影）开启，阴影类型选择 Ray Traced Shadows（光线追踪），把 Multiplier（倍增值即灯光强度）调整为 1.7，把灯光的颜色调整为一个淡黄色，把 Directional Parameters（平行光参数）下的 Hotspot/Beam（聚光区/光束）调整为 584，Falloff/Fielad（衰减区/区域）调整为 586，如图 7 – 1 – 36 效果。

渲染得到如图 7 – 1 – 37 效果。

图 7 – 1 – 36

图 7 – 1 – 37

Ray Traced Shadows（光线追踪）的阴影类型，是根据真实的光线照射方向计算出来的精确地阴影类型，它的效果要好于默认的 Shadows Map（阴影贴图），Shadows Map 是基于一种假定的阴影绘制贴图，然后反应在阴影面上，它的计算很不精确，Ray Traced Shadows 的计算量较大，所以要花费更多的渲染时间。

步骤 16　在创建命令面板，标准灯光类型下创建一盏 Skylight（天光），在修改命令面板把 Multiplier（倍增值）调整至 0.3（如图 7－1－38）。渲染得到如图 7－1－39 效果。

图 7－1－38　　　　　　　　　　　　　图 7－1－39

步骤 17　点创建命令面板，在前视图创建一个 Plane（平面）物体，在修改命令面板把它的长度的分段数和宽度的分段数都调整为 1，如图 7－1－40 所示。

使用移动工具把平面物体移动至如图 7－1－41 处。

图 7－1－40　　　　　　　　　　　　　图 7－1－41

步骤 18　打开材质编辑器，创建一个名称为"墙"的材质，在 Diffuse Color（漫反射）颜色创建一个 Bitmap 的节点，使用配套光盘 \ 贴图文件 \ 07 第七章 渲染 \ 第一节 角落 \ 墙.jpg，如图 7－1－42 所示，把材质赋予给平面物体。

　　双击如图 7 - 1 -43 的圆圈处，在右侧的参数面板，打开 Cropping/Placment（裁剪/放置）下的 Apply（应用），点击 View Image（观察图像），在弹出的对话框中做如图 7 - 1 -44 的调整。

　　在顶视图，把灯光的照射方向略为向下调整，让灯光有一个倾斜方向，如图 7 - 1 -45。

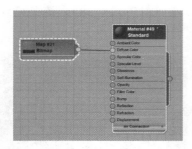

图 7 - 1 -42

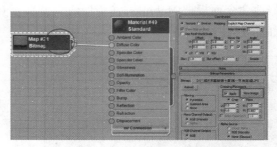

图 7 - 1 -43

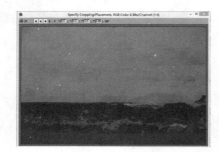

图 7 - 1 -44

图 7 - 1 -45

　　步骤 19　打开 Photoshop，打开配套光盘 \ 贴图文件 \ 07 第七章 渲染 \ 第一节 角落 \ 墙 . jpg 文件，使用图像下拉菜单——调整——色相/饱和度，或者使用快捷键 Ctrl + U，把饱和度调制最低，即把图片变成一张黑白图（如图 7 - 1 -46），把文件另存为"墙副本 . jpg"。

图 7 - 1 -46

步骤 20 回到 3DS Max，打开材质编辑器，在刚才的"墙"材质上的 Bump（凹凸）材质加一个 Bitmap（位图）节点，选择刚刚保存的墙副本 B. jpg，在参数命令面板把凹凸的数值改为 20，如图 7－1－47，渲染可以得到如图 7－1－48 的效果，可以看到凹凸贴图给我们的渲染带来了更多的细节。

Shift + L 隐藏灯光。

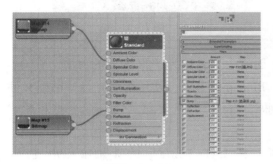

图 7－1－47

图 7－1－48

步骤 21 现在我们创建报纸。点击创建命令面板的 Plane（平面）工具，在顶视图创建一个平面物体，如图 7－1－49 所示。

透视图，在修改命令面板调整平面物体的长度段数和宽度段数分别为 20 和 30，移动工具将其移动至如图 7－1－50 的位置。

图 7－1－49

图 7－1－50

步骤 22 在修改命令面板，为平面物体添加一个 Noise（噪波）的修改器，把 Fracyal（分形）打开，Strength（强度）的 X、Y、Z 分别调整为 20、11、26，得到如图 7－1－51 效果。

为平面物体添加一个 Edit Poly（编辑多边形）的修改器，使用顶点的子物体层级，打开软选择，把形状调整至如图 7－1－52 效果。

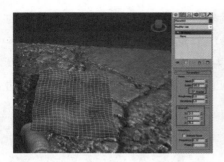
图 7 - 1 -51

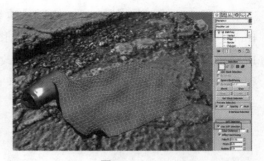
图 7 - 1 -52

步骤 23 选打开材质编辑器，创建一个名称为"报纸"的材质，在 Diffuse Color（漫反射）颜色创建一个 Bitmap 的节点，使用配套光盘 \ 贴图文件 \ 07 第七章 渲染 \ 第一节 角落 \ 报纸 . jpg，如图 7 - 1 -53 所示，把材质赋予平面物体。

双击圆圈处，在右侧的参数面板，在 Angle（角度）的 W 轴输入 90 度。渲染得到如图 7 - 1 -54 效果。

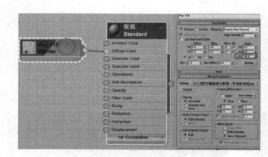
图 7 - 1 -53

图 7 - 1 -54

步骤 24 创建命令面板，使用 Camera 下的 Target（目标摄像机）工具，在顶视图创建一架摄像机，如图 7 - 1 -55 所示。

图 7 - 1 -55

前视图把摄像机向上调整，如图7－1－56所示。

激活透视图，点键盘上的"C"键，切换为摄像机视图，得到如图7－1－57效果。

图7－1－56

图7－1－57

使用 Shift＋F 键打开安全框，安全框中所能看到的内容就是我们最终渲染的内容，所以在打开安全框之后我们再对摄像机进行调整，直至我们满意为止。

Target Camera 分为 Target（目标点）和 Camera（视点）两部分，目标点相当于我们看向哪里，视点相当于我们的眼睛所在的位置。只要理解这两点，调整摄像机就会得心应手。

步骤25 选择易拉罐和报纸两个物体，点右键，选择 Object Properties（物体属性）如图7－1－58，打开物体属性面板，把 Object ID（物体 ID）改为1，如图7－1－59。这样方便我们渲染时进行设置。

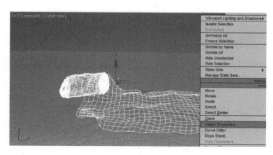

图7－1－58

图7－1－59

步骤26 点 F10，打开渲染设置，点击 Render Elements（渲染元素）——Add（添加），然后选择 Object ID（物体 ID），点 OK（如图 7 – 1 – 60）。

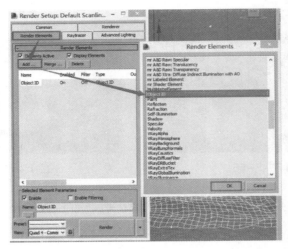

图 7 – 1 – 60

这时候如果点击渲染，会发现多出一张彩色的图，这张图会根据物体 ID 的不同，渲染一张彩色图片，如图 7 – 1 – 61 所示，方便我们进行后期处理。

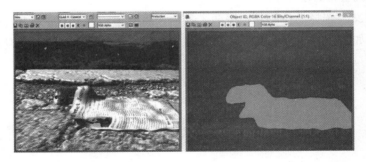

图 7 – 1 – 61

步骤27 再次打开渲染设置，把渲染尺寸改为 1500 × 1125（如图 7 – 1 – 62），点击渲染，然后 Object ID 的图存为"渲染 A. jpg"，把正常的图像保存为"渲染 . jpg"。

打开 Photoshop 软件，打开渲染 A. jpg 和渲染 . jpg。

使用移动工具，按住 Shift 键，把"渲染 A"的图像移动到"渲染"里，如图 7 – 1 – 63 所示。在图层命令面板就得到如图 7 – 1 – 64 效果。

复制背景层 2 次，得到图 7－1－65 效果。把"背景副本 2"图层改名为"易拉罐"，把"背景副本"图层改名为"景深"，得到如图 7－1－66 效果。

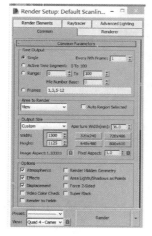

图 7－1－62

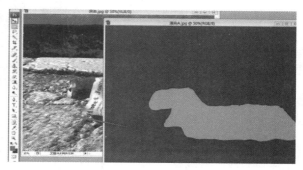

图 7－1－63

图 7－1－64

图 7－1－65

图 7－1－66

步骤 28 选使用魔棒工具，选择图层 1 的蓝色区域，关闭图层 1，然后激活"易拉罐"图层，点 Delete 键，删除易拉罐图层，除易拉罐外的所有内容，如图 7－1－67 效果。

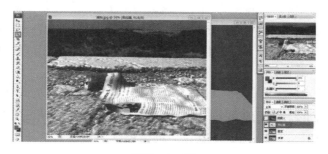

图 7－1－67

Ctrl + D 取消选区，激活"景深"图层，点滤镜下拉菜单——模糊——高斯模糊，在弹出的对话框中，把半径输入 5，点确定，得到如图 7 - 1 - 68 效果。

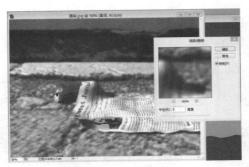

图 7 - 1 - 68

步骤 29 使用套索工具，随便选择一个如图 7 - 1 - 69 的区域，选择下拉菜单——修改——羽化，羽化值为 100，然后把易拉罐周围的"景深"图层删除，得到我们的最终效果如图 7 - 1 - 70。

图 7 - 1 - 69

图 7 - 1 - 70

本节课我们主要学习了 Blend（混合）材质的用法，Blend 材质是基于 Standard 材质的，最终的使用还是要使用 Standard 材质，同时我们还学习了在 Reflection（反射）里使用 Bitmap 贴图制作假反射的效果，初步了解了目标平行灯光和目标摄像机，这些都是学习渲染的基础，希望大家课后多制作一些实例，渲染效果的好与否还是要看制作者的经验，练习的越多就越能制作出好的效果。

（二）水景

本节课我们要使用反射贴图和凹凸贴图模拟流水的效果，主要是学习几种贴图的综合运用，这种综合运用在以后的渲染学习中会大量使用，只需要理解每种贴图的用法，制作起来就不会手忙脚乱。

步骤 1　点击创建命令面板，在透视图创建出一个 Plane（平面）（图 7 – 2 – 1），在修改命令面板，把长度的段数和宽度的段数都改为 1 段。如图 7 – 2 – 2 所示。

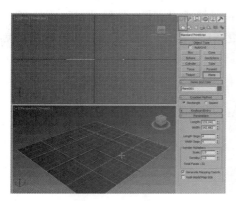

图 7 – 2 – 1

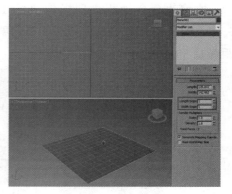

图 7 – 2 – 2

步骤 2　点击创建命令面板，在前视图创建一个 Plane 物体，如图 7 – 2 – 3 所示。用移动工具，在透视图把 Plane 物体移动至如图 7 – 2 – 4 位置。

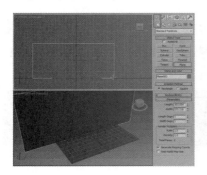

图 7 – 2 – 1

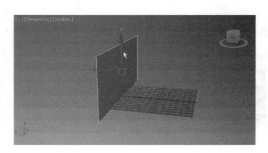

图 7 – 2 – 2

步骤 3　在顶视图创建一架 Targe（目标）摄像机（如图 7 – 2 – 5），激活透视图，点一下键盘上的 C 键，把透视图改为摄像机视图（如图 7 – 2 – 6）。

图 7 – 2 – 5

图 7 – 2 – 6

步骤4 在前视图，把摄像机的视点向上移动（如图7－2－7），这样摄像机就离开我们的水面一定的距离。

在修改命令面板，把摄像机的 Lens（镜头焦距）调整为35mm（如图7－2－8）。这样我们的摄像机的视角就更宽广一些，一般家庭用的摄像机的焦距都是35mm。

图7－2－7

图7－2－8

步骤5 在顶视图，创建一个 Plane（平面）物体（如图7－2－9），在修改命令面板，把刚创建的 Plane 物体的长度段数和宽度段数改为20和30（如图7－2－10）。

图7－2－9

图7－2－10

步骤6 在修改命令面板，为刚建的 Plane 物体添加一个 Displace（置换修改器），在 Bitmap（图像）的 None 按钮点击，在弹出的对话框中选择配套光盘 \ 贴图文件 \ 07 第七章 渲染 \ 第二节 水景 \ 01. jpg（如图7－2－11）。把 Strength（强度）调整为25（如图7－2－12）。

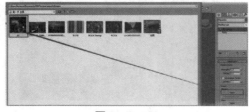

图7－2－11

图7－2－12

步骤7　在修改命令面板，为其添加一个 Edit Poly（编辑多边形）的修改器，使用顶点的子物体层级，打开 Use Soft Selection（使用软选择），使用移动工具对山体进行修改，把四周调整至水面以下，如图 7－2－13 所示。

再为其添加一个 TurboSmooth（涡轮圆滑）的修改器，让山体变得圆滑一些，如图 7－2－14 所示。

图 7－2－13

图 7－2－14

步骤8　选择天空的平面物体，如图 7－2－15 所示，点 M 键，打开材质编辑器，新建一个 Standard 材质，重命名为"天空"，在 Diffuse Color（漫反射颜色）中贴一个 Bitmap 贴图，选择配套光盘 \ 贴图文件 \ 07 第七章 渲染 \ 第二节 水景 \ 天空 . jpg，如图 7－2－16 所示，把材质赋予给天空的平面物体。

图 7－2－15

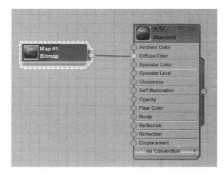

图 7－2－16

在 Self－Illmination（自发光）中输入 65，让天空自发光显示，如图 7－2－17 所示。

双击图 7－2－18 的圆圈处，在右侧是参数命令面板，在 Cropping/Placement（裁切/放置）中打开 Apply（应用），点击 View Image（观察图像），把图像裁切至如图 7－2－19 所示效果。

从而在透视图得到如图 7－2－20 效果。

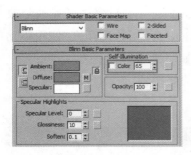

图 7－2－17

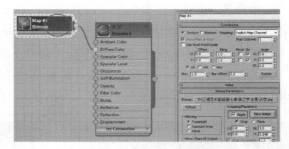

图 7－2－18

图 7－2－19

图 7－2－20

步骤 9 在摄像机视图，选择山体模型（如图 7－2－21），点 Mirror（镜像）工具，选择 X 轴镜像，不拷贝物体（如图 7－2－22），得到如图 7－2－23效果。这样背景上的太阳就露出来了。

图 7－2－21

图 7－2－22

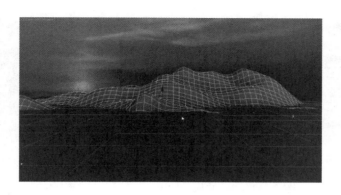

图 7 – 2 – 23

每个人在制作模型时由于习惯不同，特别是加 Niose 修改器时，由于 Seed 数值不同，制作出的山体形状也千差万别，所以在这里的操作不一定完全按照我的步骤来制作，必要时需要回到 Edit Poly（编辑多边形）中顶点子物体的层级对山体进行修改，以期达到露出背景太阳的效果。

步骤 10 在摄像机视图，点键盘上的 Shift + F，打开安全框，如图 7 – 2 – 24，如果水体不能充满画面，在修改命令面板调整水面模型的长度和宽度，让其充满画面，如图 7 – 2 – 25 所示。

图 7 – 2 – 24

图 7 – 2 – 25

步骤 11 打开材质编辑器，新建一个 Standard 材质，重命名为"水"，在 Reflection（反射）选项向左拖拽，找到 Raytrace（光线追踪），如图 7 – 2 – 26 所示，把材质赋予给水面物体。渲染摄像机视图得到如图 7 – 2 – 27 效果。

水面的第一属性就是反射，所以我们第一步就是制作水面的反射，由于默认的反射值是 100% 反射，所以我们看到的是一个镜子的效果，就像是一座平面镜放置在水面上，所以反射太强了，我们来调整反射的强度。

403

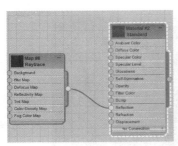

图7－2－26   图7－2－27

步骤12　双击图7－2－28的圆圈处，在右侧的参数命令面板，把反射的强度调整为40，渲染得到如图7－2－29效果，可以看到反射明显减弱。

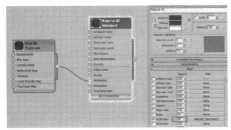

图7－2－28   图7－2－29

可以看到，一旦反射减弱，水面的颜色就会呈现一个灰白色，这是由于材质球本身的色彩是灰白色的，渲染出的色彩就是40%的天空颜色＋60%的灰白色，这种效果很糟糕，要想得到理想的效果，我们需要调整材质球的本身色彩。

步骤12　双击图7－2－30的圆圈处，在右侧的参数面板，点击Diffuse Color右侧的色块，把原先的灰白色调整为一个黑色，再次渲染摄像机视图，得到如图7－2－31效果。

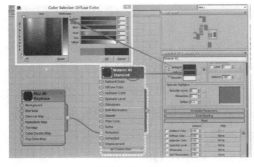

图7－2－30   图7－2－31

可以看到，现在睡眠的颜色变得昏暗，同时反射的强度变得刚刚好，最起码天空和水面能够区分开了，不再水天共一色，有的同学可能会充满疑问，水不是蓝色或者绿色的吗，为什么我们要调整为黑色？这是因为，水本身没有色彩，它的色彩全靠颜色所得，如大海（图7－2－32），之所以呈现蓝色，是因为反射天空的缘故，湖水（图7－2－33）为什么是绿色的？是因为反射了岸上的树木的缘故，而且它们的色彩要比天空的颜色要深一些，知道这个原理，我们就知道不必把水本身的色彩调成蓝色或者绿色了。

图7－2－32

图7－2－33

但是现在水面似乎太平静了，就像一面暗镜一样，这是由于我们还没有模拟水面波纹的效果，现在我们就开始制作水面的波纹，水面的波纹并不是真实的模型，我们也通过贴图来制作。

步骤13 把Bump（凹凸）贴图向左拖拽，选择一个Noise（噪波）的节点，如图7－2－34所示，双击图7－2－35的圆圈处，在右侧的参数命令面板，把Size（噪波大小）调整为1，这个数字大家不必完全按照我的尺寸来制作，因为开始制作模型时模型的尺寸我们没有固定，所以这个数字大家可以根据渲染效果来调整。

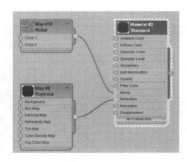

图7－2－34

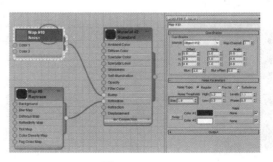

图7－2－35

渲染得到如图 7 – 2 – 36 效果。我们发现水波太平静了，这主要是因为水面材质的凹凸数值不够造成的，双击图 7 – 2 – 37 的圆圈处，在右侧是参数面板把凹凸的强度调整为 100，再次渲染摄像机视图，得到如图 7 – 2 – 38 效果，效果已经比较好了。

图 7 – 2 – 36

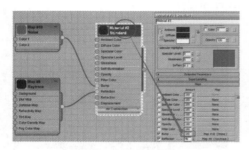

图 7 – 2 – 37

图 7 – 2 – 38

步骤 14 双击图 7 – 2 – 39 的圆圈处，在右侧参数面板，把 Specular Level（高光强度）和 Glossiness（光泽度）分别调整为 93 和 66。

渲染发现和刚才的效果比没什么变化，这是因为我们场景没有打灯光造成的，灯光是产生高光的主要原因。

步骤 14 在顶视图创建一盏 Omni（泛光灯），在摄像机视图调整至如图 7 – 2 – 40 处，即

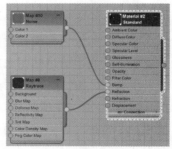

图 7 – 2 – 39

背景太阳的位置，渲染得到如图 7 – 2 – 41 效果，水面高光的效果已经出现了。

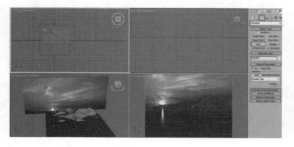

图 7 – 2 – 40

图 7 – 2 – 41

　　水面的高光已经没有问题，但是打了灯光之后，我们发现山体变得特别昏暗，还不如没打灯光时亮，这是为什么呢？为什么打了灯光还不如没打灯光亮呢？

　　这是因为 3DS Max 默认场景里有两盏灯光，在我们还没有打灯光时，这两盏灯光就会起作用，让我们看见制作的物体，当我们开始打灯光之后，这两盏灯光就会自动消失，所以就会出现打了灯光比没打灯光还暗的情况。

　　由于山体的暗部太过昏暗，我们要给整个场景打一个补光。

　　步骤 15　在顶视图创建一盏 Omni 灯，如图 7 - 2 - 42 所示，在修改命令面板，把灯光的 Multiplier（倍增值即强度）调整为 0.5。在前视图把补光的 Omni 灯向上移动到如图 7 - 2 - 43 位置。

　　选择主光源的 Omni 灯，把其 Multiplier 调整为 2，把灯光的颜色调整为一个淡黄色，以接近夕阳的效果，如图 7 - 2 - 44 所示。

　　渲染得到如图 7 - 2 - 45 效果。

图 7 - 2 - 42

图 7 - 2 - 43

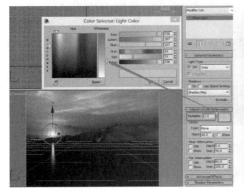

图 7 - 2 - 44

图 7 - 2 - 45

步骤16 打开材质编辑器，再来继续调整水面的材质，在 Refraction（折射）属性连接一个 Raytrace 的节点，把 Refraction 的强度调整为，如图7-2-46所示，渲染得到一个淡淡的折射效果，如图7-2-47所示。

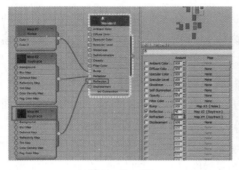

图7-2-46   图7-2-47

步骤17 选择山的物体，打开材质编辑器，创建一个新的 Standard 材质，把材质重命名为"远山"，在 Diffuse Color 漫反射贴图里连接一个 Bitmap 节点，选择配套光盘\贴图文件\07 第七章 渲染\第二节 水景\Rock.jpg，在 Bump 凹凸贴图连接一个 Bitmap 节点，选择配套光盘\贴图文件\07 第七章 渲染\第二节 水景\Rock bump.jpg，如图7-2-48所示。把材质赋予给山体。

渲染得到如图7-2-49效果。

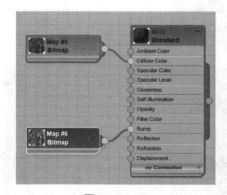

图7-2-48   图7-2-49

现在我们需要给水做一个动画，让水流动起来，注意，水的流动是由谁控制的，它并非是由物体的模型控制，而是由凹凸的纹理也就是凹凸贴图控制，只需要给凹凸贴图制作一个动画即可达到水流动的效果。

步骤 18　打开 Auto Key（自动关键帧），按住关键点的曲线形式按钮，在其弹出的工具里选择直线形式（如图 7 - 2 - 50），这是因为水流的速度是匀速的，而非我们制作角色动画时是有加速减速的。

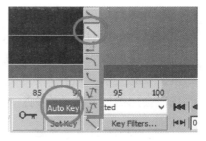

图 7 - 2 - 50

把时间帧拉到第 100 帧（图 7 - 2 - 51），打开材质编辑器，双击图 7 - 2 - 52 的圆圈处，打开右侧 Noise 的参数面板，在 Offset（偏移）的 X、Y、Z 轴中分别输入 10、10、10，意思就是水流从第 0 帧至第 100 帧在 X、Y、Z 轴分别移动了 10 个单位，这个 10 的单位是怎么得出来的呢，根据我 IDE 经验，一般 100 帧移动的距离大约是 Noise 大小的 10 倍，如果你想让水流的速度快些，就数值稍微大些，如果慢些这个数值就少些。

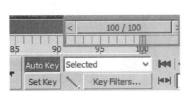

图 7 - 2 - 51

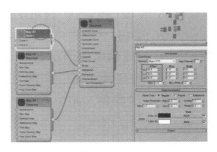

图 7 - 2 - 52

步骤 18　点 F10 键，打开渲染设置，添加选择 A Elive Time Segment：0 - 100，渲染全部序列贴在 Render output（渲染输出）里，点 Files（文件），弹出的保存输出对话框，找到一个保存路径，文件取一下名字，格式选择 Avi 格式，点 Save，再点 Render（渲染），如图 7 - 2 - 53 所示。渲染完毕后从保存的文件路径就可以找到我们的动画文件（图 7 - 2 - 54），就可以直接播放了。

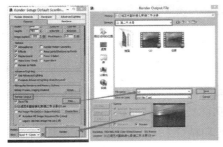

图 7 - 2 - 53

图 7 - 2 - 54

409

本节课我们主要学习了 UVW Map 的详细命令讲解，并应用 Unwarp UVW 命令对盒子进行自定义的 UV 展开，Unwarp UVW 展开主要要找准接缝处，这个需要丰富的经验，很多同学在初学展 UV 时不明白为什么接缝在这里而不在那里，没有关系，随着大家的深入学习，一定会慢慢掌握展 UV 的奥秘。下节课我们会用更加复杂的实例，对展 UV 进行详细讲解。

（三）材质编辑器详解

本节课我们要总结一下之前材质编辑器的内容，系统地讲解材质编辑器的应用，因为材质贴图类型众多，每种贴图的参数、形式、效果都有所不同，大家在学习时要注意它们之间的联系，理解不同贴图的共通原理是学习材质编辑器的关键。

1. 材质编辑器的界面

在早期的 3DS Max 版本中，材质编辑器只包括一个精简材质编辑器，从 2011 版本开始，加入了 Slate（板岩）材质编辑器，就是目前我们用的材质编辑器。

当我们按住材质编辑器的按钮不动，看到材质编辑器下有两种工具，如图 7 – 3 – 1，即精简材质编辑器和 Slate（板岩）材质编辑器。

图 7 – 3 – 1

图 7 – 3 – 2

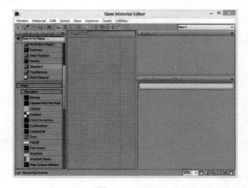

图 7 – 3 – 3

板岩材质编辑器是一个材质编辑器界面，它在我们设计和编辑材质时使用节点和关联以图形方式显示材质的结构。它是精简材质编辑器的替代项。

一般情况下，Slate 界面在设计材质时功能更强大，而精简界面在只需应用已设计好的材质时更方便。板岩材质编辑器和精简材质编辑器只是在界面上有所不同，板岩材质编辑器更加直观，精简材质编辑器更简洁，使用哪个材质编辑器就看大家的习惯，不过按照以后的软件发展趋势，精简材质编辑器会慢慢淘汰。所以我们重点讲解板岩材质编辑器。

Slate（板岩）材质编辑器的界面分为六部分，如图 7－3－4 所示，分别是：下拉菜单、工具栏、材质贴图浏览区、视口操作区、导航区和材质参数编辑器。

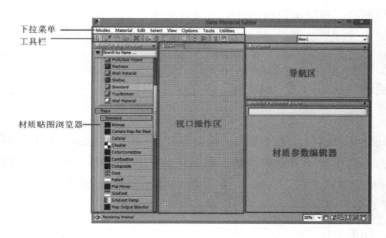

图 7－3－4

材质参数编辑器只有在视口操作区双击相应的材质时才能显示相应材质的内容。

2. 板岩材质编辑器工具栏

图 7－3－5

选择工具

激活"选择"工具。[除非我们已选择一种典型导航工具（例如"缩放"或"平移"），否则"选择"始终处于活动状态。]它的快捷键是 S 键。

从对象拾取材质

单击此按钮后，3DS Max 会显示滴管光标。单击 3DS Max 视口中的一个对象，就会在材质编辑器的视口中显示出其材质。

将材质放入场景

仅当我们具有与应用到对象的材质相同名称的材质副本，且我们已编辑该副本以更改材质的属性时，该选项才可用。选择"将材质放入场景"会更新应用了旧材质的对象。

将材质指定给选定对象

将当前材质指定给当前选择中的所有对象。

它的快捷键是 A 键。

删除选定项

在活动"视图"中，删除选定的节点或连线。

移动子对象

启用此选项时，移动父节点会移动与之相随的子节点。禁用此选项时，移动父节点不会更改子节点的位置。默认设置为禁用状态。它的快捷键是 Alt + C。临时快捷方式：按下 Ctrl + Alt 并拖动将移动节点及其子节点，但不启用"移动子对象"切换。

隐藏未使用的节点示例窗

对于选定的节点，在节点打开时切换未使用的示例窗的显示。在启用后，未使用的节点示例窗将会隐藏起来。默认设置为禁用状态。它的快捷键是 H 键。

在视口中显示贴图

用于在视口中显示贴图的工具。

在预览中显示背景

仅当选定了单个材质节点时才启用此按钮。

启用"在预览中显示背景"将向该材质的预览窗口添加多颜色的方格背景。如果要查看不透明度和透明度的效果，该图案背景很有帮助，如图 7－3－6 所示。

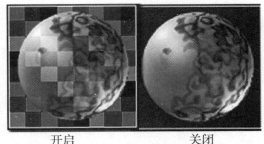

开启　　　　　　　　关闭

图 7－3－6

⊠ 材质 ID 通道

此按钮是一个弹出按钮，用于选择"材质 ID"值。

默认值零（0）表示未指定材质 ID 通道。范围从 1 到 15 之间的值表示将使用此通道 ID 的渲染效果，这样渲染出来的图像会保存不同的 ID 通道，方便我们在后期软件里使用。

⊟ "布局"弹出按钮

使用此弹出按钮可以在活动视图中选择自动布局的方向。

布局全部－垂直（默认设置）单击此选项将以垂直模式自动布置所有节点。

布局全部－水平单击此选项将以水平模式自动布置所有节点。

⊟ 布局子对象

自动布置当前所选节点的子节点。此操作不会更改父节点的位置。它的快捷键是 C 键。

⊟ 材质/贴图浏览器

开启/关闭材质/贴图浏览器的显示。默认设置为启用，它的快捷键是 O 键。

⊡ 参数编辑器

开启关闭参数编辑器的显示。默认设置为启用。它的快捷键是 P 键。

⊡ 按材质选择

仅当为场景中使用的材质选择了单个材质节点时，该按钮才处于启用状态。

使用"按材质选择"可以基于"材质编辑器"中的活动材质选择对象。选择此命令将打开"选择对象"对话框，其操作方式与从场景选择类似。所有应用选定材质的对象在列表中高亮显示。

注意，本栏中所讲的快捷键，只有在开启材质编辑器时才有效。

3. Materials（材质）类型

材质类型下共用 16 种材质可供选择（图 7－3－7），这些材质可以直接赋予物体，它们决定了物体的表面材质属性。

这 16 种材质类型只是在默认的扫描线渲染器下我们能够得到的材质类型，当我们开启其他渲染器时还会增加其他类型的材质。我们按照材质的重要性来进行讲解。

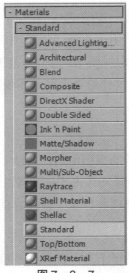

图 7 - 3 - 7

（1）Standard（标准）材质

标准材质类型为表面建模提供了非常直观的方式。在现实世界中，表面的外观取决于它如何反射光线。在 3DS Max 中，标准材质模拟表面的反射属性。如果不使用贴图，标准材质会为对象提供单一统一的颜色。如图 7 - 3 - 8 所示。

图 7 - 3 - 8

① 标准材质的基本参数 Standard 材质包含了八种明暗器类型（如图7 - 3 - 10）。对标准材质而言，明暗器是一种算法，用于控制材质对灯光做出响应的方式。明暗器尤其适于控制高亮显示的方式。另外，明暗器提供了材质的颜色选项，可以控制其不透明度、自发光和其他设置。通常，明暗器是以发明者来命名的，像 1973 年，布通·冯恩（Bui Tuong Phong）发明了著名的

"Phong 着色模型"，Phong 明暗器就以它的名字来命名；此外，它们也可以用提供的效果来命名。

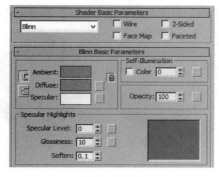

图 7 – 3 – 9

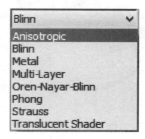

图 7 – 3 – 10

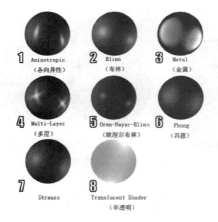

图 7 – 3 – 11

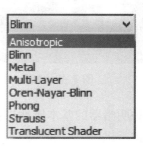

图 7 – 3 – 12

一般情况下，Blinn 和 Phong 是最常用的两种明暗器类型，Anisotropic 和 Multi – Layer 多用于拉丝金属或者奇怪的高光效果，Oren – Nayar – Blinn 多用于布料效果。

Wire（网格）是让物体的边框以线条形式渲染的一种材质表现方法，如图 7 – 3 – 13 所示。

3DS Max 默认的材质都是单面的，这是一种节约资源的方式，但是有时候我们需要对某些物体以双面形式展示出来，所以要开启 2 – Sided 开关，如图 7 – 3 – 14 所示。

Face Map 是让物体的每一个面都贴一张完整的贴图的贴图方法，如图
7－3－15 所示。

图 7－3－13

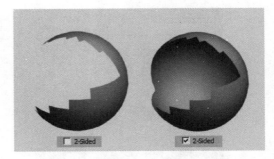

图 7－3－14

Faceted 是把原本圆滑的光滑组以硬边显示的一种贴图方法，如图 7－3－16
所示。

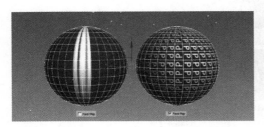

图 7－3－15

图 7－3－16

每种明暗器的基本属性栏都有所区别，但大致是相同的，我们以 Blinn 材
质为例进行讲解。

默认情况下，Ambient（环境光）和 Diffuse（漫反射）的颜色是锁定在一
起的，改变一种，其他的也会进行改变，只有打开左侧的 c 开关，我们才可以
分别调节环境光和漫反射。

但是默认情况下，Ambient 是不起作用的，只
有在 3DS Max 界面开启 Rendering（渲染）下拉菜
单——Environment（环境），调整里面的 Ambient
的颜色至一个较亮的颜色时（图 7－3－18），我们
调节材质的 Ambient（环境光）才起作用（图
7－3－19）。

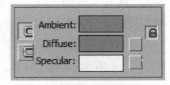

图 7－3－17　Blinn 材质的
色彩属性

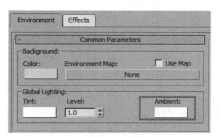

图 7 – 3 – 18　　　　　　　　　　　　　图 7 – 3 – 19

Specular（高光颜色）要与下面的 Specular Level（高光级别）和 Glossiness（光泽度）配合使用（如图 7 – 3 – 20），得到图 7 – 3 – 21 效果。

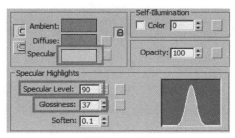

图 7 – 3 – 20　　　　　　　　　　　　　图 7 – 3 – 21

Specular Level（高光级别）控制着高光的强度，Glossiness（光泽度）控制着高光范围的大小（数值越大，高光的范围就越小）。

Soften（柔化），数值增大时，使高光变得柔和，反之则会锐利。

Self – Illumination（自发光）选项当只使用数字进行控制时，会呈现日光灯管的效果，颜色发白，最大数值是 100（如图 7 – 3 – 22）。当把 Color 的选项打开后，我们可以通过颜色的调节调节自发光的色彩，如图 7 – 3 – 23 效果。

图 7 – 3 – 22　　　　　　　　　　　　　图 7 – 3 – 23

Opacity（不透明度）

控制材质是不透明、透明还是半透明。（物理上生成半透明效果更精确的方法是使用半透明明暗器。）

② 标准材质的扩展参数

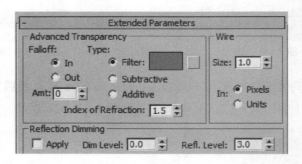

图 7 - 3 - 24

Advanced Transparency（高级透明）

Falloff（衰减），就是选择在内部还是在外部进行衰减，以及衰减的程度。In（内）向着对象的内部增加不透明度，就像在玻璃瓶中一样。Out（外）向着对象的外部增加不透明度，就像在烟雾云中一样，如图 7 - 3 - 25 所示。Amt（数量）指定最外或最内的不透明度的强度。

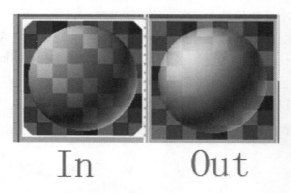

图 7 - 3 - 25

Type（类型）

这些选项是选择如何应用不透明度的。

过滤器计算与透明曲面后面的颜色相乘的过滤色。过滤或透射颜色是通过透明或半透明材质（如玻璃）透射的颜色。单击色样可更改过滤颜色。

Subtractive（相减）是计算过滤的颜色相减，Additive（相加）是计算与过滤的颜色相加。

单击贴图按钮可指定过滤颜色贴图。该按钮是一个快捷方式：还可以在"贴图"卷展栏中指定"过滤颜色"贴图。

我们可以将过滤颜色与体积照明一起使用，以创建像彩色灯光穿过脏玻璃窗口这样的效果。透明对象投射的光线跟踪阴影将使用过滤颜色进行染色（如图 7 - 3 - 26）。

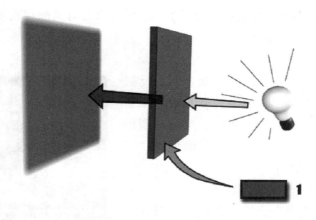

图 7 - 3 - 26

Index of Refraction（折射率）

设置折射贴图和光线跟踪所使用的折射率（IOR）。IOR 用来控制材质对透射灯光的折射程度。左侧 1.0 是空气的折射率，这表示透明对象后的对象不会产生扭曲。折射率为 1.5，后面的对象就会发生严重扭曲，就像玻璃球一样。对于略低于 1.0 的 IOR，对象沿其边缘反射，如从水面下看到的气泡。默认值为 1.5。

材质	IOR 值
真空	1.0（精确）
空气	1.0003
水	1.333
玻璃	1.5（清晰的玻璃）到 1.7
钻石	2.418

图 7 - 3 - 27 常见的物体折射率

Wire 的 Size 是当基础卷展栏的 Wire（线框）打开后，控制线框的粗细的，Pixels（像素）和 Units（单位）是粗细的计算单位，对于像素选项来说，不管线框的几何尺寸多大，以及对象的位置近还是远，线框都总是有相同的外观厚度。单位用 3DS Max 单位测量连线。根据单位，线框在远处变得较细，在近距离范围内较粗，如同在几何体中经过建模一样。

Reflection Dimming（反射暗淡）

这些选项使阴影中的反射贴图显得暗淡，Apply（应用），启用以使用反射暗淡。禁用该选项后，反射贴图材质就不会因为直接灯光的存在或不存在而受到影响。默认设置为禁用。

Dim Level（暗淡级别）

阴影中的暗淡量。该值为 0.0 时，反射贴图在阴影中为全黑。该值为 0.5 时，反射贴图为半暗淡。该值为 1.0 时，反射贴图没有经过暗淡处理，材质看起来好像禁用"应用"一样。默认值为 0.0。

Refl. Level（反射级别）

影响不在 阴影中的反射的强度。"反射级别"值与反射明亮区域的照明级别相乘，用以补偿暗淡。在大多数情况下，默认值为 3.0 会使明亮区域的反射保持在与禁用反射暗淡时相同的级别上。

（2）Blend（混合）材质

混合材质可以在曲面的单个面上将两种材质进行混合。混合具有可设置动画的"混合量"参数，该参数可以用来绘制材质变形功能曲线，以控制随时间混合两个材质的方式。

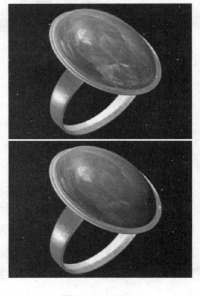

图 7 - 3 - 28

混合材质的 Material1（材质 1）和 Material1（材质 2）分别包含了一个 Standard 材质球，其基本属性与我们讲的 Standard 材质一样，当我们不在 Mask（遮罩）里贴图时，两个材质就会产生混合效果，像两个材质都变透明了一样。如图 7 - 3 - 30，它们的强度是通过 Mix Amount（混合量）来控制的，当混合量是 0 时，材质 1 占比例 100%，反之则材质 1 占比例 0%。

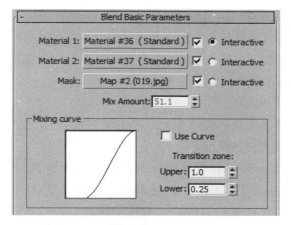

图 7 −3 −29

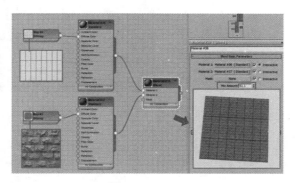

图 7 −3 −30

当我们在 Mask 里贴上一张贴图之后，白色的地方相当于材质 1 占 100%，黑色的地方相当于材质 1 占 0%，灰色则根据强度来确定，如图 7 −3 −31 所示。

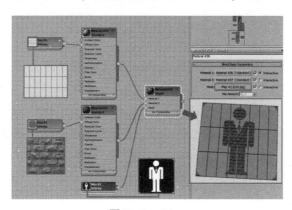

图 7 −3 −31

Interactive（交互式）

选择由交互式渲染器显示在视口中对象曲面上的两种材质或遮罩贴图。如果一个材质启用在视口中显示贴图，该材质将优先于"交互式"设置。一次只能在视口中显示一个贴图。

Use Curve（使用曲线）

确定"混合曲线"是否影响混合。只有指定并激活遮罩，该选项才可用。

Transition Zone（转换区域）

这些值调整"上限"和"下限"的级别。如果这两个值相同，那么两个材质会在一个确定的边上接合。较大的范围能产生从一个子材质到另一个子材质更为平缓的混合。混合曲线显示更改这些值的效果。

（3）Ink'n Paint（卡通）材质

卡通材质是将三维物体渲染成二维效果的一种方法，目前在二维动画和电脑绘图中应用越来越多，如图7－3－32所示。

① 基本材质扩展卷展栏

图7－3－32　卡通材质渲染效果

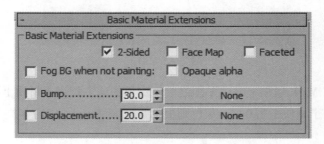

图7－3－33

2－Sided 双面、Face Map 面贴图、Faceted 面状，这几项与标准材质的属性是一样的。

Fog BG when not painting（未绘制时雾化背景）

当"绘制"处于禁用状态（即"亮区"切换处于禁用状态）时，材质绘制区域的颜色与背景颜色相同。启用此切换时，绘制区域中的背景将受到摄影机与对象之间的雾的影响。默认设置为禁用状态。

Opaque alpha（不透明 alpha）启用此选项后，即使"墨水"和"绘制"

选项处于禁用状态，Alpha 通道也为不透明。默认设置为禁用状态。

Bump（凹凸）启用此选项后，会启用凹凸贴图。使用数字设置来控制用于指定凹凸贴图的凹凸量和贴图按钮。

Displacement（置换）启用此选项后，会启用置换贴图。使用数字设置来控制用于指定置换贴图的置换量和贴图按钮。

②绘制控制卷展栏

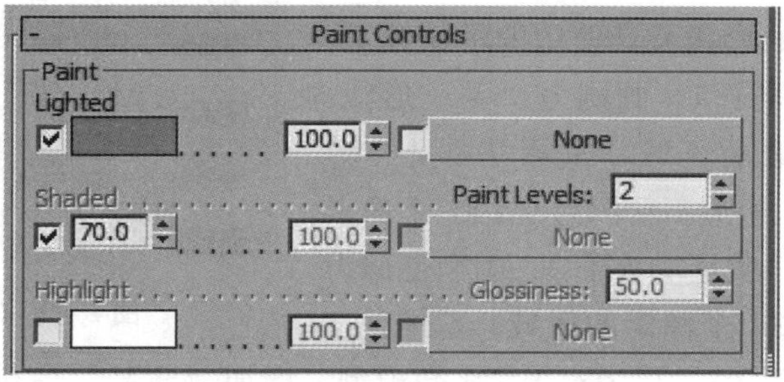

图 7 - 3 - 34

绘制区域主要是控制填充区域的颜色。

Lighted（亮区）对象中亮区的填充颜色。默认设置为淡蓝色。禁用此部分将使对象不可见，但墨水除外。默认设置为启用。

Paint Levels（绘制级别）渲染颜色的明暗处理数，从淡到深。值越小，对象看起来越平坦。范围从 1 到 255。默认设置为 2。如图 7 - 3 - 35 所示，分别是 1、2、3、4 级。

Shaded（暗区）第一个数字设置是显示在对象不亮面上的亮区颜色的百分比。默认设置为 70.0。禁用此部分将显示色样，使用色样可以为明暗处理区域指定不同的颜色。默认设置为启用。

Highlight 高光反射高光的颜色。默认设置为白色。禁用此部分后，将没有反射高光。默认设置为禁用状态。调整右侧的数值可以调整高光区域的大小，如图 7 - 3 - 36 所示。

图 7 - 3 - 35

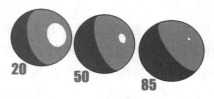

图 7 - 3 - 36

③墨水控制卷展栏

墨水控制的是轮廓线的参数，可以模拟手绘勾线的效果。

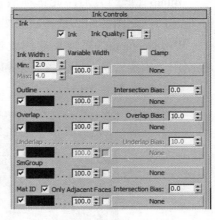

图 7 – 3 – 37

Ink（墨水）启用时，会对渲染施墨。禁用时则不出现墨水线。默认设置为启用。

Ink Quality（墨水质量）

影响画刷的形状及其使用的示例数量。如果"质量"等于1，画刷为"＋"形状，示例为五个像素的区域。如果"质量"等于2，画刷为八边形，示例为9×15个像素的区域。如果"质量"等于3，画刷近似为圆形，示例为30个像素的区域。范围从1到3。默认设置为1。提示对于大多数模型，增加"质量"值仅能产生微小的变化，且需要很长时间来渲染。因此仅当使用默认墨水"质量"使子对象的墨水在完成的渲染中显示很多缺陷时，才采用这种做法。（不要依赖 ActiveShade 预览，因为会出现锯齿。）

Ink Width（墨水宽度）

以像素为单位的墨水宽度。在未启用"可变宽度"时，它是由微调器标记的"最小值"指定。启用"可变宽度"时，也将同时启用"最大"微调器，墨水宽度可以在最大值和最小值之间变化。默认设置：最小值为2.0，最大值为4.0。

Variable Width（可变宽度）

启用此选项后，墨水宽度可以在墨水宽度的最大值和最小值之间变化。启用了"可变宽度"的墨水比固定宽度的墨水看起来更加流线化。默认设置为禁用状态（如图7－3－38）。

Clamp（钳制）

启用了"可变宽度"后，有时场景照明使一些墨水线变得很细，以至于几乎不可见。如果发生这种情况，应启用"限制"，它会强制墨水宽度始终保持在"最大"值和"最小"值之间，而不受照明的影响。默认设置为禁用状态。

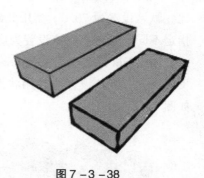

图 7 – 3 – 38

Outline（轮廓）

对象外边缘处（相对于背景）或其他对象前面的墨水。默认设置为启用（图7-3-39）。

Overlap（重叠）

当对象的某部分自身重叠时所使用的墨水。默认设置为启用。

Overlap Bias（重叠偏移），使用此选项来调整跟踪重叠部分的墨水中可能出现的缺陷。表示重叠应在后面曲面前的多远处才能启用"重叠"墨水。正值使对象远离观察点，负值则将对象拉近。默认设置为10.0。

图7-3-39

Underlap（延伸重叠）

与重叠相似，但将墨水应用到较远的曲面而不是较近的曲面。默认设置为禁用状态。延伸重叠偏移使用此选项来调整跟踪延伸重叠部分的墨水中可能出现的缺陷。表示延伸重叠应在前面曲面后的多远处才能启用"延伸重叠"墨水。正值使对象远离观察点，负值则将对象拉近。默认设置为0.0。

SmGroup（平滑组）

平滑组边界间绘制的墨水。换句话说，它对尚未进行平滑处理的对象的边界施墨。默认设置为启用。

Mat ID（材质ID）

不同材质ID值之间绘制的墨水。默认设置为启用。

（4）Matte/Shadow（无光/投影）材质

使用无光/投影材质可将整个对象（或面的任何子集）转换为显示当前背景色或环境贴图的无光对象。

图7-3-40

使用时需要打开Rendering（渲染）下拉菜单——Environment map（环境贴图）。

Opaque Alpha（不透明Alpha）

确定无光材质是否显示在Alpha通道中。如果禁用"不透明Alpha"，无光材质将不会构建Alpha通道，并且图像将用于合成就好像场景中没有隐藏对象一样。默认设置为禁用状态。

Apply Atmosphere（应用大气）

启用或禁用隐藏对象的雾效果。应用雾后，可以在两个不同方法间进行选择。可以应用雾使无光曲面好像距离摄影机无限远，或者使无光曲面好像确实位于被明暗处理对象上的那一点。换句话说，可以对无光表面在 2D 或 3D 上应用雾效果。以下选项确定其应用的方式：

At Background Depth（以背景深度）这是 2D 方法。扫描线渲染器雾化场景并渲染场景的阴影。这种情况下，阴影不会因为雾化而变亮。如果希望使阴影变亮，需要提高阴影的亮度。

At Object Depth（以对象深度）这是 3D 方法。渲染器先渲染阴影然后雾化场景。因为此操作使 3D 无光曲面上雾的量发生变化，因此生成的无光/Alpha 通道不能很好的混入背景。在以 2D 背景表现的场景中要使隐藏对象为一个 3D 对象时，请使用"以对象深度"。

Receive Shadows（接收阴影）

渲染无光曲面上的阴影。默认设置为启用。

Affect Alpha（影响 Alpha）

启用此选项后，将投射于无光材质上的阴影应用于 Alpha 通道。此操作允许用以后合成的 alpha 通道来渲染位图。默认设置为启用。

Shadow Brightness（阴影亮度）

设置阴影的亮度。此值为 0.5 时，阴影将不会在无光曲面上衰减；此值为 1.0 时，阴影使无光曲面的颜色变亮；此值为 0.0 时，阴影变暗使无光曲面完全不可见。

Color（颜色），显示颜色选择器允许对阴影的颜色进行选择。默认设置为黑色。

当使用"无光/阴影"材质将阴影合成于背景之下的图像（如视频）时，设置阴影颜色特别有用。此操作允许对阴影染色使之与图像中已经存在的阴影相匹配。

Reflection（反射）

该栏中的控制器确定无光曲面是否具有反射。使用阴影贴图创建无光反射。

Amount（数量）

控制要使用的反射数量。这是一个范围从 0 到 100 的百分比值。除非指定了贴图，否则此选项不可用。默认值为 50。

Map（贴图）

单击以指定反射贴图。除非选择反射/折射贴图或平面镜贴图，否则反射与场景的环境贴图无关。

（5）Multi/Sub－object（多重/子物体）材质

多重/子对象材质是把多个 Standard 材质组合到一个物体上的贴图方法，它必须配合多边形建模里的材质 ID 使用。

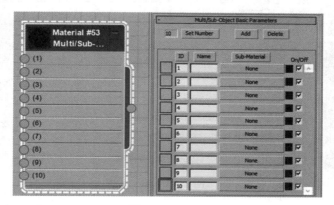

图 7 －3 －41

Number（数量）

即包含在多重/子物体材质中的子材质的数量。

Set Number（设置数量）

设置构成材质的子材质的数量。在多重/子物体材质级别上，示例窗的示例对象显示子材质的拼凑。

Add（添加）

单击可将新子材质添加到列表中。默认情况下，新的子材质的 ID 数要大于使用中的 ID 的最大值。

Delete（删除）

单击可从列表中移除当前选中的子材质。删除子材质可以撤销。

（6）Advanced Lighting Override（高级照明覆盖）材质

高级照明覆盖让我们可以直接控制材质的光能传递属性。"高级照明覆盖"通常是基础材质 的补充，基础材质可以是任意可渲染的材质。"高级照明覆盖"材质对普通渲染没有影响。它会影响光能传递解决方案或光线跟踪。

在使用时必须打开 Rendering（渲染）下拉菜单——Render Setup（渲染设置）的 Light Tracer（光线追踪）或者 Radiosity（光能传递），如图 7 - 3 - 42、图 7 - 3 - 43 所示。如果不开启光线追踪或光能传递，则材质作为普通材质使用。

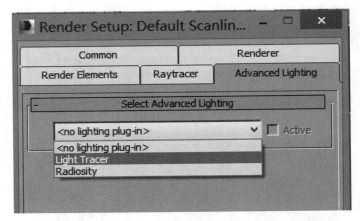

图 7 - 3 - 42

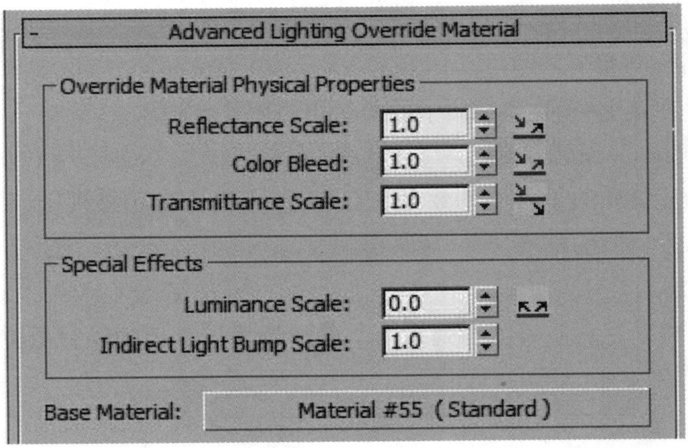

图 7 - 3 - 43

Reflectance Scale（反射比比例）

增大或降低材质对光的反射强度。默认值为 1.0。如图 7 - 3 - 44，分别是 0.6、1.0 和 2.0 的效果。

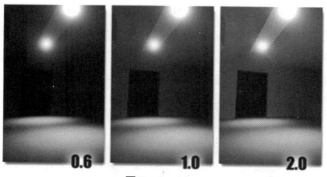

图 7 - 3 - 44

Color Bleed（颜色溢出）

增加或减少反射颜色的饱和度。默认值为 1.0。如图 7 - 3 - 45，分别是 1.0 和 0.2 的效果，可以看到 0.2 时地板对墙面的影响已经很微弱，但是光的亮度没有减弱。

图 7 - 3 - 45

Transmittance Scale（透射比比例）

增大或降低材质透射的能量值。默认值为 1.0。

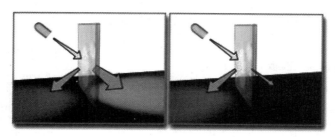

图 7 - 3 - 46

LuminanceScale（cd/m^2）〔亮度比（cd/m^2）〕

该参数大于 0 时，会缩放基础材质的自发光选项。使用该参数以便自发光对象在光能传递或光跟踪解决方案中起作用。不能小于零。默认值为 0.0。通常，值为 500 或更大可以获得较好效果，如图 7－3－47 所示。

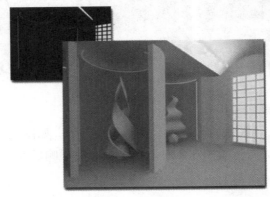

图 7－3－47

Indirect Light Bump Scale（间接灯光凹凸比）

缩放由间接光源所照亮区域中基础材质的"凹凸"贴图的效果。该值为零时，间接照亮的区域不会受"凹凸"贴图的影响。在基础材质被直接照射的区域中，此值不影响凹凸量。不能小于零。默认值为 1.0。

Base Material（基础材质）

单击可选择或编辑"基础"材质。也可以用不同的材质类型替换基础材质。

（7）Architectural（建筑）材质

建筑材质的设置是物理属性，因此当与光度学灯光和 光能传递一起使用时，其能够提供最逼真的效果。借助这种功能组合，我们可以创建精确性很高的照明研究。

① Templates（模板）卷展栏

Template drop－down list（模板下拉列表）3DS Max 附带一些材质模板。大多数模板的用途都很明确，我们可以根据图 7－3－48 的对应表，找到我们需要的材质。

图 7－3－48

② Physical Qualities（物理属性）卷展栏

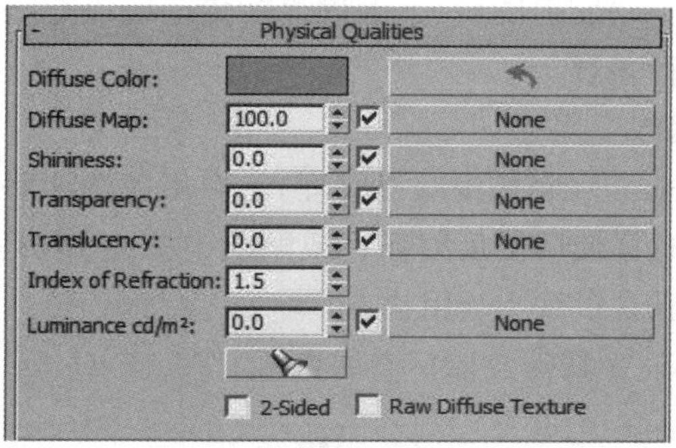

图 7 – 3 – 49

Diffuse Color（漫反射颜色）

控制漫反射颜色。

Diffuse Map（漫反射贴图）

单击贴图按钮可指定"漫反射颜色"贴图。

Shininess（反光度）

设置材质的反光度。该值是一个百分比值：值为 100.0 时，此材质达到最亮；当值稍低一点时，会减少光泽；当值为 0.0 时，完全没有光泽。

通常，材质反光度越高，显示的反射高光越小。反射高光是照亮材质的灯光的反射。（折射率也会影响高光的大小）反光度也同时控制材质对场景中其他对象的反射程度。

Transparency（透明度）

控制材质的透明程度。该值是一个百分比值：当值为 100.0 时，该材质完全透明；值稍低一点时，该材质为部分透明；值为 0.0 时，该材质完全不透明。

Translucency（半透明）

控制材质的半透明程度。半透明对象是透光的，但是也会将光散射于对象内部。该值是一个百分比值：当值为 0.0 时，材质完全不透明；当值为 100.0 时，材质达到最大的半透明程度。

Index of Refraction（折射率）

折射率（IOR）严格控制材质对透过的光的折射（弯曲）程度和该材质显示的反光程度。值为 1.0 时为空气 IOR，透明对象后的对象不失真。值为 1.5 时，后面的对象严重失真。范围为 1.0 至 2.5。

Luminance cd/m2（亮度 cd/m2），当亮度大于 0.0 时，材质显示光晕效果，并且如果启用了"发射能量"，会向光能传递解决方案传送能量。亮度以每平方米坎得拉进行测量。

2 – Sided（双面）

Raw Diffuse Texture（粗糙漫反射纹理），启用此选项后，将从照明和曝光控制中排除材质。这样使用漫反射颜色或贴图中的纯 RGB 值将使材质渲染为完全的平面效果。默认设置为禁用状态。

③ Special Effects（特殊效果）卷展栏

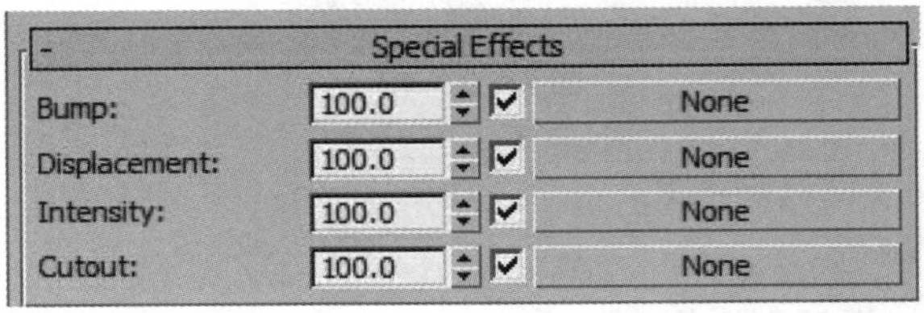

图 7 – 3 – 50

Bump（凹凸）可指定凹凸贴图。

Displacement（置换）可指定置换贴图。

Intensity（强度），单击贴图按钮可将强度贴图指定给材质，用以调整材质的亮度。贴图被看作黑白比例的强度值。

Cutout（裁切），单击贴图按钮可指定裁切贴图。

④ Advanced Lighting Override（高级照明覆盖）卷展栏

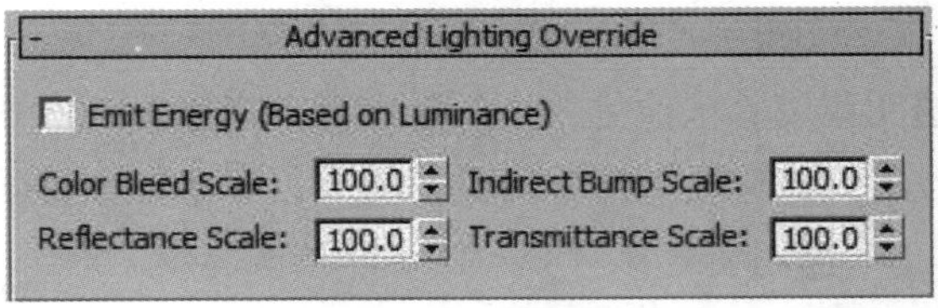

图 7 – 3 – 51

Color Bleed 颜色溢出。

Indirect Bump 间接凹凸。

Reflectance 反射比。

Transmittance 透射比。

此栏参照高级照明覆盖材质。

⑤ SuperSampling（超级采样）卷展栏

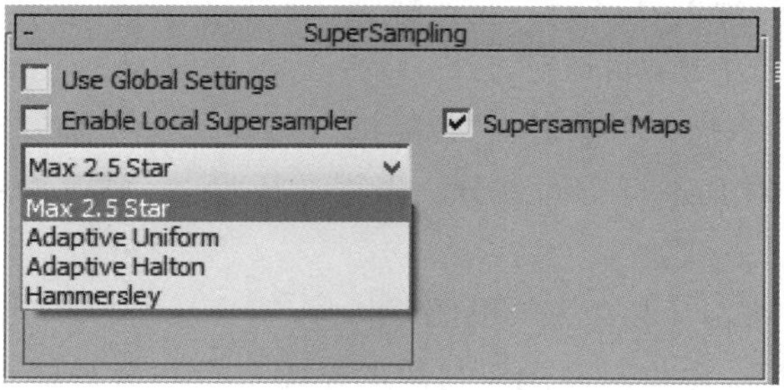

图 7 - 3 - 52

超级采样在材质上执行一个附加的抗锯齿过滤，它通过更多的数据获取最终的图像效果，如图 7 - 3 - 53 所示，右侧的图像使用 9 个采样点，获取了更多数据，所以在最终图像上的抗锯齿效果更好。此操作虽然花费更多时间，却可以提高图像的质量。当需要渲染非常平滑的反射高光、精细的凹凸贴图或高分辨率时，超级采样特别有用。

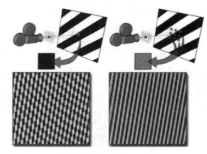

图 7 - 3 - 53

Use Global Settings（使用全局设置）

启用此选项后，对材质使用"默认扫描线渲染器"卷展栏中设置的超级采样选项。默认设置为启用。

Enable Local Supersampling（启用局部超级采样器）

启用此选项后，对材质使用超级采样。默认设置为禁用状态。

采样器下拉列表

选择应用何种超级采样方法。除非禁用"使用全局设置"，否则此列表为禁用状态。默认设置为"Max 2.5 星"。

Max 2.5 Star：像素中心的采样是对它周围的四个采样取平均值。此图案就像一个有五个采样点的小方块。在 3DS Max 2.5 中常使用此超级采样方法。

Adaptive Halton：根据一个散射、"拟随机"图案，在空间中沿 X 轴和 Y 轴进行采样。根据"质量"，采样数量的范围为 4 到 40。如下所述，此方法为自适应方法。

Adaptive Uniform：空间采样的范围通常从最小质量 4 个采样到最大质量 36 个采样。该图案不是正方形的，而是略微倾斜以提高垂直轴和水平轴上的精度。如下所述，此方法为自适应方法。

Hammersley：根据一个散射、"拟随机"图案，沿 X 轴方向进行空间采样，而在 Y 轴方向，对其进行空间划分。根据"质量"，采样数量的范围为 4 到 40。此方法不合适。

Supersample Maps（超级采样贴图）

启用此选项后，也将对应用于材质的贴图进行超级采样。启用此选项后，超级采样器将以平均像素表示贴图。只有禁用"使用全局设置"后，此开关才处于活动状态。默认设置为启用。

Quality（质量）

通过控制每个像素的采样数来调整超级采样质量。在最小值 0.0 时，对每个像素采样四次。在最大值 1.0 时，对每个像素采样 40 次左右（根据明暗器是否为激活状态，对此值进行调整）。范围从 0.0 到 1.0。默认设置为 0.5。

Adaptive（自适应）

只对于"自适应 Halton"和"自适应均匀方法"可见。启用此选项后，除非颜色的变化范围超过了"阈值"，否则这些方法采用的采样将比质量指定的少。颜色变化范围超过"阈值"的情况下，将采用"质量"指定的最大采样点数。启用"启用自适应"可以减少超级采样所需要的采样时间。默认设置为启用。

Threshold（阈值）

控制"自适应"方法。只对于"自适应 Halton"和"自适应均匀方法"可见。颜色的改变大于"阈值"的范围，将导致自适应方法采用质量指定的全采样数。如果颜色的变化幅度不是很大，自适应方法将采取较少的采样，从而减少了采样过程所需要的时间。范围可以从 0.0 至 1.0。默认设置为 0.1。

（8）Composite（合成）材质

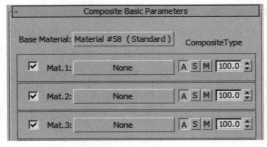

图 7 - 3 - 54

合成材质最多可以合成 10 种材质。按照在卷展栏中列出的顺序，从上到下叠加材质。使用相加不透明度、相减不透明度来组合材质，或使用 Amount（数量）值来混合材质。

（9）Double Sided（双面）材质

使用双面材质可以向对象的前面和后面指定两个不同的材质。

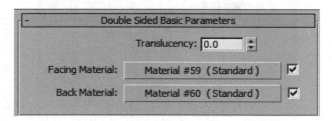

图 7 –3 –55

图 7 –3 –56

Translucency（半透明）

设置一个材质通过其他材质显示的数量。这是范围从 0.0 到 100.0 的百分比。设置为 100% 时，可以在内部面上显示外部材质，并在外部面上显示内部材质。设置为中间的值时，内部材质指定的百分比将下降，并显示在外部面上。默认设置为 0.0。

（10）Raytrace（光线追踪）材质

光线跟踪材质是一种高级的曲面明暗处理材质。它与标准材质一样，能支持漫反射表面明暗处理。它还创建完全光线跟踪的反射和折射。它还支持雾、颜色密度、半透明、荧光以及其他特殊效果。

①Raytrace Basic Parameters（光线跟踪基本参数）卷展栏

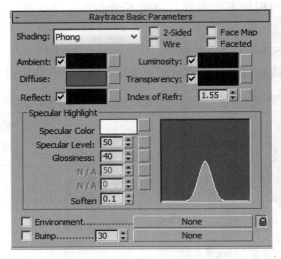

图 7 – 3 – 57

Reflect（反射）

设置镜面反射颜色。此颜色是反射环境（即场景的其余部分）被过滤。该颜色的值控制反射数量。如果反射颜色为饱和颜色，而漫反射颜色为黑色，则效果类似彩色铬合金（例如，彩色的圣诞树装饰球）。默认设置为黑色（无反射）。

Luminosity（发光度）

与标准材质的自发光选项相似，但它不依赖于漫反射颜色。蓝色的漫反射对象可以具有红色的发光度。默认设置为黑色。

Transparency（透明度）

与标准材质的不透明度选项相结合，类似于基本材质的透射灯光的过滤色。此颜色过滤具有光线跟踪材质的对象后的场景元素。黑色为不透明，白色为完全透明，任何中间值会过滤光线跟踪对象后的对象。

Index of Refr（折射率）

Environment（环境）

单击此按钮可指定该光线跟踪材质的局部环境贴图。反射和透明度都使用整个场景范围内的环境贴图，除非使用此按钮指定另一贴图。这实际上是一种模拟的反射或折射，并非一种真实的反射或折射。

Bump（凹凸）

②Extended Parameters（扩展参数）卷展栏

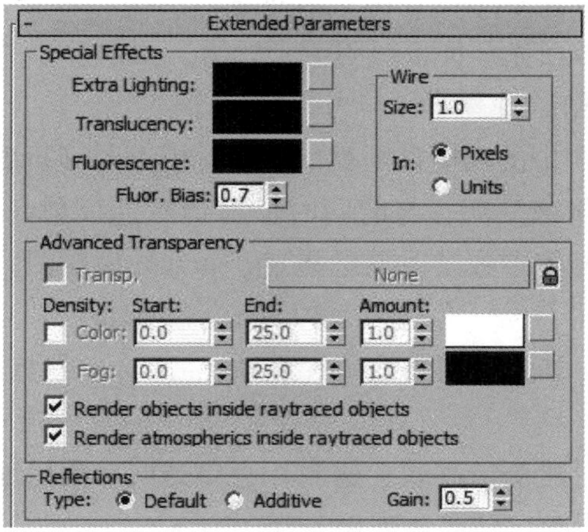

图 7 -3 -58

Extra Lighting（附加光）

利用"光线跟踪"材质将灯光添加到对象表面。可以将其视为对每个材质进行控制的环境光颜色，但不要将其与"基本参数"卷展栏中的环境光吸收相混淆，如图 7 -3 -59 所示。

图 7 -3 -59

Translucency（半透明）

创建半透明效果。"半透明"颜色是无方向性漫反射。对象上的漫反射颜色取决于曲面法线与光源位置的夹角。如果不考虑曲面法线对齐，该颜色选项模拟半透明材质。

Fluorescence and Fluor. Bias（荧光和荧光偏移）

创建一种类似黑色灯光海报上的黑色灯光的效果。黑光中的光主要是紫外线，位于可见光谱之外。在黑光下，荧光图画会产生光斑或光晕。"光线跟踪"材质中的荧光会吸收场景中的任何光，对它们应用"偏移"，然后，不考虑场景中光的颜色，好像白光一样，照明荧光材质。

Transp（透明度）

与"基本参数"中的环境贴图类似，只是用透明（折射）覆盖场景的环境贴图。透明对象折射该贴图，与此同时反射仍然能反射场景（或局部环境贴图，如果已使用"基本参数"卷展栏指定了局部环境贴图）。

Density（密度）

用于透明材质。如果材质不透明（默认），那么它们将没有效果。

Color（颜色）

根据厚度设置过渡色。过滤（透明）色将透明对象后面的对象染色，密度色使对象自身内部上色，像有色玻璃一样。

要使用该选项，首先要确保对象透明。单击色样，显示"颜色选择器"。选择一种颜色，然后启用复选框。

"数量"控制密度颜色的数量。减小此值会降低密度颜色的效果。范围从0到1.0。默认设置为1.0。

染色玻璃的薄片大体上非常清澈，而相同玻璃的厚片则具有更多颜色。"开始"和"结束"选项可以模拟该效果。它们用世界单位表示。"开始"是密度颜色在对象中开始出现的位置。（默认设置为0.0。）"结束"是对象中密度颜色达到其完全数量值的位置。（默认设置为25.0）为了获得更明亮的效果，应该增加"结束"值。为了获得更暗的效果，应该减小"结束"值。

Fog（雾），密度雾也是基于厚度的效果。其使用不透明和自发光的雾填充对象。这种效果类似于在玻璃中弥漫的烟雾或在蜡烛顶部的蜡。管状对象中的彩色雾类似于霓虹管。

Type（类型）

FDefault（默认设置）

将使用"漫反射"颜色对反射进行分层。例如，如果材质并不透明，可以完全反射，那么就没有"漫反射"颜色。

Additive（相加）

反射会添加到"漫反射"颜色上，与"标准"材质相同，始终可见"漫反射"颜色效果。

③ Raytracer Controls（光线跟踪器控制）卷展栏

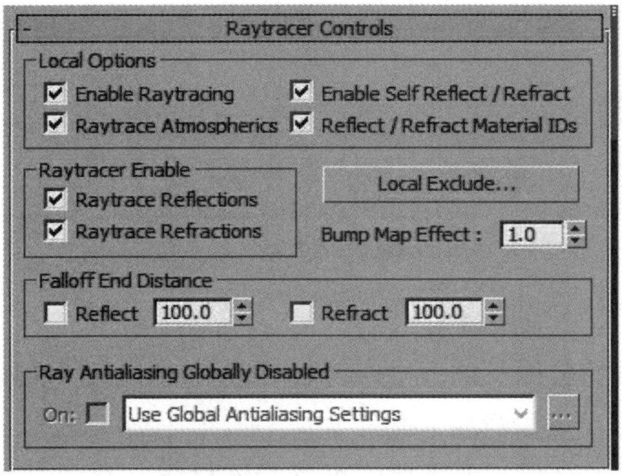

图 7 – 3 – 60

Enable Raytracing（启用光线跟踪）

启用或禁用光线跟踪器。默认设置为启用。即使禁用光线跟踪，光线跟踪材质和光线跟踪贴图仍然反射和折射环境，包括用于场景的环境贴图和指定给光线跟踪材质的环境贴图。

Raytrace Atmospherics（光线跟踪大气），启用或禁用大气效果的光线跟踪。大气效果包括火、雾、体积光等等。默认设置为启用。

Enable Self Reflect/Refract（启用自反射/折射），启用或禁用自反射/折射。默认设置为启用。可以让物体自身对自身部件进行反射或折射。

Reflect/Refract Material IDs（反射/折射材质 ID），启用该选项之后，材质将反射启用或禁用渲染器的 G 缓冲区中指定给材质 ID 的效果。默认设置为启用。

Raytrace Reflections（光线跟踪反射），启用或禁用反射对象的光线跟踪。默认设置为启用。

Raytrace Refractions（光线跟踪折射），启用或禁用透明对象的光线跟踪。默认设置为启用。

Local Exclude（局部排除），显示局部"排除/包含"对话框。

Bump Map Effect（凹凸贴图效果），调整凸凹贴图的光线跟踪反射和折射效果。默认设置为 1.0。

Reflect（反射），在该距离反射暗淡至黑色。默认设置为 100.0。

Refract（折射），在该距离折射暗淡至黑色。默认设置为 100.0。

（11）Shell（壳）材质

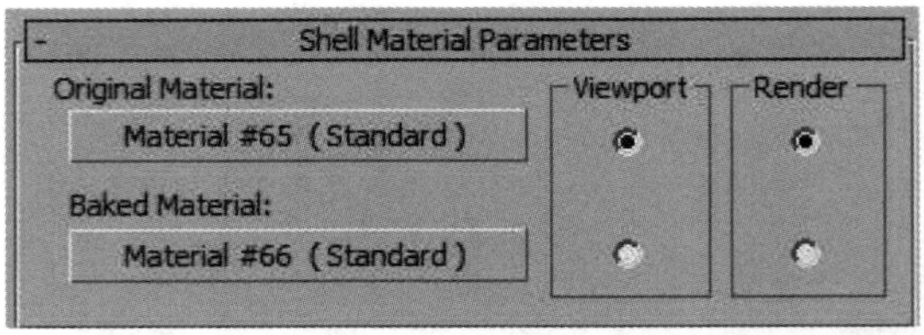

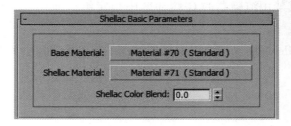

图7－3－61

Original Material（原始材质）

显示原始材质的名称。单击按钮可查看该材质，并调整其设置。

Baked Material（烘焙材质）

显示烘焙材质的名称。单击按钮可查看该材质，并调整其设置。除了原始材质所使用的颜色和贴图之外，烘焙材质还包含照明阴影和其他信息。此外，烘焙材质具有固定的分辨率。

Viewport（视口）

使用这些按钮可以选择在明暗处理视口中出现的材质：原始材质（上方按钮）或烘焙材质（下方按钮）。

Render（渲染），使用这些按钮可以选择在渲染中出现的材质：原始材质（上方按钮）或烘焙材质（下方按钮）。

（12）Shellac（虫漆）材质

虫漆材质通过叠加将两种材质混合。叠加材质中的颜色称为"虫漆"材质，被添加到基础材质的颜色中。"虫漆颜色混合"参数控制颜色混合的量。

图7－3－62

Base Material（基础材质）

单击可选择或编辑基础子材质。默认情况下，基础材质是带有 Blinn 明暗处理的"标准"材质。

Shellac Material（虫漆材质）

单击可选择或编辑虫漆材质。默认情况下，虫漆材质是带有 Blinn 明暗处理的"标准"材质。

Shellac Color Blend（虫漆颜色混合）

控制颜色混合的量。值为 0.0 时，虫漆材质没有效果。增加"虫漆颜色混合"值将增加混合到基础材质颜色中的虫漆材质颜色量。该参数没有上限。较大的值将是虫漆材质颜色"过饱和"。默认设置为 0.0。

可以为此参数设置动画。

（13）Top/Bottom（顶/底）材质

使用顶/底材质可以向对象的顶部和底部指定两个不同的材质。可以将两种材质混合在一起。

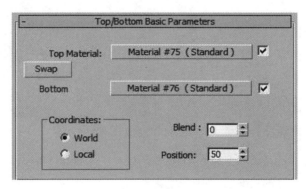

图 7－3－63

Top Materia（顶材质）和 Bottom Material（底材质），单击以选择或编辑顶或底子材质。默认情况下，子材质是带有"Blinn"明暗处理的"标准"材质。

Swap（交换），交换顶和底材质的位置。

World（世界），按照场景的世界坐标让各个面朝上或朝下。旋转对象时，顶面和底面之间的边界仍保留不变。

Local（局部），按照场景的局部坐标让各个面朝上或朝下。旋转对象时，材质随着对象旋转。

Blend（混合），混合顶子材质和底子材质之间的边缘。这是一个范围从 0 到 100 的百分比值。值为 0 时，顶子材质和底子材质之间存在明显的界线。值为 100 时，顶子材质和底子材质彼此混合。默认值为 0。

Position（位置），确定两种材质在对象上划分的位置。这是一个范围从 0 到 100 的百分比值。值为 0 时表示划分位置在对象底部，只显示顶材质。值为 100 时表示划分位置在对象顶部，只显示底材质。默认值为 50。

（14）DirectX Shader 材质

使用 Directx Shader，可以使用 Directx 显示驱动，增强对视窗中物体的明暗处理，这种显示，更加接近其他应用程序，尤其是某些游戏引擎中的效果。

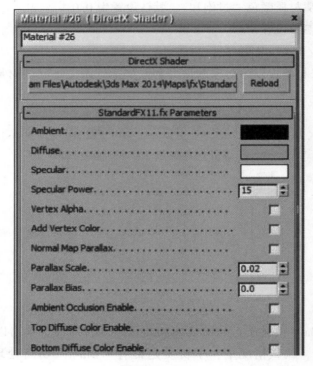

图 7 - 3 - 64

（15）Morpher（变形器）材质

"Morpher" 材质与 "Morpher" 修改器配合使用。它可以用来创建角色脸颊变红的效果，或者使角色在抬起眼眉时前额褶皱。借助 "变形器" 修改器的通道微调器，我们可以以变形几何体相同的方式来混合材质。

"变形器" 材质有 100 个材质通道，并且它们对在 "变形" 修改器中的 100 个通道直接绘图。对对象应用 "变形器" 材质并与 "变形" 修改器绑定之后，要在 "变形" 修改器中使用通道微调器来实现材质和几何体的变形。"变形"修改器中的空通道仅可以用于使材质变形，它不包含几何体变形数据。

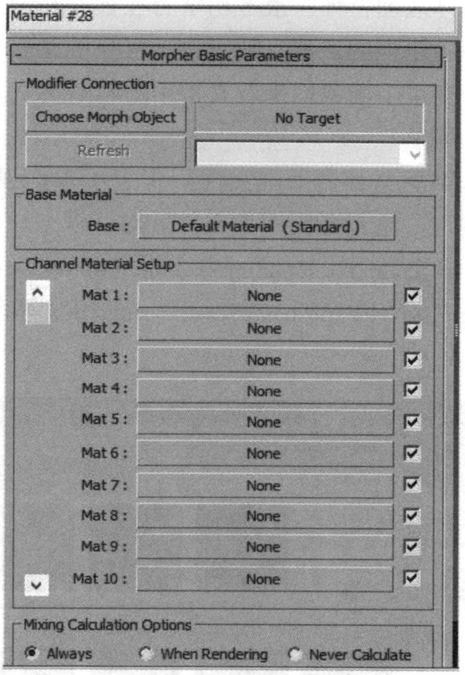

图 7－3－65

（16）Xref Meaterial（外部参照）材质

外部参照材质，我们可以在场景中使用在另一个场景文件中应用于现在场景中的物体上。对于外部参照对象，材质驻留在单独的源文件中。我们可以仅在源文件中设置材质属性。当我们在源文件中改变材质属性然后保存时，在包含外部参照的主文件中，材质的外观可能会发生变化。

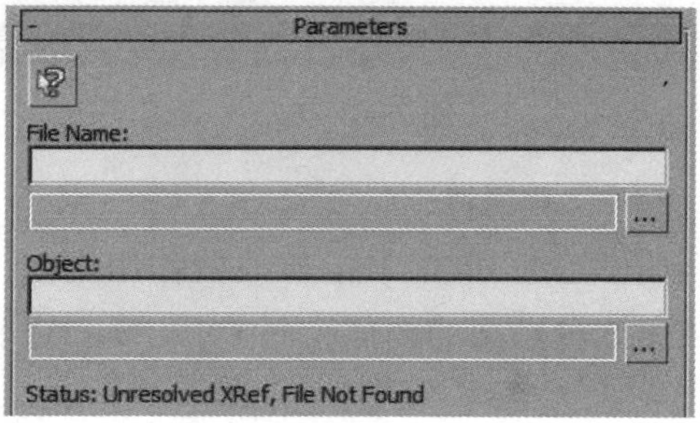

图 7－3－66

4. Map（贴图）类型

3DS Max 为我们提供了多种贴图效果，这些贴图与材质类型相互配合，能够得到变化万千的物体表面特征，很多初学者往往在初学三维软件时，把贴图等同于材质，这是一种错误的认识，贴图只是材质的某一部分，它表示了材质的某种属性特征的规则。下面我们来看看常用的贴图类型。

（1）Bitmap（位图）

位图是使用一张贴图（或者动画文件）来表示数据强度的一张贴图类型，通常打开它之后会弹出"选择位图图像文件"对话框来让我们选择文件，如图 7－3－67，3DS Max 支持 avi/mpg/mpeg/bmp/cin/cws/exr/fxr/gif/hdr/pic/ifl/jpeg/png/psd/mov/rgb/sgi/rla/rpf/tga/tif/yuv/vrimg/dds 等多种格式的图像或动画文件。

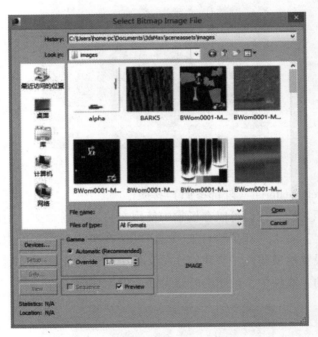

图 7－3－67

①Coordinates（坐标）卷展栏

坐标的调整与我们学习的 UVW Map 修改器作用类似，不同的是位图里的坐标调整的是所有使用此种贴图的物体，而 UVW Map 修改器调整的是使用此种修改器的物体。

Texture（纹理）

把贴图作为物体本身的纹理使用。

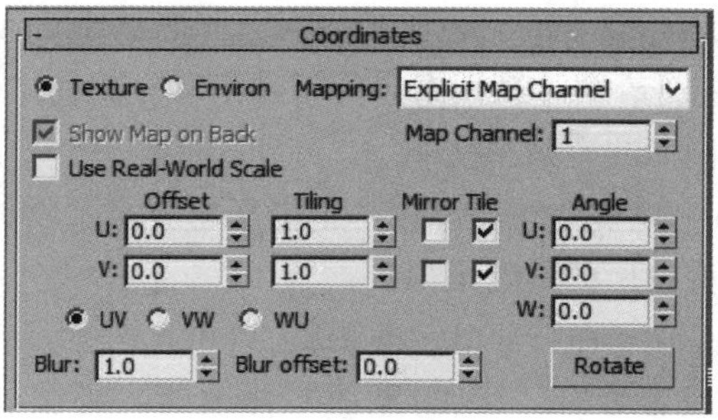

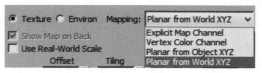

图 7 - 3 - 68

Environ（环境）

物体的贴图随着环境改变，并不是作为固定的纹理使用，通常使用在反射、折射等追求变化的贴图中。

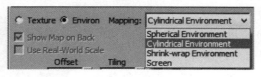

图 7 - 3 - 69

Mapping（贴图）

Texture 和 Environ 分别有四种不同的贴图选项。

图 7 - 3 - 70

Explicit Map Channel（显式贴图通道）使用标准的贴图坐标通道。

Vertex Color Channel（顶点颜色通道）使用顶点颜色的贴图坐标通道。

Planar From Object XYZ（物体坐标系平面），使用物体自身的坐标系统，贴图会跟随改变物体位置和方向的改变而改变。

Planar From World XYZ（世界坐标系平面）使用世界坐标系统，不会随着物体的变化而变化。

Spherical Environment（球体环境），把整个环境看作一个球，物体作为球的一部分，随着视角的不同而改变贴图坐标。

Cylindrical Environment（柱体环境），把整个环境看作一个圆柱，物体作为圆柱的一部分，随着视角的不同而改变贴图坐标。

Shrink - wrap Environment（包裹球环境），把整个环境看作一个包裹球（包裹球与球体的区别请参阅第六章第一节步骤40），物体作为包裹球的一部分，随着视角的不同而改变贴图坐标。

Screen（屏幕），把整个环境看作一个平面的屏幕，物体是屏幕的一部分，随着视角的不同改变自己的贴图坐标。

Show Map On Back（在背面显示贴图），启用此选项后，平面贴图（"对象XYZ"中的平面，或者带有"UVW 贴图"修改器）将被投影到对象的背面，并且能对其进行渲染。禁用此选项后，不能在对象背面对平面贴图进行渲染。默认设置为启用。

只有在两个维度中都禁用"Tiling（平铺）"时，才能使用此切换。只有在渲染场景时，才能看到它产生的效果。

Use Real - World Scale（使用真实世界比例），使用我们建模时使用的单位作为贴图大小的单位。

Map Channel（贴图通道），与 UVW Map 修改器结合时，若使用多个 UVW 修改器，对应 UVW Map 的通道，不同的 UVW 修改器控制不同的通道的贴图。

Offset（偏移），即贴图位置调整。

Tiling（平铺），即重复数量。

Mirror（镜子），镜像。

Angle（角度），可在不同的方向上旋转，通常不会使用 U、V 方向。

有的同学不太清楚 U、V、W 的含义，U、V、W 其实就是代表了三个不同的方向，可以看作是贴图坐标的 X、Y、Z 轴，如图7 - 3 - 71。

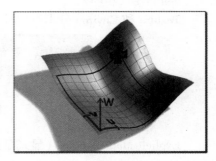

图 7 - 3 - 71

Blur（模糊）

"模糊"设置基于贴图与视图的距离来模糊贴图。贴图距离越远，模糊就越大。我们应始终在贴图上使用一些模糊，以避免产生在远处像素细节减少时可能出现的闪烁或锯齿。这种效果通常在使用以一定距离查看的细节视图时出现，并且在动画过程中特别明显。所以模糊的默认值为 1.0，这是大多数情况下的最佳设置。

Blur Offset（模糊的偏移量）

模糊偏移模糊与深度无关的贴图。也就是说，不管贴图中的所有像素距离摄影机多近或多远，模糊效果是相同的。

②Noise（噪波）卷展栏

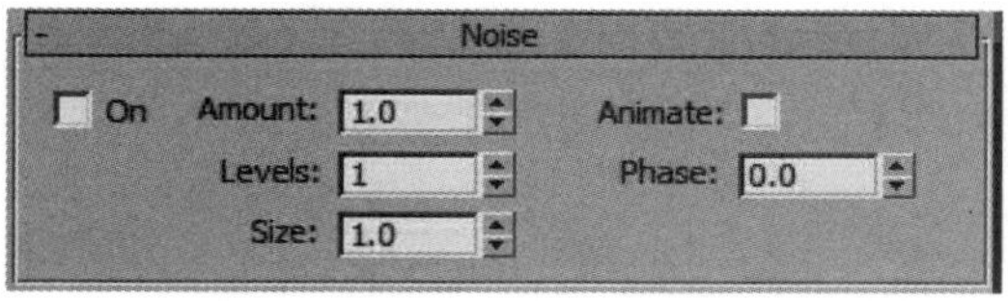

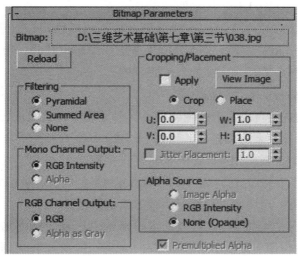

图 7 –3 –72

图 7 –3 –73

On（开关）开启噪波。

Amount（数量）噪波的强度。

Levels（级别）噪波的级别，和强度结合使用。

Size（比例）调整噪波的大小。

Animate（动画开关）设置动画开关。

Phase（相位波）与设置动画相匹配使用，数值越大动画越强烈。

③Bitmap Parameters（位图参数）卷展栏

图 7 –3 –74

Bitmap（位图）

使用标准文件浏览器选择位图。选中之后，此按钮上显示完整的路径名称。也可以通过此按钮修改需要的其他贴图文件。

Reload（重新加载）

对使用相同名称和路径的位图文件进行重新加载。在绘图程序中更新位图后，无需使用文件浏览器重新加载该位图。

Filtering（滤镜）即选择抗锯齿位图中平均使用的像素方法。

Pyramidal（四棱锥形）需要较少的内存并能满足大多数要求。

Summed Area（总面积）需要较多内存，但通常能产生更好的效果。

None 无禁用过滤。

Mono Channel Outpu（单通道输出）

某些参数（如不透明度或高光级别）相对材质的三值颜色分量来说是单个值。此项中的选项根据输入的位图确定输出单色通道的源。

RGB Intensity（RGB 强度）

将红、绿、蓝通道的强度用作贴图。忽略像素的颜色，仅使用像素的值或亮度。颜色作为灰度值计算，其范围是 0（黑色）到 255（白色）之间。

Alpha 将 Alpha 通道的强度用作贴图。

RGB Channel Output（通道输出）

RGB 显示像素的全部颜色值。

Alpha as Gray（Alpha 作为灰度）

把 Alpha 作为灰度基于 Alpha 通道级别显示灰度色调。通常带有 Alpha 通道的格式像 tga、png，使用它们的 Alpha 通道作为输出选项，通常用在 Opacity（不透明贴图）里，产生 Alpha 的不透明效果。

Cropping/Placement（裁剪/放置）

此选项中的选项可以裁剪位图或减小其尺寸用于自定义放置。裁剪位图意味着将其减小为比原来的长方形区域更小。裁剪不更改位图的比例。

放置位图可以缩放贴图并将其平铺放置于任意位置。放置会改变位图的比例，但是显示整个位图。指定放置和裁剪尺寸或放置区域的四个值都可设置动画。

Apply（应用）启用此选项可使用裁剪或放置设置。

View Image（查看图像），打开的窗口显示由区域轮廓（各边和角上具有控制柄）包围的位图。要更改裁剪区域的大小，拖动控制柄即可。要移动区域，可将鼠标光标定位在要移动的区域内，然后进行拖动。

Crop 裁剪激活裁剪

Place 放置激活放置

U/V，调整位图位置

W/H，调整位图或裁剪区域的宽度和高度

Jitter Placement（抖动放置），指定随机偏移的量。0 表示没有随机偏移。范围为 0.0 至 1.0。

Alpha Source（Alpha 来源）

Image Alpha（图像 Alpha）

使用图像的 Alpha 通道（如果图像没有 Alpha 通道，则禁用）。

RGB Intensity（RGB 强度）将位图中的颜色转化为灰度色调值，并将它们用于透明度。黑色为透明，白色为不透明。

None Opaque（无不透明）不使用透明度。

④Time（时间）卷展栏

Time 卷展栏通常在使用动画文件如 Avi 格式的文件或者动画序列时使用，一般在制作正在放映中的电视屏幕等动态动画时使用。

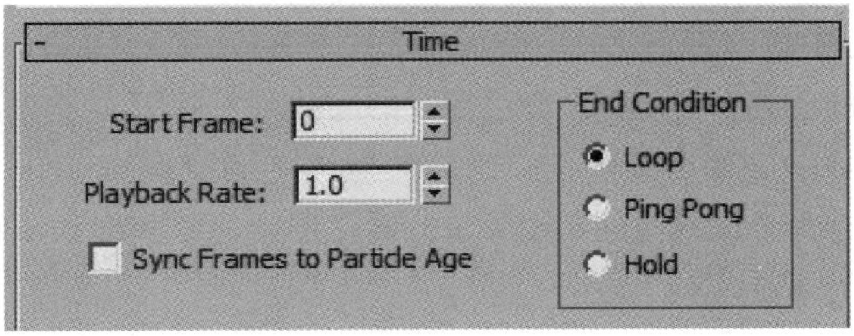

图 7-3-75

Start Frame（开始帧），指定动画贴图将开始播放的帧。

Playback Rate（播放速率），允许对应用于贴图的动画速率加速或减速（例如，1.0 为正常速度，2.0 快两倍，0.333 为正常速度的 1/3）。

Sync Frames to Particle Age（将帧与粒子年龄同步），启用此选项后，3DS Max 会将位图序列的帧与贴图应用到的粒子的年龄同步。利用这种效果，每个粒子从出生开始显示该序列，而不是被指定于当前帧。默认设置为禁用状态。

End Condition（结束条件）如果位图动画比场景短，则确定其最后一帧后所发生的情况。

Loop（循环）使动画反复循环播放。

Ping – Pong（往复）反复地使动画向前播放，然后向回播放，从而使每个动画序列"平滑循环"。

Hold（暂存）在位图动画的最后一帧冻结。

⑤Output（输出）卷展栏

输出卷展栏是对图片的效果进行一定调整的参数，可以通过简单的调整，达到类似于 2d 图像软件调整的效果。

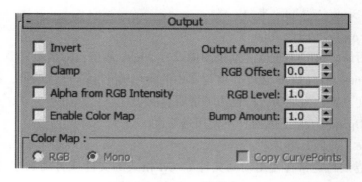

图 7 −3 −76

Invert（反转）

反转贴图的色调，使之类似彩色照片的底片。

Output Amount（输出量）

控制要混合为合成材质的贴图数量。对贴图中的饱和度和 Alpha 值产生影响。默认设置为 1.0。

Clamp（钳制）

启用该选项之后，此参数限制比 1.0 小的颜色值。当增加 RGB 级别时启用此选项，但此贴图不会显示出自发光。如果在启用"限制"时将"RGB 偏移"的值设置超过 1.0，所有的颜色都会变成白色。

RGB Offset（RGB 偏移）

根据微调器所设置的量增加贴图颜色的 RGB 值，此项对色调的值产生影响。最终贴图会变成白色并有自发光效果。降低这个值减少色调使之向黑色转变。默认设置为 0.0。

Alpha from RGB Intensity（来自 RGB 强度的 Alpha）

启用此选项后，会根据在贴图中 RGB 通道的强度生成一个 Alpha 通道。黑色变得透明而白色变得不透明。中间值根据它们的强度变得半透明。

RGB Level（RGB 级别）

根据微调器所设置的量使贴图颜色的 RGB 值加倍，此项对颜色的饱和度产生影响。最终贴图会完全饱和并产生自发光效果。降低这个值减少饱和度使贴图的颜色变灰。默认设置为 1.0。

Enable Color Map（启用颜色贴图），启用此选项来使用颜色贴图。

Bump Amount（凹凸量）

调整凹凸的量。这个值仅在贴图用于凹凸贴图时产生效果。默认设置为 1.0。

（2）Camera Map Per Pixel（每像素摄像机）

每像素的摄影机贴图可以从特定的摄影机方向投射贴图。使用摄像机渲染的图像，在 Photoshop 等软件调整后，再贴回 3DS Max 的一种方法。

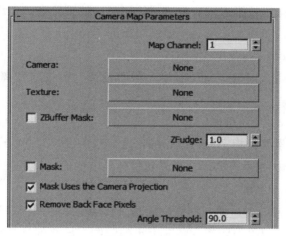

图 7－3－77

Map Channel（贴图通道）

设置要使用的贴图通道。默认设置为 1。

Camera（摄影机）

单击可启用此选项，然后通过在视口中将摄影机选中来选择场景中的摄影机，或按 H 以使用"拾取对象"对话框。一旦指定了摄影机，它的名称便显示在此按钮上。

Texture（纹理）

单击可将纹理指定给投射。我们可以指定任意种类的贴图，但是通常这些贴图为位图，其中包含第一次用相同摄影机进行渲染的图像，然后可能使用另一个应用程序进行编辑。

ZBuffer MaskZ（缓冲区遮罩）

单击可指定包含用于遮罩不希望保留的曲面投影的 Z 深度数据的贴图。通常，这是启用 Z 通道选项使用相同摄影机进行渲染的 RPF 文件或 RLA 文件。使用切换启用或禁用 "Z 缓冲区遮罩"。默认情况下，此选项为禁用状态，指定 "Z 缓冲区遮罩" 时自动启用此选项。ZFudge 不为 1.0 的 ZFudge 值为 Z 深度数据的使用添加了偏移边界，这样可以微调 Z 缓冲区遮罩。默认设置为 1.0。

Mask（遮罩）

行为如同遮罩贴图中的遮罩：可以通过一个贴图查看另外一个贴图。遮罩的黑色区域为透明，白色区域不透明，灰色区域根据灰色的百分比呈现部分透明。

遮罩使用摄影机投影启用时，遮罩使用与 "纹理" 和 "Z 缓冲区遮罩" 相同的摄影机投影。禁用此选项后，使用对象的 UVW 坐标。默认设置为启用。

Remove Back Face Pixels（移除背面像素）

启用此选项后，根据 "角度阈值" 设置投影，以排除背离摄影机的曲面。默认设置为启用。

Angle Threshold（角度阈值）

移除背面像素时，指定作为截止的角度。默认设置为 90.0。此值为默认的 90 度时，与摄影机相垂直的面，或是超过此角度的面，将不进行投射。

（3）Cellular（细胞）

细胞贴图是 3DS Max 的一种程序贴图，所谓程序贴图，是类似于矢量图形的一种贴图，不受摄像机距离和贴图大小的限制，始终保持清晰度，可以制作类似大理石、水面波纹的效果。

图 7 - 3 - 78

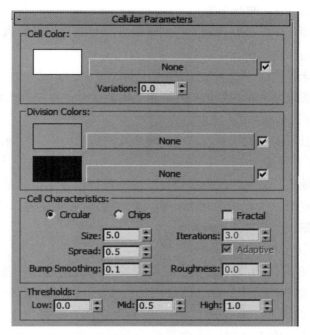

图 7 – 3 – 79

Cell Color（细胞颜色）可以指定细胞的颜色。

Variation（变化）通过随机改变 RGB 值而更改细胞的颜色。变化越大，随机效果越明显。此百分比值可介于 0 到 100 之间。值为 0 时，色样或贴图可完全确定细胞颜色。

Division Colors（分界颜色）

可以指定细胞间的分界颜色。细胞分界是两种颜色或两个贴图之间的过渡。

Cell Characteristics（细胞特性）

Circular/Chips（圆形/碎片）

用于选择细胞边缘外观。使用"圆形"时，细胞为圆形。这提供一种更为有机或泡状的外貌。使用"碎片"时，细胞具有线性边缘。这提供一种更为零碎或马赛克的外观。

Size（大小）

更改贴图的总体尺寸。调整此值使贴图适合几何体。

Spread（扩散）

更改单个细胞的大小。

Bump Smoothing（凹凸平滑）

将细胞贴图用作凹凸贴图时，在细胞边界处可能会出现锯齿效果。如果发生这种情况，请增加该值。

Fractal（分形）

将细胞图案定义为不规则的碎片图案，因此能够产生以下三种其他参数。

Iterations（迭代次数）

设置应用分形函数的次数。注意：增大此值将增加渲染时间。

Adaptive（自适应）

启用此选项后，分形迭代次数将自适应地进行设置。也就是说，几何体靠近场景的观察点时，迭代次数增加；而几何体远离观察点时，迭代次数降低。这样可以减少锯齿并节省渲染时间。

Roughness（粗糙度）

将细胞贴图用作凹凸贴图时，此参数控制凹凸的粗糙程度。"粗糙度"为 0 时，每次迭代均为上一次迭代强度的一半，大小也为上一次的一半。随着"粗糙度"的增加，每次迭代的强度和大小都更加接近上一次迭代。当"粗糙度"为最大值 1.0 时，每次迭代的强度和大小均与上一次迭代相同。实际上，这样便禁用了"分形"。迭代次数如果小于 0.0，那么"粗糙度"没有任何效果。

Thresholds（阀值）

这些选项影响细胞和分界的相对大小。它们表示为默认算法指定大小的规格化百分比（0 到 1）。

（4）Checker（棋盘格）

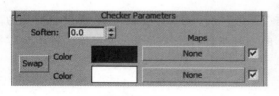

图 7 - 3 - 80

图 7 - 3 - 81

Soften（柔化）

模糊棋盘格之间的边缘。很小的柔化值就能生成很明显的模糊效果。

Swap （交换）

切换两个棋盘格的位置。

Color #1 （颜色 #1）

设置一个棋盘格的颜色。单击可显示颜色选择器。

Color #1 （颜色 #2）

设置一个棋盘格的颜色。单击可显示颜色选择器。

（5） ColorCorrection （色彩调整）

色彩转换是类似于 Photoshop 里的色彩调整的一种方法，可以在没有二维图像软件的情况下对贴图的色彩进行调整，但是一般情况下不建议这样调整，尤其是渲染动画时，每渲染一帧都会对计算机造成额外的负担，所以推荐在二维图像软件里对贴图的色彩进行调整。

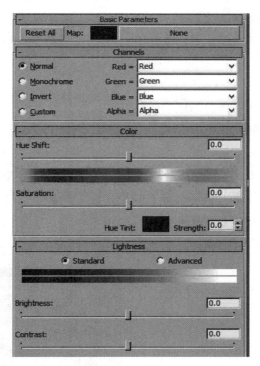

图 7 – 3 –82

Basic Parameters （基础参数）

可在此栏选择需要的贴图。

Normal （法线） 法线将未经改变的颜色通道传递到 "颜色" 卷展栏选项。

Monochrome（单色）将所有的颜色通道转换为灰度明暗处理。

Invert（反转）使用红、绿和蓝颜色通道的反向通道分别替换各通道。

Custom（自定义）允许我们使用卷展栏上其余选项将不同的设置应用到每一个通道。

Red/Green/Blue/Alpha（红/绿/蓝/Alpha）

可以在每个通道上指定通道操作。

Hue Shift（色相调整），使用标准色调谱更改颜色。

Saturation（饱和度），贴图颜色的强度或纯度。

Hue Tint（色调染色），根据色样值色化所有非白色的贴图像素。灰度值（包括黑色和白色）无效。

Strength（强度）"色调染色"设置的程度影响贴图像素。

Brightness（亮度）

贴图图像的总体亮度。要修改此值，请使用滑块或数值选项。要重置为0，请右键单击滑块。

Contrast（对比度）

贴图图像深、浅两部分的区别。要修改此值，请使用滑块或数值选项。要重置为0，请右键单击滑块。

（6）Combustion

Combustion 贴图，可以同时使用 Autodesk Combustion 软件和 3DS Max 以交互方式创建贴图。使用 Combustion 在位图上进行绘制时，材质将在"材质编辑器"和明暗处理视口中自动更新。

（7）Composite（合成）

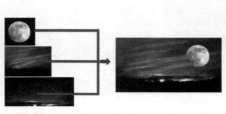

图 7 - 3 - 82

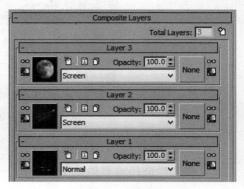

图 7 - 3 - 83

Composite 贴图可以把多个贴图合成为一张贴图，类似于 Photoshop 的图层合成，图层在顶层会覆盖住下面的图层，同时还可以使用不同的叠加方式。

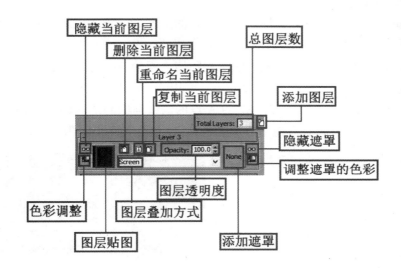

图 7 –3 –84

（8）Dent（凹痕）

凹痕是 3DS Max 的 3D 程序贴图。扫描线渲染过程中，"凹痕" 根据分形噪波产生随机图案。

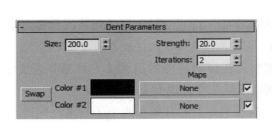

图 7 –3 –85

图 7 –3 –86

Size（大小）设置凹痕的相对大小。

Strength（强度）决定两种颜色的相对覆盖范围。

Iterations（迭代次数），设置用来创建凹痕的计算次数。

Swap（交换），反转颜色或贴图的位置。

Colors（颜色），在相应的颜色选项中允许选择两种颜色。

（9）Falloff（衰减）

Falloff 贴图基于几何体曲面上面法线的角度衰减来生成从白到黑的值。衰减贴图配合半透明贴图，可以得到类似水墨的效果。

Falloff 内的两张贴图是根据眼睛和物体之间的连线与物体表面的法线角度来决定的，如图 7 - 3 - 87，角度越小，使用的是贴图 1 就更多，角度越大，使用的贴图 2 就更多。图 7 - 3 - 87 的 A 点的法线与眼睛之间的角度最大，所以使用的是贴图 2，而 C 点使用的是贴图 1，B 点则是两张贴图的中和。

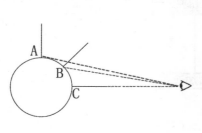

图 7 - 3 - 87

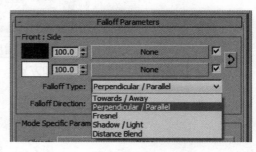

图 7 - 3 - 88

Falloff Type（衰减类型）选择衰减的种类。有以下五个可用选项（图 7 - 3 - 88）：

Perpendicular/Parallel（垂直/平行）在与衰减方向相垂直的面法线和与衰减方向相平行的法线之间设置角度衰减范围。衰减范围为基于面法线方向改变 90 度。

Towards/Away（朝向/背离）在面向（相平行）衰减方向的面法线和背离衰减方向的法线之间设置角度衰减范围。衰减范围为基于面法线方向改变 180 度。

Fresnel 基于折射率（IOR）的调整。在面向视图的曲面上产生暗淡反射，在有角的面上产生较明亮的反射，创建了就像在玻璃面上一样的高光。

Shadow/Light（阴影/灯光）基于落在对象上的灯光在两个子纹理之间进行调节。

Distance Blend（距离混合）基于"近端距离"值和"远端距离"值在两个子纹理之间进行调节。用途包括减少大地形对象上的抗锯齿和控制非照片真实级环境中的明暗处理。

Falloff Direction（衰减方向）选择衰减的方向。有以下五个可用选项：

Viewing Direction（Camera Z – Axis）

查看方向（摄影机 Z 轴）设置相对于摄影机（或屏幕）的衰减方向。更改对象的方向不会影响衰减贴图（默认设置）。

Camera X/Y Axis（摄影机 X/Y）轴类似于摄影机 Z 轴。例如，对"朝向/背离"衰减类型使用"摄影机 X 轴"会从左（朝向）到右（背离）进行渐变。

Object（对象）使用其位置能确定衰减方向的对象。单击"模式特定参数"组中"对象"旁边的宽按钮，然后在场景中拾取对象。衰减方向就是从进行明暗处理的那一点指向对象中心的方向。朝向对象中心的侧面上的点获取"朝向"值，而背离对象的侧面上的点则获取"背离"值。

Local X/Y/Z Axis（局部 X/Y/Z 轴）

将衰减方向设置为其中一个对象的局部轴。更改对象的方向会更改衰减方向。

World X/Y/Z Axis（世界 X/Y/Z 轴）

将衰减方向设置为其中一个世界坐标系轴。更改对象的方向不会影响衰减贴图。

当没有选定任何对象时，衰减方向使用正被明暗处理的对象的局部 X、Y 或 Z 轴。

Mode Specific Parameters（模式特定参数）只有将衰减方向设置为对象后才可以应用和提供第一个参数：

Object（对象）从场景中拾取对象并将其名称放到按钮上。

（10）Flat Mirror（平面镜）

平面镜贴图应用到共面面集合时生成反射环境对象的材质。通常我们把它指定到材质的反射贴图里。

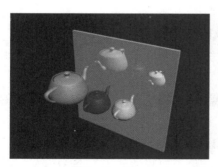

图 7 – 3 – 89

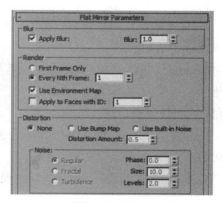

图 7 – 3 – 90

Apply Blur（应用模糊），打开过滤，对贴图进行模糊处理。

Blur（模糊），根据生成的贴图与对象的距离，影响贴图的锐度或模糊程度。贴图距离越远，模糊就越大。

Render（渲染）

First Frame Only（仅第一帧渲染）仅在第一帧上创建自动平面镜。

Every Nth Frame（每 N 帧渲染）基于微调器所设置的帧速率来创建自动平面镜。

Use Environment Map（使用环境贴图）

禁用该选项后，平面镜将在渲染期间忽略环境贴图。

Apply to Faces with ID（应用于带 ID 的面）在需要指定平面镜的位置指定材质的 ID 号。

Distortion（扭曲）

要模拟不规则曲面，可以扭曲平面镜反射。扭曲可以基于凹凸贴图，也可以基于内置在"平面镜"材质中的噪波选项。

None（无），无扭曲。

Use Bump Map（使用凹凸贴图）使用材质的凹凸贴图扭曲反射。有"凹凸"贴图的平面镜曲面看起来会凹凸不平，但其反射不会被凹凸所扭曲，除非使用该选项。

Use Built – In Noise（使用内置噪波）使用"噪波"组中的设置扭曲反射。

Distortion Amount（扭曲量）

调整反射图像的扭曲量。这是唯一能够影响扭曲量的值。不管凹凸贴图的数量微调器设置多高，或"噪波"设置多极端，如果该"扭曲量"设为 0，就不会在反射中出现扭曲。在选择"无"之后，这个选项处于非活动状态。

Noise（噪波），只有将"使用内置噪波"选为活动的扭曲类型，此组中的选项才处于活动状态。

Regular（规则生成普通噪波）。基本上与"层级"设置为 1 的"分形"噪波相同。当噪波类型设为"规则"时，"级别"微调器处于非活动状态（因为"规则"不是分形功能）。

Fractal（分形），使用分形算法生成噪波。"级别"设置确定分形噪波的迭代次数。

Turbulence（湍流），生成应用绝对值函数来制作故障线条的分形噪波。

Phase（相位），控制噪波函数的动画速度。对噪波使用一个 3D 噪波函数，以便前两个参数是 U 和 V，而第三个参数是相位。

Size（大小），设置噪波功能的比例。此值越小，噪波碎片也就越小。

Levels（级别），设置湍流（作为一个连续函数）的分形迭代次数。

（11）Gradient（渐变）

渐变贴图是 3DS Max 的一种贴图 2d 方式，是从一种颜色过渡到另外一种颜色的贴图处理方式。

图 7 – 3 – 91　　　　　　　　　　　　　图 7 – 3 – 92

Color #1 – 3（颜色#1 – 3），设置渐变在中间进行插值的三个颜色。

Maps（贴图），显示贴图而不是颜色。贴图采用混合渐变颜色相同的方式来混合到渐变中。可以在每个窗口中添加嵌套程序渐变以生成 5 色、7 色、9 色渐变，或更多色的渐变。

Color 2 Position（颜色 2 位置）

控制中间颜色的中心点。位置介于 0 和 1 之间。为 0 时，颜色 2 会替换颜色 3。为 1 时，颜色 2 会替换颜色 1。

Gradient Type（渐变类型）

Linear（线性）基于垂直位置（V 坐标）插补颜色。

Radial（径向）基于与贴图中心（中心为：U = 0.5，V = 0.5）的距离进行插补。

通过上述任一选项，可以使用"坐标"卷展栏上的"角度"参数旋转渐变。可以为 UVW 角度设置动画。

Noise（噪波）

Amount（数量）

Fractal（分形），使用分形算法生成噪波。"层级"选项设置分形噪波的迭代数。

Turbulence（湍流），生成应用绝对值函数来制作故障线条的分形噪波。要查看湍流效果，噪波量必须大于 0。

Size（大小），缩放噪波功能。此值越小，噪波碎片也就越小。

Phase（相位），控制噪波函数的动画速度。3D 噪波函数用于噪波。前两个参数是 U 和 V，第三个参数是相位。

Levels（级别），设置湍流（作为一个连续函数）的分形迭代次数。

Noise Threshold（噪波阈值）

如果噪波值高于"低"阈值并低于"高"阈值，动态范围会拉伸到填满 0 到 1。这样，阈值过渡时的中断会更小，潜在的锯齿也会变得更少。

Low（低）

High（高）

Smooth（平滑）

（12）Gradient Ramp（坡度渐变）

"渐变坡度"是与"渐变"贴图相似的 2d 贴图。它从一种颜色到另一种进行着色。在这个贴图中，可以为渐变指定任何数量的颜色或贴图。它有许多用于高度自定义渐变的选项。

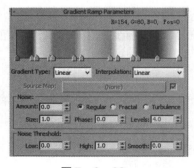

图 7 – 3 – 93

图 7 – 3 – 94

Gradient type（渐变类型），3DS Max 提供了以下渐变类型供用户选择：

4 Corner 4 角点颜色的不对称线性变换。

Box 长方体。

Diagonal 对角线。

Lighting 照明基于灯光的强度值。无灯光表示最左边；最亮灯光表示最右边。

Linear 线性。

Mapped 贴图，用于指定贴图以用作渐变。

Normal 法线基于从摄影机到对象的向量和示例点曲面法线向量之间的角度。渐变最左端的标志为 0 度；而最右端的标志为 90 度。

Pong 往复在中部进行重复的对角线扫描。

Radial 径向。

Spiral 螺旋。

Sweep 扫描。

Tartan 格子。

Interpolation（插值），选择插值的类型。以下"插值"类型可用。这些类型影响整个渐变。

Custom（自定义），为每个标志设置各自的插值类型。右键单击标志可显示"标志属性"对话框并设置插值。

Ease In（缓入），与当前标志相比，为下一个标志指定的权重更大。

Ease In Out（缓入缓出），与下一个标志相比，为当前标志指定的权重更大。

Ease Out（缓出），与下一个标志相比，为上一个标志指定的权重更大。

Linear（线性），从一个标志到另一个标志的常量。

Solid（匀值），无插值。变换是清晰的线条。

Source Map（源贴图），单击可将贴图指定给贴图渐变。

Noise（噪波）

Amount（数量）

Regular（规则）

Fractal（分形）

Turbulence（湍流）

Size（大小）

Phase（相位）

Levels（级别）

Noise Threshold（噪波阈值）

High（高）

Low（低）

Smooth（光滑）

（13）Map Output Selector（贴图选择器）

"贴图输出选择器"贴图是多输出贴图（如 Substance）和它连接到的材质之间的必需中介。它的主要功能是告诉材质将使用哪个贴图输出。

图 7 – 3 –95

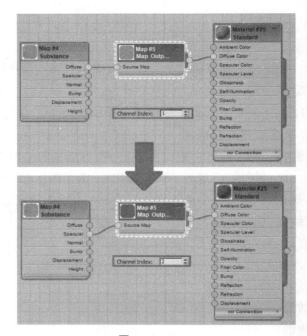

图 7 – 3 – 96

Source Map（源贴图），显示输入贴图的名称和类型。要切换到此贴图，请单击该按钮。

Channel Index（通道索引）

Substance 贴图中输出通道的 ID 号。1 对应于"漫反射"；2 对应于"高光反射"；依此类推。

Channel Name（通道名称）

Substance 贴图的输出通道。通过从下拉列表中选择另一个通道，更改通道。

（14）Marble（大理石）

大理石贴图是 3DS Max 的一种贴图 2d 方式，是通过两种颜色或者贴图形成贴图纹理的一种处理方式。

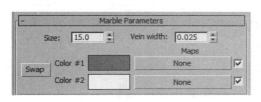

图 7 - 3 - 97

图 7 - 3 - 98

Size（大小），纹理之间的间距。

Vein Width（纹理宽度），纹理的宽度。

Swap（交换），切换两个颜色或贴图的位置。

Color # 1 and Color # 2（颜色 #1 和颜色 #2），打开颜色选择器。为纹理选择一种颜色（颜色 1），并为背景选择另一种颜色（颜色 2）。将通过所选的两种颜色生成第三种颜色。

Maps（贴图）

（15）Mask（遮罩）

使用遮罩贴图，可以在曲面上通过一种材质查看另一种材质。遮罩控制应用到曲面的第二个贴图的位置。

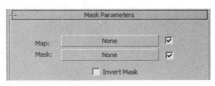

图 7 - 3 - 99

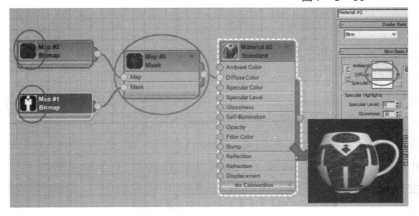

图 7 - 3 - 100

465

Map（贴图），选择或创建要通过遮罩查看的贴图。

Mask（遮罩），白色区域是我们要显示的 Map 贴图的区域。

Invert Mask（反转遮罩），反转遮罩的效果，以使白色变为透明，黑色显示已应用的贴图。

（16）Mix（混合）

使用"混合贴图"可以将两种颜色或材质合成在物体的材质表面。也可以将"混合数量"参数设为动画然后画出使用变形功能曲线的贴图，来控制两个贴图随时间混合的方式。

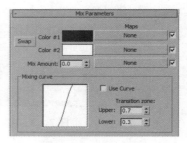

图 7 – 3 –101

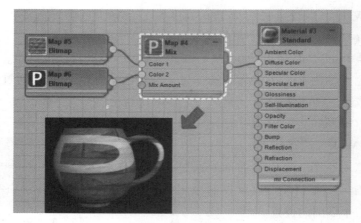

图 7 –3 –102

Swap（交换）

Color # 1，Color # 2（颜色 #1、颜色 #2）

Mix Amount（混合量）

确定混合的比例。其值为 0 时意味着只有颜色 1 在曲面上可见，其值为 1 时意味着只有颜色 2 为可见。也可以使用贴图而不是混合值。两种颜色会根据贴图的强度以大一些或小一些的程度混合。

Mixing Curve（混合曲线），这些参数控制要混合的两种颜色间变换的渐变或清晰程度。（此操作仅在处理应用"混合量"的贴图时才有实际意义）

Use Curve（使用曲线）

Transition Zone（转换区域）

调整上限和下限的级别。如果两个值相等，两个材质会在一个明确的边上相接。加宽的范围提供更渐变的混合。

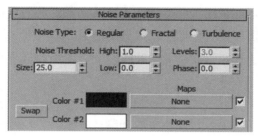

图 7 - 3 - 103

（17）Noise（噪波）

噪波贴图是 3DS Max 的一种贴图 2d 方式，是通过两种颜色或者贴图混杂形成贴图纹理的一种处理方式。

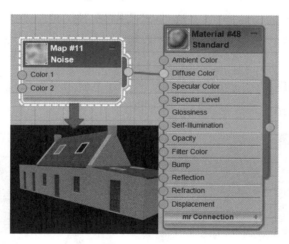

图 7 - 3 - 104

Noise Type（噪波类型）

Regular 规则。

Fractal 分形。

Turbulence 湍流。

Size（大小）

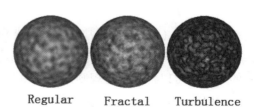

Regular　　Fractal　　Turbulence

图 7 - 3 - 105

Noise Threshold（噪波阈值）

如果噪波值高于"低"阈值而低于"高"阈值，动态范围会拉伸到填满0到1。

Levels（级别）

决定有多少分形能量用于分形和湍流噪波函数。我们可以根据需要设置确切数量的湍流，也可以设置分形层级数量的动画。

Phase（相位），控制噪波函数的动画速度。使用此选项可以设置噪波函数的动画。

Swap（交换）

Color # 1 and Color # 2（颜色 # 1 和颜色 # 2）

（18）Normal Bump（法线凹凸）

法线凹凸贴图是指一种新技术，用于在低分辨率多边形模型上模拟高分辨率曲面细节。

法线凹凸贴图在某些方面与常规凹凸贴图类似，但不同的是，它可以传达更为复杂的曲面细节。法线凹凸贴图不仅可以存储常规凹凸贴图使用的深度信息，而且还可以存储曲面方向法线的信息，从而形成更逼真的效果。

法线凹凸贴图的实际好处最先在实时游戏平台中得以体现。特别是次时代游戏平台，都是基于法线贴图技术进行制作的。

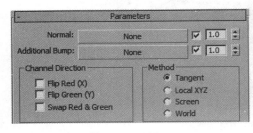

图 7 - 3 - 106

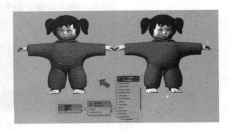

图 7 - 3 - 107

Normal（法线），通常包含由渲染到纹理生成的法线贴图。

Additional Bump（附加凹凸），此选项包含其他用于修改凹凸或位移效果的贴图。可以将其视为规则凹凸贴图。

Channel Direction 通道方向

默认情况下，法线贴图的红色通道表示向左（较大值）与向右（较小值），而绿色通道表示向下（较大值）与向上（较小值），蓝色通道表示垂直距离。

Flip Red（X）翻转红色（X），即翻转红色通道，以反转左和右。

Flip Green（Y）翻转绿色（Y），即翻转绿色通道，以反转上和下。

Swap Red & Green（红色 & 绿色交换）

交换红色和绿色通道以旋转法线。

Method（方法）使用"方法"组可以选择要在法线上使用的坐标。

Tangent（切线），从切线方向投射到目标对象的曲面。

Local XYZ（局部 XYZ），使用对象局部坐标进行投影。

Screen（屏幕），使用屏幕坐标进行投影；即在 Z 轴方向上的平面投影。X 是水平方向，正向朝右递增；Y 是垂直方向，正向朝上递增；Z 与屏幕垂直，正向朝着查看者递增。

World（世界），使用世界坐标进行投影。

（19）Output（输出）

使用"输出"贴图，可以将输出设置应用于没有这些设置的程序贴图，如棋盘格或大理石。

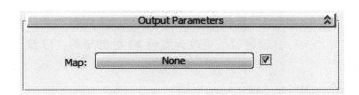

图 7 - 3 - 108

Map（贴图），显示"材质/贴图浏览器"的模式版本，以便可以选择贴图类型。

Output（输出），请见 Bitmap（位图）贴图类型的输出卷展栏。

（20）Particle Age（粒子年龄）

粒子年龄贴图用于粒子系统。通常，可以将"粒子年龄"贴图指定为"漫反射颜色"贴图，或在"Pf Source"（粒子流）中使用"Material Dynamic operator"（材质动态）操作节点指定。它基于粒子的寿命更改粒子的颜色（或贴图）。系统中的粒子以一种颜色开始。在指定的年龄，它们开始更改为第二种颜色，然后在消亡之前再次更改为第三种颜色。

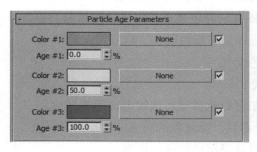

图 7 - 3 - 109

图 7 - 3 - 110

Color #1 （颜色 #1），设置粒子出生时的颜色。

Age #1 （年龄 #1），设置粒子开始从颜色 #1 更改为颜色 #2 处的年龄，以粒子整个寿命的百分比表示。

Color #2 （颜色 #2），设置粒子处于中间期时的颜色。还可以向此颜色指定贴图。

Age #2 （年龄 #2），设置粒子颜色等于颜色 #2 处的年龄，以粒子整个寿命的百分比表示。

Color #3 （颜色 #3），设置粒子消亡时的颜色。还可以向此颜色指定贴图。

Age #3 （年龄 #3），设置粒子更改为颜色 #3 处的年龄，以粒子整个寿命的百分比表示。

（21） Particle MBlur （粒子运动模糊）

粒子运动模糊贴图用于粒子系统。该贴图基于粒子的运动速率更改其前端和尾部的不透明度。该贴图通常应用作为不透明贴图，但是为了获得特殊效果，可以将其作为漫反射贴图。

图 7 - 3 - 111

图 7 - 3 - 112

Color #1 （颜色 #1）

当达到最慢速度时，粒子采用此颜色。默认情况下，此颜色为白色，可以提供不透明贴图的范围不透明端。

Color #2 （颜色 #2）

当粒子加速时，采用此颜色。默认情况下，此颜色为黑色，可以提供不透明贴图中的透明度。

Sharpness （锐度）

控制透明度，相对于速度。如果将"锐度"设置为 0，则无论粒子的速度快慢，整个粒子都是模糊而透明的。默认设置适用于大多数情况。默认设置为 2.0。

（22） Perlin Marble （Perlin 大理石）

Perlin 大理石贴图是 3DS Max 的一种 3D 贴图方法，它使用"Perlin 湍流"算法生成大理石图案。

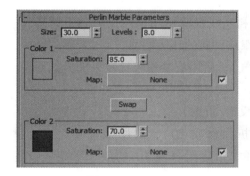

图 7 – 3 – 113

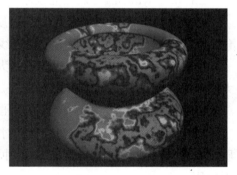

图 7 – 3 – 114

Size （大小），设置大理石图案的大小。

Levels （级别），设置湍流算法应用的次数。范围 从 1.0 到 10.0。

Color 1 and Color 2 （ "颜色 1" 和 "颜色 2"）

Saturation （饱和度），控制贴图中颜色的饱和度，并无需更改色样中显示的颜色。值越小颜色越暗，值越大，颜色越亮。

Swap （交换）

（23） Raytrace （光线追踪）

光线跟踪贴图可以提供全部光线跟踪反射和折射。生成的反射和折射比 Reflect/Refract （反射/折射） 贴图的更精确。但是同时渲染光线跟踪对象的速度比使用反射/折射贴图要耗费更多的时间。

①光线跟踪参数卷展栏

图 7 - 3 - 115

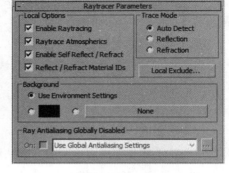

图 7 - 3 - 116

Local Options（局部选项）

Enable Raytracing（启用光线跟踪）

即使禁用光线跟踪，光线跟踪材质和光线跟踪贴图仍然反射和折射环境，包括用于场景的环境贴图和指定给光线跟踪材质的环境贴图。

Raytrace Atmospherics（光线跟踪大气），启用或禁用大气效果的光线跟踪。大气效果包括火、雾、体积光等等。

Enable Self Reflect/Refract（启用自反射/折射）

Reflect/Refract Material IDs（反射/折射材质 ID），启用该选项之后，材质将反射启用或禁用渲染器的 G 缓冲区中指定给材质 ID 的效果。默认设置为启用。

Trace Mode（跟踪模式）

Auto Detect 自动检测如果指定给材质的反射选项，则光线跟踪器将反射。如果指定给折射，则将进行折射。如果将光线跟踪指定给其他任何选项，则必须手动指定是要反射光线还是折射光线。

Reflection（反射），从对象曲面投射反射光线（离开对象）。

Refraction（折射），向对象曲面投射折射光线（进入或穿过对象）。

Local Exclude（局部排除），可以把某些物体从反射效果中排出出去。

Background（背景），Rendering（渲染）下拉菜单——Environment（环境），设置涉及当前场景的环境设置，物体会对环境贴图进行光线跟踪。

Raytraced Reflection and Refraction Antialiaser（光线跟踪反射和折射抗锯齿器）

On（启用）启用此选项之后将使用抗锯齿。

Use Global Antialiasing Settings（使用全局抗锯齿设置）使用全局抗锯齿设置。

Fast Adaptive Antialiaser（快速自适应抗锯齿器），使用"快速自适应抗锯齿器"，不必考虑全局设置。

Multiresolution Adaptive Antialiaser（多分辨率自适应抗锯齿器），使用"多分辨率自适应抗锯齿器"，不必考虑全局设置。

②衰减卷展栏

当光线从对象上反射过来或通过它折射时，默认情况下，光线始终通过空间传递，不存在衰减。此卷展栏上的控件可用于衰减光线，所以光线强度会随着距离降低。

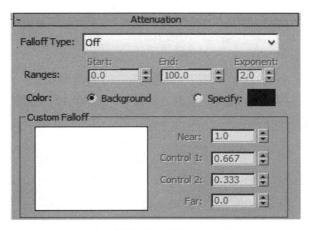

图 7 –3 –117

Falloff Type（衰减类型）

Off（禁用关闭衰减）。

Linear（线性设置），线性衰减。线性衰减根据开始范围和结束范围的值进行计算。

Inverse Square（平方反比），设置平方反比衰减。平方反比衰减根据开始范围进行计算，但不使用结束范围。平方反比是现实世界光线的实际衰减速度。但是，在所渲染的场景中使用它并不会始终获得我们所需的效果。

Exponential（指数），设置指数衰减。指数衰减根据开始范围和结束范围的值进行计算。还可以指定要使用的指数。

Custom Falloff（自定义衰减），指定衰减要使用的自定义曲线。

Start Range（开始范围），以世界单位计的衰减开始的距离。

End Range（结束范围），设置以世界单位计的光线完全衰减的距离。

Exponent（指数），设置指数衰减使用的指数。只有指数衰减才使用此值。

Color（颜色），影响光线衰减时的行为方式。默认情况下，随着光线的衰减，它会渲染为背景色。可以设置自定义颜色。

Background（背景），随着光线的衰减；会恢复为背景，而不是透过反射/折射光线看到的实际颜色。

Specify（指定）设置光线衰减后恢复为的颜色。如果选择不使用背景色，黑色或灰色通常是最好的衰减色。

Custom Falloff（自定义衰减），使用衰减曲线来确定开始范围和结束范围之间的衰减。

Near（近端），设置开始范围距离处的反射/折射光线的强度。

Control 1（控件1），控制接近曲线开始处的曲线形状。

Control 2（控件2），控制接近曲线开始处的曲线形状。

Far（远端），设置结束范围距离处的反射/折射光线的强度。

③基础材质卷展栏

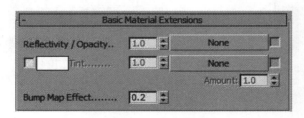

图7－3－118

Reflectivity/Opacity（反射率/不透明度），这个选项影响光线跟踪器效果的强度。

贴图按钮指定控制光线跟踪数量的贴图。

Tint（色彩），使用这个颜色选项可以对光线跟踪器返回的颜色进行染色。染色只适用于反射的颜色；其并不影响材质的漫反射效果。

贴图按钮指定用于色彩的贴图。我们可以更改对象曲面上的色彩颜色。

Bump Map Effect（凹凸贴图效果），控制曲面反射和折射光线上的凹凸贴图效果。

④折射材质扩展卷展栏

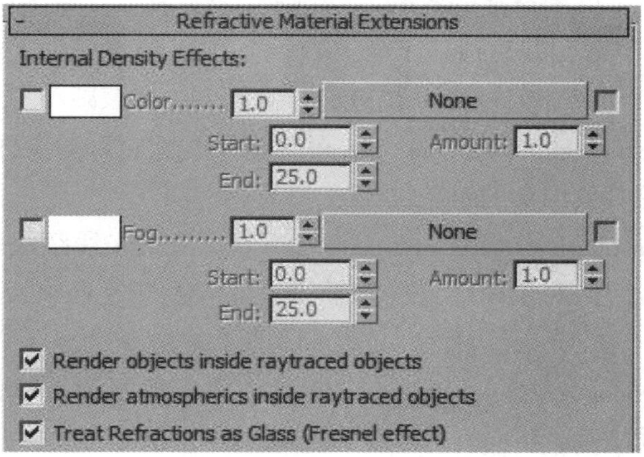

图 7 –3 –119

Internal Density Effects（内部密度效果）

Color（颜色），使用这些控件，可以基于厚度指定过渡色。密度颜色指定对象自身的颜色外观，如染色的玻璃。

Enable（启用），启用或禁用颜色密度。

色样显示颜色选择器。选择过渡色。

Amount（数量），控制密度颜色的数量。减小此值会降低密度颜色的效果。颜色贴图向密度颜色选项指定贴图。

Start and End（开始和结束），染色玻璃的薄片大体上非常清澈，而相同玻璃的厚片则具有更多颜色。"开始"是对象中开始出现密度颜色的位置。"结束"是对象中密度颜色达到其完全"数量"值的位置。为了获得更明亮的效果，应该增加"结束"值。为了获得更暗的效果，应该减小"结束"值。

Fog（雾），密度雾也是基于厚度的效果。其使用不透明和自发光的雾填充对象。这种效果类似于在玻璃中弥漫的烟雾或在蜡烛顶部的蜡。管状对象中的彩色雾类似于霓虹管。

Enable（启用），启用或禁用雾。

色样显示颜色选择器，用于选择雾的颜色。

Amount（数量），控制密度雾的数量。减小此值会降低密度雾的效果，并使雾半透明。

颜色贴图向雾选项指定贴图。

Start and End（开始和结束），"开始和结束距离"选项以世界单位表示，可以基于对象的维度调整雾的效果。"开始"是对象中开始出现密度雾的位置。"结束"是对象中密度雾达到其完全"数量"值的位置。为了获得更明亮的效果，应该增加"结束"值。为了获得更暗的效果，应该减小"结束"值。

Render objects inside raytraced objects（渲染光线跟踪对象内的对象），启用或禁用光线跟踪对象内部的对象渲染。

Render atmospherics inside raytraced objects（渲染光线跟踪对象内的大气），启用或禁用光线跟踪对象内部大气效果的渲染。大气效果包括火、雾、体积光等等。

Treat Refractions as Glass（Fresnel effect），将折射视为玻璃效果（Fresnel 效果），启用此选项之后，将向折射应用 Fresnel 效果。从而可以向折射对象添加一点反射效果，具体情况取决于对象的查看角度。如果禁用此选项，则只折射对象。

（24）Reflect/Refract（反射/折射）

反射/折射贴图生成反射或折射表面。一般将其材质节点连接到 Reflection（反射）或者 Refraction（折射）贴图上。

图 7 - 3 - 120   图 7 - 3 - 121

Source（来源），反射/折射默认是生成围绕物体的六个平面，即立方体的形式来进行反射折射，由于是虚拟的，所以相对于光线追踪，能够节约大量的渲染时间，本选项就是选择六个立方体贴图的来源。

Automatic（自动）自动生成，方法是从具有该材质的对象的轴向六个方向看，然后在渲染时为曲面应用贴图。

From File（从文件），启用后，可指定要使用的位图。当"从文件"处于活动状态时，"渲染立方体贴图文件"组中的选项也可用。可自动生成六个立方体反射贴图并将它们保存到文件，从中可使用"从文件"中的选项加载它们。

Size（大小），设置反射/折射贴图的大小。默认值 100 会生成清晰图像。较低的值会逐渐损失更多细节。

Use Environment Map（使用环境贴图），禁用时，在渲染过程中反射/折射贴图忽略环境贴图。

Blur（模糊）

Apply（应用），打开过滤，对贴图进行模糊处理。

Blur Offset（模糊偏移），影响贴图的清晰度和模糊度，而与其与对象的距离无关。

Blur（模糊），根据生成的贴图与对象的距离，影响贴图的锐度或模糊程度。贴图距离越远，模糊就越大。模糊主要是用于消除锯齿。对于所有贴图使用少量模糊设置，以避免在一定距离像素细节减少时出现闪烁或锯齿，这不失为一种好方法。

Atmosphere Ranges（大气范围）如果场景包含环境雾，立方体贴图必须具有近距离范围和远距离范围设置，才能从为材质指定的对象的角度正确渲染雾。此组中的"近距"和"远距"微调器用于相对于对象指定雾范围。

Near（近），设置雾的近范围。

Far（远），设置雾的远范围。

Get From Camera（取自摄影机），在场景中使用摄影机的"近"和"远"大气范围设置。单击此选项，然后选择摄影机。

Automatic（自动）

First Frame Only（仅第一帧），使渲染器仅在第一帧上创建自动贴图。

Every Nth Frame（每 N 帧）使渲染器根据微调器设置的帧速率创建已设置动画的自动贴图。

From File（从文件）

当启用"从文件"作为反射/折射源时，这些选项才处于活动状态。已指定这六个位图作为立方体贴图。

Up / Down / Left / Right / Front / Back（上/下/左/右/前/后），指定六个立方体贴图之一。如果该贴图是具有正确文件名的一组六个贴图之一，将加载全部六个贴图。

Reload（重新加载），重新加载指定的贴图并更新示例窗。

Render Cubic Map Files（渲染立方体贴图文件）

To File（到文件），选择 Up 贴图（_ UP）的文件名。

Pick Object and Render Maps（拾取对象和渲染贴图）。

（25）RGB Multiply（RGB 倍增）

RGB 倍增贴图使用组合两个不同的贴图，进行倍增组合，以获得正确的效果。

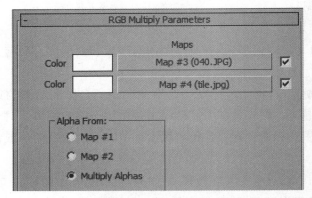

图 7 - 3 - 122

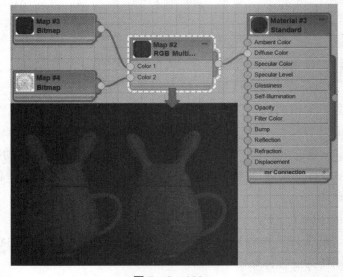

图 7 - 3 - 123

Color #1、Color #2（颜色 #1、颜色 #2），单击贴图按钮可指定一个贴图。该复选框可以切换贴图。

Alpha，此设置用于确定如何生成贴图的 Alpha（透明度）。如果没有贴图拥有 Alpha 通道，则这些选项不起作用。

Map #1（贴图 1），使用第一个贴图的 Alpha 通道。

Map #2（贴图 2），使用第二个贴图的 Alpha 通道。

Multiply Alphas（倍增 Alphas），通过将两个贴图的 Alpha 通道相乘生成新的 Alpha 通道。

（26）RGB Tint（RGB 染色）

RGB 染色贴图可调整图像中三种颜色通道的值。三种色样代表三种通道。更改色样可以调整其相关颜色通道的值。

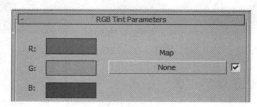

图 7－3－124

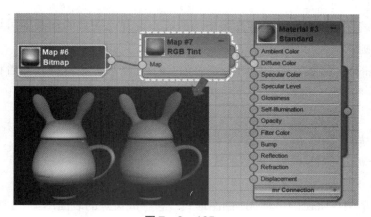

图 7－3－125

R/G/B

红、绿和蓝色样显示颜色选择器可调整特定通道的值。

Map（贴图）

显示"材质/贴图浏览器"可选择要进行染色的贴图。

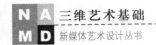

（27）Smoke（烟雾）

烟雾是生成无序、基于分形的湍流图案的 3D 贴图。

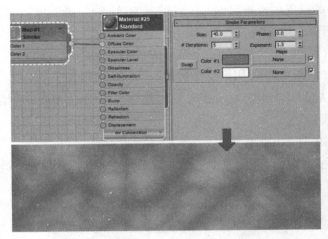

图 7 - 3 - 126

Size（大小），更改烟雾"团"的比例。

Iterations（迭代次数），设置应用分形函数的次数。该值越大，烟雾越详细，但计算时间会更长。

Phase（相位），转移烟雾图案中的湍流。设置此参数的动画即可设置烟雾移动的动画。

Exponent（指数），使代表烟雾的颜色 #2 更清晰、更缭绕。随着该值的增加，烟雾"火舌"将在图案中便得更小。

Swap（交换）。

Color #1（颜色 #1），表示效果的无烟雾部分颜色。

Color #2（颜色 #2），表示烟雾颜色。

（28）Speckle（斑点）

斑点是 3DS Max 的一种 3D 贴图形式，它生成斑点的表面图案，该图案用于"漫反射颜色"贴图或"凹凸"贴图以创建类似花岗岩的表面和其他图案的表面。

图 7 - 3 - 127

通常，我们会在一层的斑点贴图中再加一层斑点，以增加其表面的复杂程度，如图 7 – 3 – 128。

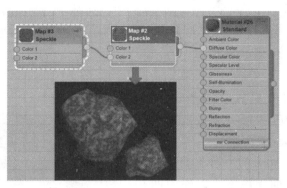

图 7 – 3 – 128

Size（大小），调整斑点的大小。使用该选项可使斑点与几何体相匹配。

Swap（交换），交换两个颜色选项。

Color #1（颜色 #1），表示斑点的颜色。

Color #2（颜色 #2），表示背景的颜色。

（29）Splat（泼溅）

泼溅是 3DS Max 的一种 3D 贴图形式，它生成分形表面图案，该图案对于漫反射颜色贴图创建类似于泼溅的图案非常有用。

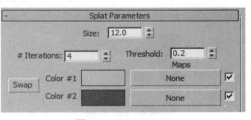

图 7 – 3 – 129

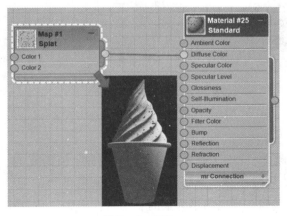

图 7 – 3 – 130

Size（大小），绘制泼溅的相关尺寸。

Iterations（迭代次数），计算分形函数的次数。数值越高，泼溅越详细，但计算时间会更长。

Threshold（阈值），确定与颜色 #2 混合的颜色 #1 量。为 0 时，仅显示颜色 #1；为 1 时，仅显示颜色 #2。

Swap（交换）

Color #1（颜色 #1），背景颜色。

Color #2（颜色 #2），绘制泼溅的颜色。

（30）Stucco（灰泥）

灰泥是 3DS Max 的一种 3D 贴图形式，它生成一个曲面图案，以作为凹凸贴图来创建灰泥墙面的效果。

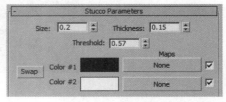

图 7 – 3 – 131

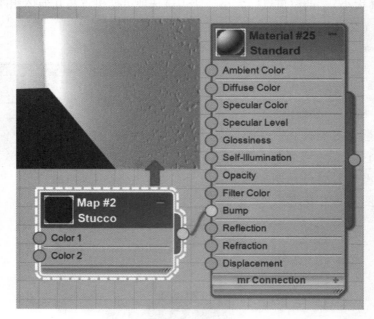

图 7 – 3 – 132

Size（大小），调整缩进的大小。

Thickness（厚度），用于模糊两种颜色的边界。值为 0 时，边界非常清晰。"厚度"越高，边界越模糊，缩进越不明显。如果将"灰泥"用作凹凸贴图，缩进为 0.5 非常微弱并且当值不太大时，缩进会消失。

Threshold（阈值）确定与颜色 #2 混合的颜色 #1 量。为 0 时，仅显示颜色 #2；为 1 时，仅显示颜色 #1。

Swap 交换

Color #1（颜色 #1），表示缩进的颜色。

Color #2（颜色 #2），表示背景灰泥颜色。

（31）Substance

Substance 材质是一种参数化的纹理材质，它具有体积小、不受分辨率影响的优点。目前为 Unreal © Engine 3 游戏引擎、Emergent Gamebryo © 游戏引擎和 Unity 引擎等提供了集成支持，十分方便游戏的制作。

Substance 提供了多个输出节点，如 Diffuse（漫反射）、Specular（高光反射）、法线（Normal）、Bump（凹凸）、Displacement（位移）、Height（高度），如图 7 - 3 - 133，可以把任意节点连接到我们的材质输入节点上，它们之间是通过 Map Output Selector（贴图输出选择器）来选择的。

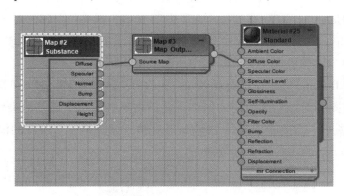

图 7 - 3 - 133

图 7 - 3 - 134

①全局 Substance 设置卷展栏

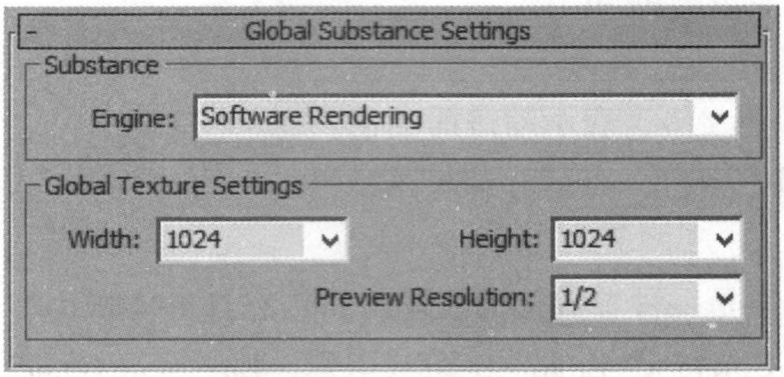

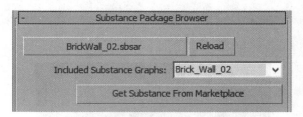

图 7-3-135

Engine（引擎），视口中用于 Substance 纹理的当前渲染引擎。从下拉列表中选择引擎；选项有"硬件渲染"和"软件渲染"。如果我们的计算机支持硬件渲染，更改 Substance 参数（如"随机种子"）时会获得更快的响应。

Global Texture Settings（全局纹理设置）

Width/Height（宽度/高度），场景中所有 Substance 纹理的基本输出分辨率，受每个单独纹理的"纹理大小"（本地）设置的更改的影响。更改任何 Substance 的全局设置也会更改场景中所有其他 Substance 的设置。

Preview Resolution（预览分辨率），为仅在"材质编辑器"和视口中渲染 Substance 贴图，对该贴图应用的倍增。此倍增不会应用于最终渲染输出。

为了在编辑场景和材质时更快地获得反馈，请使用一个较低的值。

②Substance 程序包浏览器卷展栏

图 7-3-136

Load Substance（加载 Substance），打开"查找 Substance 文件"浏览器对话框。使用该对话框可以打开 Substance 文件。

Reload（重新加载），再次从 Substance 定义文件加载 Substance。

Include Substance Graphs（包括 Substance 图形），使用此下拉列表可以从包含多个定义的程序包中选择要使用的 Substance 定义。

Get Substance From Marketplace（从市场获取 Substance），在默认浏览器中打开 Allegorithmic 网站。浏览网站以查找有用的产品和附加模块。

③纹理大小卷展栏

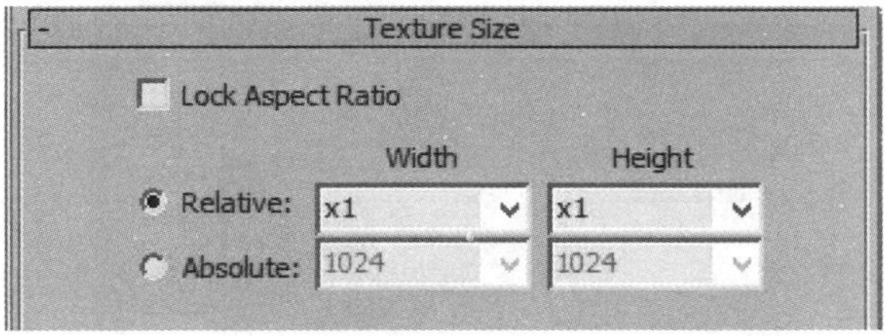

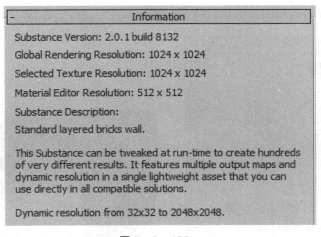

图 7 - 3 - 137

Lock Aspect Ratio（锁定纵横比），当启用时，此卷展栏上只有"宽度"设置是可用的；更改"宽度"设置也会更改"高度"值以保持当前的纵横比。

Relative/Absolute（相对/绝对）

当选择"相对"时，"宽度"和"高度"设置作为全局尺寸的倍增。当选择"绝对"时，"宽度"和"高度"设置确定输出分辨率，与全局设置无关。

④信息卷展栏

图 7 - 3 - 138

信息卷展栏显示当前 Substance 贴图的一系列信息，包括当前 Substance 贴图的名称、分辨率等等。

⑤纹理参数卷展栏

Brick_Wall_02	
Random Seed	0
Age	0.25
Bricks X	10
Bricks Y	26
Depth	0.0
Relief Balance	32.0
Normal	0.5
Emboss	5.0
Angle	1.0
Hue Shift	0.0
Saturation	0.5
Luminosity	0.5
Contrast	0.0

图 7－3－139

每个 Substance 纹理都有自己的参数集，其中一些参数对于大多数纹理是公用的，如"Random Seed"（随机种子），大家可以根据不同的材质，相应的调整各个参数，得到自己独有的 Substance 纹理。

（32）Swirl（漩涡）

旋涡是 3DS Max 的一种 2D 程序的贴图，通过两种不同的颜色或者贴图，向中心进行漩涡式扭曲，形成特殊的肌理效果。

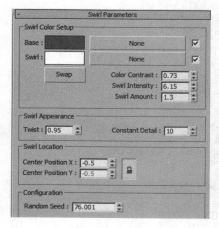

图 7－3－140

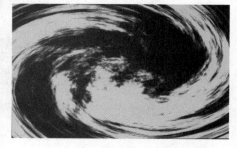

图 7－3－141

Swirl Color Setup（漩涡颜色设置）。

Base（基础），旋涡效果的基础层。单击色样以更改该颜色。

Swirl（旋涡），与基础颜色或贴图混合，生成旋涡效果。单击色样以更改该颜色。

Swap（交换）。

Color Contrast（颜色对比度），控制基础和旋涡之间的对比度。值为 0 时，旋涡很模糊。值越高，对比度越大。

Swirl Intensity（旋涡强度），控制旋涡颜色的强度。值越高，生成的混合颜色越生动。

Swirl Amount（旋涡量），控制混合到基础颜色的旋涡颜色的数量。

Swirl Appearance（旋涡外观）。

Twist（扭曲），更改旋涡效果中的螺旋数。值越高，螺旋数量越多。

Constant Detail（恒定细节），更改旋涡内细节的级别。值越低，旋涡内的细节级别越少。值越高，细节越多。

Swirl Location（旋涡位置）。

Center Position X and Y（中心位置 X 和 Y），调整对象中旋涡中心的位置。

Lock（锁定），在调整 X 和 Y 值时，它们保留不变。通过关闭"锁定"，调整 X 或 Y 位置，可以跨对象"滑动"旋涡效果。

Configuration（配置）。

Random Seed（随机种子），设置旋涡效果的新起点。在保持其他参数不变的情况下更改旋涡图案。

（33）Thin Wall Refraction（薄壁折射）

薄壁折射一般应用于平整的玻璃上模拟光线在玻璃的边缘被弯曲的效果，如图 7 - 3 - 142。

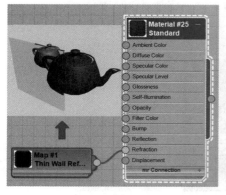

图 7 - 3 - 142

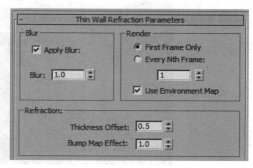

图 7 - 3 - 143

487

Blur（模糊）。

Apply Blur（应用模糊）。

Blur（模糊），根据生成的贴图与对象的距离，影响贴图的锐度或模糊程度。贴图距离越远，模糊就越大。模糊主要是用于消除锯齿。对于所有贴图使用少量模糊设置，以避免在一定距离像素细节减少时出现闪烁或锯齿。

Render（渲染），本栏的选项影响折射在动画中的行为方式。

First Frame Only（仅第一帧），使渲染器仅在第一帧上创建折射图像。这是最快的选项。如果摄影机或折射对象不移动，可以使用此选项。

Every Nth Frame（每 N 帧），使渲染器根据微调器设置的帧速率重新生成折射图像。每一个单独的帧都提供最准确的结果，只是渲染所需的时间最长。

Use Environment Map（使用环境贴图），处于禁用状态时，在渲染期间折射会忽略环境贴图。如果在场景中出现折射，并且我们正在根据平面屏幕环境贴图进行对位，则将其关闭很有用。空间中其他环境贴图类型的行为方式不同，屏幕环境贴图在 3D 空间中不存在，也不会正确渲染。

Refraction（折射）。

Thickness Offset（厚度偏移）。

影响折射偏移的大小或缓进效果。值为 0 时，没有偏移，在渲染的场景中看不到该对象。值为 10.0 时，偏移的效果最强。范围在 0.0 到 10.0 之间。

Bump Map Effect（凹凸贴图效果）。

由于存在凹凸贴图，影响折射的数量级。

（34）Tiles（平铺）

平铺贴图可以创建自己的砖墙纹理材质，如图 7 – 3 – 144 效果。

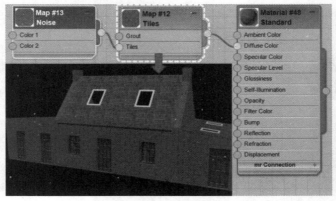

图 7 – 3 – 144

①标准控制卷展栏

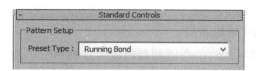

图 7 - 3 - 145

Preset Type（预设类型），在这里，3DS Max 为我们提供了几种预设类型供我们调用。

②高级控制卷展栏

Show Texture Swatches（显示纹理样例），更新并显示贴图指定给"瓷砖"或"砖缝"的纹理。

Tiles Setup（平铺设置）

Texture（纹理），控制用于瓷砖的当前纹理贴图的显示。

Horiz. Count（水平数），控制行的砖的数量。

Vert. Count（垂直数），控制列的砖的数量。

Color Variance（颜色变化），控制砖的颜色变化。

Fade Variance（淡出变化），控制砖的淡出变化。

Grout Setup（砖缝设置）

Texture（纹理），控制砖缝的当前纹理贴图的显示。

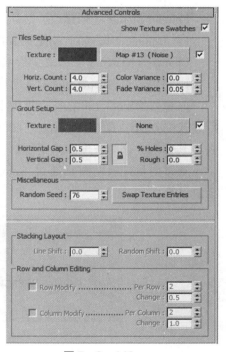

图 7 - 3 - 146

Horizontal Gap（水平间距），控制瓷砖间的水平砖缝的大小。

Vertical Gap（垂直间距），控制瓷砖间的垂直砖缝的大小。

% Holes（% 孔），设置由丢失的瓷砖所形成的孔占瓷砖表面的百分比。

Rough（粗糙度），控制砖缝边缘的粗糙度。

Miscellaneous（杂项）

Random Seed（随机种子），对瓷砖应用颜色变化的随机图案。

Swap Texture Entries（交换纹理条目），在瓷砖间和砖缝间交换纹理贴图或颜色。

Stacking Layout（堆垛布局）

Line Shift（线性移动），每隔两行将瓷砖移动一个单位。

Random Shift（随机移动），将瓷砖的所有行随机移动一个单位。

Row and Column Editing（行和列编辑）

Row Modify（行修改）

Per Row（每行），指定需要改变的行。

Per Row（更改），更改受到影响的行的贴图宽度。

Column Modify（列修改）

Per Column（每列），指定需要改变的列。

Change（更改），更改受到影响的列的贴图高度。

（35）Vector Displacement（向量置换）

向量置换贴图允许在三个维度上置换网格，这与之前仅允许沿曲面法线进行置换的方法形成鲜明对比。与法线贴图类似，向量置换贴图使用整个色谱来获得其效果，这与灰度图像不同。

通常向量置换贴图是通过 Autodesk Mudbox 来进行制作，可以喝 3DS Max 无缝结合。

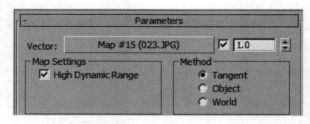

图 7 - 3 - 147

Vector（向量），设置并显示贴图用于置换的图像文件。

Map Settings：High Dynamic Range（贴图设置：高动态范围），使用包含高动态范围数据（位于 EXR 文件中）的位图时，请确保该选项处于启用状态。

Method（方式），选择与用来在 Mudbox 中提取图像的"Vector Space"设置相匹配的选项。

（36）Vector Map（向量贴图）

使用向量贴图，可以将基于向量的图形（包括动画）用作对象的纹理。

图 7 - 3 - 148

向量图形文件具有描述性优势，因此它生成的图像与显示分辨率无关。向量贴图支持多种行业标准向量图形格式。比如 AutoCAD 填充图案另存的 PAT 格式（如图 7 - 3 - 148）、Adobe Illustrator 9 通过 CS6 生成的 AI 格式、可扩展向量图形（SVG）格式等文件。保存用于 3DS Max 的 AI 文件时，需要启用"创建 PDF 兼容文件"。

①参数卷展栏

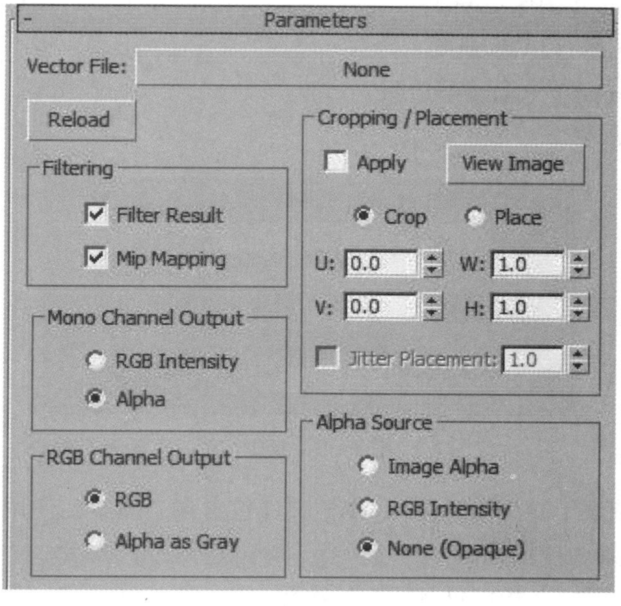

图 7 - 3 - 149

Vector File（向量文件），可以打开一个向量文件应用于材质中。

Filtering（过滤）

Filter Result（过滤结果），如果启用，在渲染向量贴图时一定会通过抗锯齿。

Mip Mapping（Mip 贴图），打开时，将生成该图像的 mipmap。默认设置为启用。Mipmap 是一组较低细节的位图。使用它可以节约大量的计算机资源。

Mono Channel Output（单通道输出）

RGB Intensity（RGB 强度）

Alpha

RGB Channel Output（RGB 通道输出）

（RGB）

Alpha as Gray（Alpha 作为灰度）

Cropping/Placemen（裁剪/放置）

Apply（应用）

View Image（查看图像）

Alpha Source（Alpha 来源）

Image Alpha（图像 Alpha）

RGB Intensity（RGB 强度）

None（Opaque）〔无（不透明）〕

②图案卷展栏

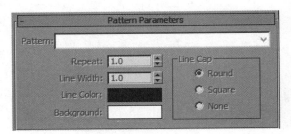

图 7 - 3 - 150

Patten（图案下拉列表）如果 PAT 文件包含多个图案，使用此下拉列表可以选择要在场景中使用的图案。

Repeat（重复），指定重复图案的次数。

Line Width（线宽），以默认宽度 1.0 的倍数的形式设置图案中的线宽。

Line Color（线条颜色），单击以打开颜色选择器，然后为图案中的线条选择一种颜色。

Background（背景），单击以打开颜色选择器，然后为图案的背景选择一种颜色。

③Adobe Illustrator ∕ PDF 参数卷展栏

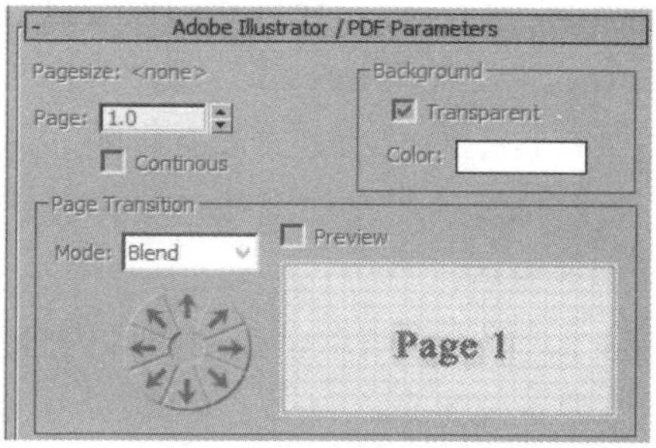

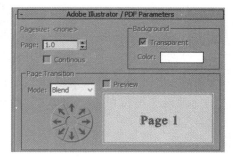

图 7 – 3 – 151

Pagesize（页面大小），以渲染的像素数显示文档中页面的大小。

Page（页面），选择要显示的 AI 或 PDF 文件页面。

Continuous（连续），禁用此选项后，纹理将始终显示整个页面。启用时，页面之间逐渐过渡，并启用"页面过渡"组中的选项。

Mode drop – down list（模式下拉列表），提供了几种不同的动画效果。

Blend（混合），页面一页接一页地淡化，没有空间移动。

Scroll（滚动），连续页面滚动过去，和在"滚动"影片致谢名单中一样。

Move In（移进），连续的页面从"屏幕外"移进纹理。

Move Out（移出），较早的页面移出纹理，从而显示后面的页面。

Background（背景）

Transparent（透明），启用时，背景颜色是透明的。禁用时，背景颜色不透明，"颜色"控件可用于选择背景色。默认设置为启用。

Color（颜色），单击以打开颜色选择器，然后为背景选择一种颜色。

④高级参数卷展栏

图 7 – 3 – 152

Used Memory（已用内存），显示平铺渲染的向量贴图所用的内存大小。

HW Bitmap size（HW 位图大小），允许我们设置硬件渲染过程中所用的渲染平铺的大小（Quicksilver 渲染器和 iray 渲染器）。

此设置对向量贴图在视口中的显示方式没有影响。

Messages（消息）如果向量贴图在加载或渲染向量图形文件时出错，则此窗口将显示关于这些问题的警告。

Clear List（清除列表），单击以清除消息窗口的内容。

（37）Vertex Color（顶点颜色）

顶点颜色贴图设置应用于可渲染对象的顶点颜色。可以使用顶点绘制修改器、指定顶点颜色工具指定顶点颜色，也可以使用可编辑网格顶点选项、可编辑多边形顶点选项或者可编辑多边形顶点选项指定顶点颜色。

顶点颜色指定主要用于特殊的应用中，例如游戏引擎或者光能渲染器，也可以使用它来创建彩色渐变的表面效果。

图 7 - 3 - 153

图 7 - 3 - 154

Map Channel（贴图通道），可以指定需要使用的通道。范围从 0 到 99。默认设置为 0。

Sub Channel（子通道），可以指定贴图是使用指定贴图通道的"红色"子通道、"绿色"子通道还是"蓝色"子通道，或者使用所有的子通道。

Channel Name（通道名称），将带有顶点颜色贴图的材质指定到带有已命名贴图或顶点颜色通道的对象后，可以单击"更新"，然后从此下拉列表中选择对象的已命名贴图通道。

Update（更新）更新"通道名"下拉列表的内容。在为对象使用材质以后使用"更新"，或者在为对象添加了通道以后。

（38）Waves（波浪）

波浪贴图是 3DS Max 的一种 3d 贴图形式，通过两种颜色或者贴图的波浪式结合，形成波浪纹理，得到类似涟漪的效果，如图 7 – 3 – 156。

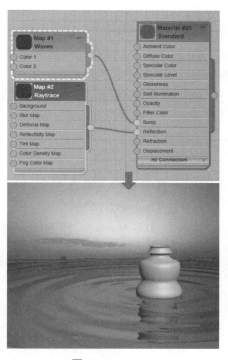

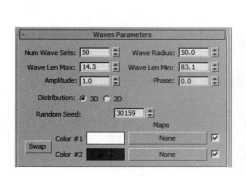

图 7 – 3 – 155　　　　　　　　　　　　图 7 – 3 – 156

Num Wave Sets（波浪组数量）

指定在图案中使用多少个波浪组。波浪组是几组放射状对称的波浪，它们源自随即计算的点沿着对象内部假设的球体（在 2D 波浪分布中是圆圈）表面生成的形状。

Wave Radius（波半径）

以 3DS Max 单位指定假想的球体（3D 分布）或圆圈（2D 分布）的半径，它们的表面是每个波浪组的起点。大半径产生较大的圆形波浪图案，小半径产生的波浪小，但密度更大。

Wave Len Max and Wave Len Min（波长最大值和波长最小值）

定义每个波浪中心随机所使用的间隔。如果两个值非常接近，那么水面看起来很规则。如果两个值相差很远，那么水面看起来不太规则。

Amplitude （振幅）

通过增大两种颜色之间的对比度，调整波浪的强度和深度。

Phase （相位）

改变波浪图案。将此参数设置为动画可为图案的运动生成动画效果。

Distribution 3D/2D （分布 3D/2D）

3D 将波浪中心分布在假想球体的表面，影响 3D 对象的各个侧面。2D 将波浪分布在以 XY 平面为中心的圆圈内，它更适用于扁平的水面（如海洋和湖泊）。

Random Number Seed （随机种子）

提供一个种子数以生成水波图案。图案会因每个种子而改变，但所有其他设置仍保持不变。

Swap （交换）

Color #1 and #2 （颜色 #1 和 #2）

（39） Wood （木纹）

木材是 3DS Max 的一种 3D 程序贴图，模拟木纹的肌理效果。

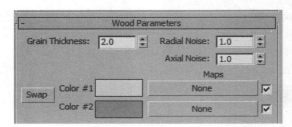

图 7 - 3 - 157

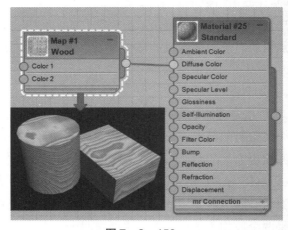

图 7 - 3 - 158

Grain Thickness（颗粒密度），设置构成纹理的彩色条带的相对宽度。

Radial Noise（径向噪波），在与纹理垂直的平面上创建相对随机性和圆环结构。

Axial Noise（轴向噪波），在与纹理垂直的平面上创建相对随机性，沿着纹理的长度。

Swap（交换）。

Colors（颜色），为纹理图案选择任意两种颜色。

小结

本节课我们把材质编辑器的内容粗略地为大家介绍了一遍，材质的内容是复杂的，我们无法通过几个例子给大家详细透彻的讲述，大家也不必纠结有的知识点没有完全记住，只需要把这节课当作一个参考资料，大致上把 3DS Max 拥有的材质在心里有个印象，当真正需要用到的时候，再回过头来学习这节的内容，相信那时候本节课的内容会给大家以较大的帮助。

（四）光之教堂

各位同学，大家好！今天我们开始学习 Vray 渲染器。之前我们学习的灯光、材质和渲染的内容，都是在 3DS Max 扫描线渲染器（Default Scanline Renderer）下进行的，本节课我们学习的 Vray 渲染器是一个外挂渲染器，Vray 渲染器由于计算方法先进，渲染速度较快，操作设置也和简单，因此现在在市场上具有相当高的占有率，现在在国内学习渲染，Vray 似乎都是一个绕不开的工具，本节课我们使用日本建筑师安藤忠雄的建筑"光之教堂"为例子，进行 Vray 渲染器的讲解。如图 7 - 4 - 1 是我们用 Vray 最终渲染的效果。

图 7 - 4 - 1

在做室内的场景时，我们一定要分析好光源的主次方向，确定最终效果的色调，比如是以冷色调为主亦或是以暖色调为主，光之教堂的主厅的主要窗口有三个，如图7－4－2所示，另外室内还有4盏昏黄的灯光。

步骤1 打开配套光盘\ 贴图文件\ 07 第七章 渲染\ 第四节 光之教堂\ 模型 .max，得到如图7－4－3模型。

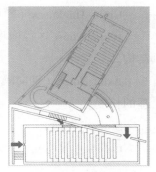

图7－4－2

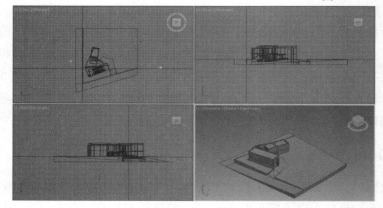

图7－4－3

我们发现我们制作的主体建筑在顶视图并不是水平的，这样会对我们后期的制作造成困扰，所以我们首先要把它调整为水平。

步骤2 激活顶视图，点旋转工具⟳，点 Ctrl＋A 全部选择，如图7－4－4，把模型顺时针为如图7－4－5效果。

图7－4－4

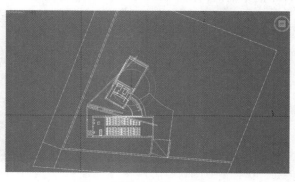

图7－4－5

步骤 3 点创建命令面板，Target（目标摄像机工具），在顶视图创建一架目标摄像机，如图 7 − 4 − 6 效果。

激活透视图，点一下键盘上的 C 键，使之成为摄像机视图（如图 7 − 4 − 7）。

点 H 键，打开按名称选择，选择 Camera001 和 Camera001. target（摄像机的目标点），如图 7 − 4 − 8 所示，点 OK。

使用移动工具，在前视图和顶视图，把摄像机调整至如图 7 − 4 − 9 效果。

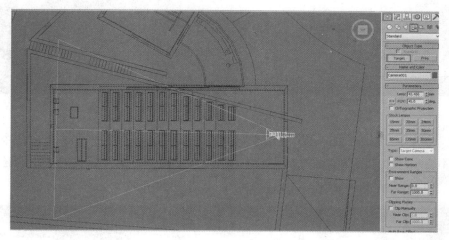

图 7 − 4 − 6

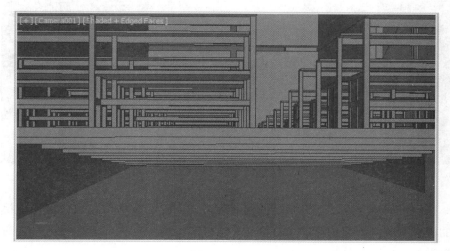

图 7 − 4 − 7

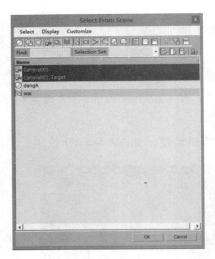

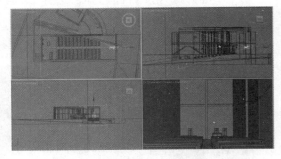

图 7 - 4 - 8

图 7 - 4 - 9

步骤 4 选择 Camera001（如果与 Camera001. target 同时选择，修改命令面板不会出现摄像机的参数），在右侧的修改命令面板，把摄像机的焦距调整为 33，如图 7 - 4 - 10 所示。

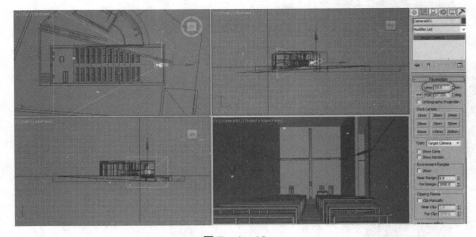

图 7 - 4 - 10

摄像机的调整以接近人眼睛的视角为最佳，除非有特殊要求，尽量把摄像机的视点调整到人眼的高度（如图 7 - 4 - 11），避免仰视或者俯视，平视对人的视觉是最舒服也是最习惯的视角。

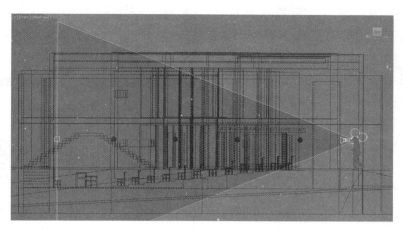

图 7 – 4 – 11

步骤 5 激活透视图，点一下 Shift + F 键，打开安全框，点 F10 键，打开渲染设置对话框，把最终渲染的宽高比设置为 830 × 480，如图 7 – 4 – 12 所示。

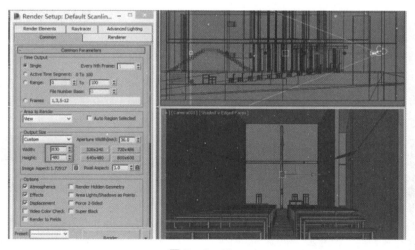

图 7 – 4 – 12

步骤 6 点 H 键，打开按名称选择对话框，选择 "wai" 组，使用 Group（组）下拉菜单——Open（打开），这样这个组就暂时打开，再次点 H 键，选择 "boli" 这个物体，点 OK。如图 7 – 1 – 13 所示。点右键，选择 Hide Selection（隐藏选择的物体），把 boli 这个物体暂时隐藏掉。

一般情况下，白天在日光的照射下，室外要比室内明亮许多，这种情

况下从室内向室外看是看不见玻璃
的，也就是说玻璃是纯透明的效果，
而在三维软件里玻璃由于要计算大
量的反射折射，耗费许多计算机资
源，而白天又是完全透明的，所以
我们无需计算它来浪费宝贵的渲染
时间，一般就需要把它删除或者隐
藏掉。

　　步骤7　点 F10 键，打开渲染器
设置，在最下部的 Assign Renderer
（指定渲染器卷展栏）中，如图
7－1－14，点击右侧的■■打开渲染器设
置，把渲染器从 Default Scanline Ren-
derer（默认的扫描线渲染器）换为
Vray 渲染器（如图7－1－15）。

图 7－4－13

图 7－4－14

图 7－4－15

如果我们现在点 Shift + Q 进行测试渲染，发现渲染会以方块的方式进行，锁门我们已经成功切换到 Vray 渲染器。如图 7 – 3 – 16 所示。

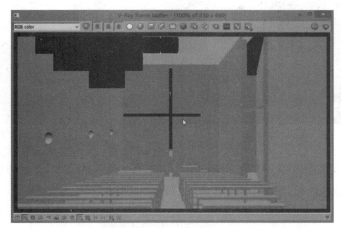

图 7 – 4 – 16

步骤 8 在创建命令面板，Light（灯光）——Vray 灯光——VrayLight，在左视图，光之十字架的位置创建一盏 VrayLight 灯光。如图 7 – 1 – 17 所示。

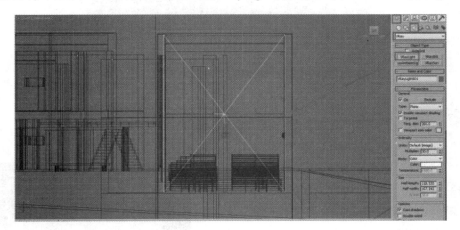

图 7 – 4 – 17

VrayLight 是 Vray 渲染器的主要灯光形式，它是一种面积光源，特别适合表现窗口、洞口等大面积的光源效果。如图 7 – 1 – 18 所示。

VrayLight 的参数面板里，有几项是常用且非常重要的选项，如图 7 – 1 – 19，Invisble 是不可见，一般情况下我们需要把其打开，这样只是灯光起到效果，而灯光本身不可见。Cast shadows 是产生阴影。

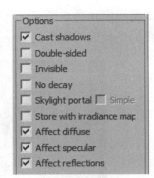

图 7 - 4 - 18   图 7 - 4 - 19

步骤 9   在顶视图，使用移动工具，把刚刚创建的灯光移动到光之十字架所在的墙的里面，如图 7 - 1 - 20 所示。

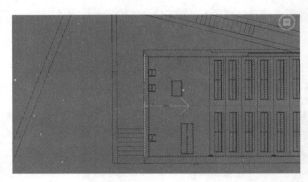

图 7 - 4 - 20

点 F10 键，打开渲染设置，把 Enable built - in frame buffer（帧缓存）关闭，如图 7 - 4 - 20 所示。

帧缓存是 Vray 对渲染图像后进行调整的一种方法，但是由于它渲染的结果不能用右键的四联菜单快速打开，所以笔者一般习惯上把它关闭。

步骤 10   切换到摄像机视图，Shift + Q 渲染，得到如图 7 - 4 - 22 效果。

由于我们没有打开全局光，所以看到不

图 7 - 4 - 22

受光照的墙体是纯黑色的，这种情况是同 3DS Max 默认的渲染器一样的效果，主要是没有打开全局光照明造成的。

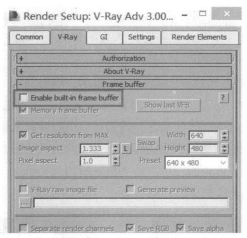

图 7 - 4 - 21

步骤11 点 F10 键，打开渲染设置，在 GI（全局光）栏中，打开 Enble GI（开启 GI），在 Irradiance map（发光贴图）中，把 Current preset（预设）里调整为 Very low（非常低）。

在 common（共用）栏中，把渲染的分辨率调整到 600×347。

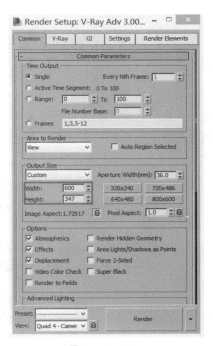

图 7 - 4 - 23　　　　　　　　　　图 7 - 4 - 24

GI 打开后，光线照射到物体上，不会像默认的扫描线渲染一样结束了（如图 7－4－25），茶壶的阴影是纯黑色，茶壶的背光面没有一丝光线照射，这在现实中是不可思议的。

当我们打开 GI 后，光线如图 7－4－26 所示，照射到 A 点，会发生反弹，所以 B 点即使在背光面，也会被照亮，并且呈现墙面的红颜色，这是 GI 最强大的地方，也是比较耗费渲染时间的地方，因为计算机要计算大量的光线反弹。

一般情况下，我们在做测试渲染时为求得较快的渲染速度，一般会把预设调整的低一些，分辨率也设置的较小，最终渲染时再调整回来，所以有时测试渲染时有噪点或者局部的光线错误，不必担心，只需要关心大的光线效果就可以了。

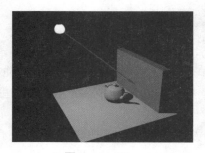 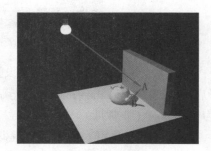

图 7 －4 －25　　　　　　　　　　　图 7 －4 －26

步骤 12　双点击 Render（渲染），计算过程如图 7 －4 －27 所示，图7 －4 －27 的左侧显示了计算过程，可以看到总共计算 2 次，第二次的采样点明显比第一次采样点要多，如果我们在 Current preset（预设）里选择 High（高质量），那么就会计算 4 次，这会耗费大量的渲染时间。渲染后我们得到了7 －4 －28效果。这次我们看到背光的阴影处不再是纯黑色，这表示我们的全局光已经起到了作用。

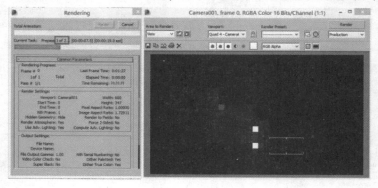

图 7 －4 －27

我们观察图像，发现光之十字架处是亮的，但是这种亮并不是天空的颜色，而是灯光本身的色彩，这样我们就看不到外面的空间了，这是不对的，我们来调整它。

步骤13 选择我们的VrayLight，在右侧的修改命令面板，把Invisible（不可见）打开，如图7-4-29所示，渲染得到如图7-4-30效果。这样灯就看不见了，但是它仍然对我们的空间产生影响。

图7-4-28

图7-4-29

图7-4-30

步骤14 点F10键打开渲染设置，在V-ray栏下，Environment（环境）卷展栏下，打开GI Environment（环境产生GI），边上的蓝色就是我们天空光的色彩，把强度调成为0.6，如图7-4-31所示。

打开Renderer（渲染）下拉菜单——Environment（环境），把天空的颜色设置为淡蓝色，如图7-4-32所示。渲染得到如图7-4-33效果，天空的颜色已经出现，并且窗口的位置投射进了淡淡的天空光。

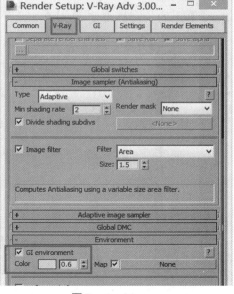

图7-4-31

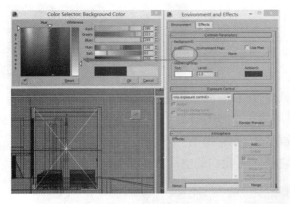

图 7 - 4 - 32　　　　　　　　　　　图 7 - 4 - 33

步骤 15　现在我们来给物体赋予材质，选择墙壁，点 M 键，打开材质编辑器，这次我们使用一个新的材质，即 Vraymtl 材质，这个材质相当于我们 Vray 渲染器的标准材质，把 Diffuse map（漫反射颜色）连接一个 Bitmap（位图）的节点，选择配套光盘 \ 贴图文件 \ 07 第七章 渲染 \ 第四节 光之教堂 \ qs5. jpg 这个材质，这是我们的一个清水混凝土材质（图 7 - 4 - 34）。把材质赋予给墙体。

在修改命令面板，给墙体一个 UVW Map 的修改器，贴图坐标的类型选择 Box，Box 的长宽高都使用 80，如图 7 - 4 - 35。

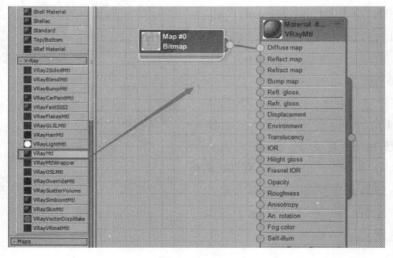

图 7 - 4 - 34

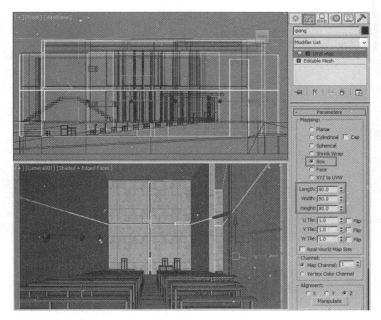

图 7－4－35

步骤16 选择 UVW Map 的 Gizmo 子物体，在顶视图，使用旋转工具，把 Gizmo 子物体旋转到如图 7－4－36 效果。在摄像机视图也略作调整，如图 7－4－37效果，关闭 Gizmo 的子物体层级。

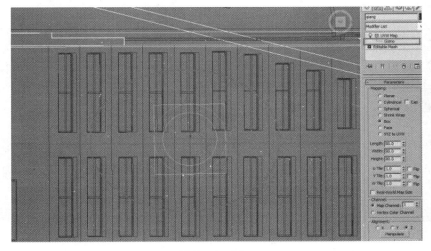

图 7－4－36

图 7 - 4 - 37

步骤 17 选择桌椅，点 M 键，打开材质编辑器，创建一个 Vraymtl 材质，把 Diffuse map（漫反射颜色）连接一个 Bitmap（位图）的节点，选择配套光盘/第七章/第四节/040 这个材质（图 7 - 4 - 38）。把材质赋予给桌椅。

在修改命令面板，给桌椅一个 UVW Map 的修改器，贴图坐标的类型选择 Box，Box 的长宽高都使用 30，调整 Gizmo 的子物体，如图 7 - 4 - 39 效果。关掉 Gizmo 子物体层级。

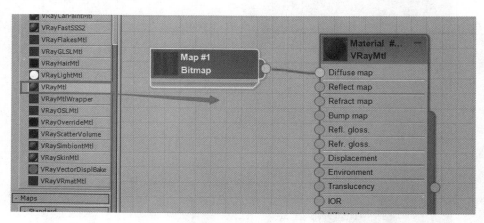

图 7 - 4 - 38

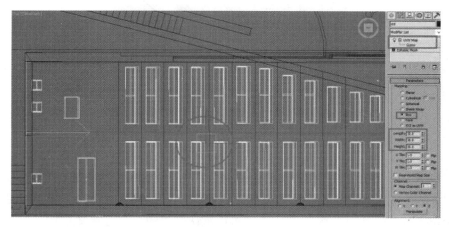

图 7 – 4 – 39

步骤 18 选择顶面和地面，点 M 键，打开材质编辑器，创建一个 Vraymtl 材质，双击如图 7 – 4 – 40 圆圈处，在右侧的参数面板，把材质的漫反射颜色设置成为一个灰色，赋予顶面和地面。渲染得到如图 7 – 4 – 41 效果。

我们发现光之十字架两端太亮了，而近处的光线又太暗了，我们知道，这个房间是有三个天光的入口，所以我们必须调整光之十字架的光源，并在其他入口处添加补光。

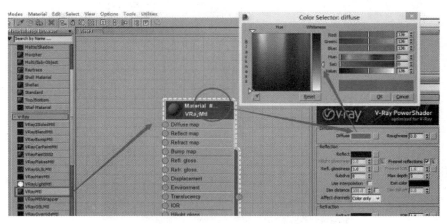

图 7 – 4 – 40

图 7 – 4 – 41

步骤 19 选择十字架的 VrayLight001，在右侧修改命令面板，把 Multiplier（倍增值）调整为 15（这个参数虽然单词和 3DS Max 默认的灯光一样，但是计量单位不一样，所以默认是 30，不能再用默认灯光的参数去定义它）。

把灯光的颜色调整为一个淡蓝色，如图 7 – 4 – 42，淡蓝色是我们的整体色调，与室内灯光的昏黄色相对应，能够产生比较好的效果。

渲染得到如图 7 – 4 – 43 效果。这样主光源处不再有边角的曝光过度现象。

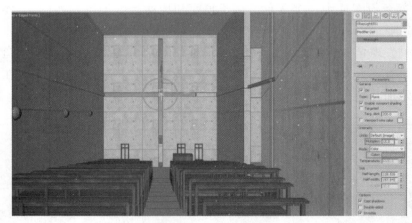

图 7 – 4 – 42

图 7 – 4 – 43

步骤 20 现在我们来创建直接光照明，就是阳光撒到地面上的效果。

打开创建命令面板——Light（灯光）——Standard（标准灯光）——Target Direct（目标平行光），在顶视图创建一盏目标平行光，如图 7 - 4 - 44 所示。

在透视图，用移动工具把 Direct（发光点）向上调整至如图 7 - 4 - 45 效果。

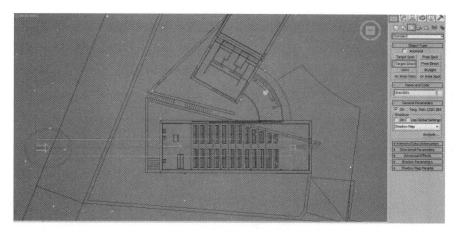

图 7 - 4 - 44

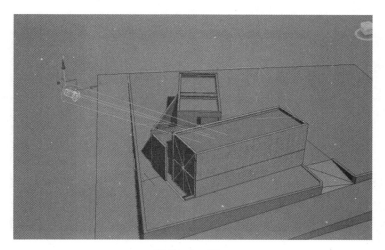

图 7 - 4 - 45

在修改命令面板，在 Directional Parameters（平行光参数）卷展栏，把 Hotspot/Beam（聚光区/光束）和 Falloff/Field（衰减区/区域）分别调整为 394 和 396，这个数值大家不用这么精确，只要把房子包住即可。

把 Multiplier（强度）调整为 1.7，开启 Shadows（阴影），阴影的类型选择 VrayShadow，默认的阴影类型与 Vray 渲染器不兼容，把灯光的颜色调整为一个淡蓝色，如图 7 - 4 - 46 所示。

渲染摄像机视图，得到如图 7 - 4 - 47 效果，可以看到阳光已经洒落到地面上。

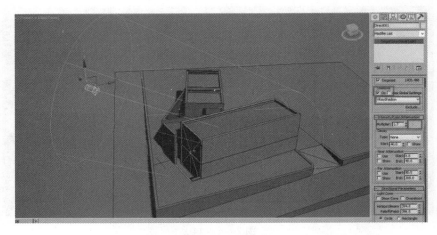

图 7 - 4 - 46

图 7 - 4 - 47

步骤 21 现在我们来创建右侧窗户的光源。在前视图，创建一盏 VrayLight 灯光，如图 7 - 4 - 48 效果。

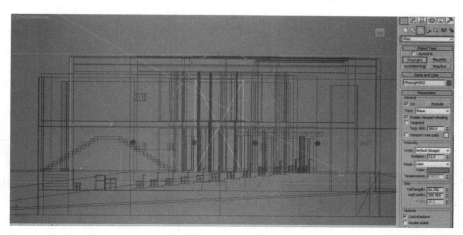

图 7 - 4 - 48

　　在顶视图我们发现灯光的方向是向外的，点击 Mirror（镜像）工具，选择 Y 轴镜像，不拷贝，如图 7 - 4 - 49 效果。移动工具移动至如图 7 - 4 - 50 位置。

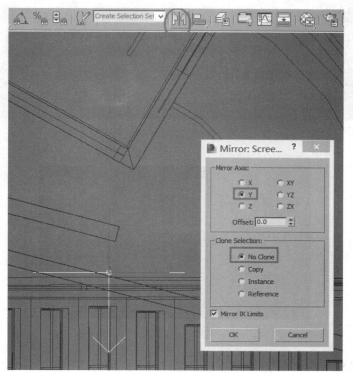

图 7 - 4 - 49

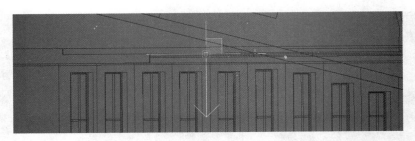

图 7 – 4 –50

步骤 22 在修改命令面板，把灯光的 Multplier（强度）调整为 1.2，如图 7 – 4 –51 所示，因为这是一盏补光源，所以它应该很微弱的。

渲染得到如图 7 – 4 –52 效果，近处就亮起来了，说明补光已经起作用了。

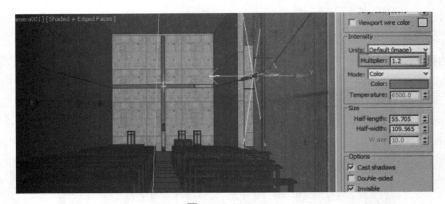

图 7 – 4 –51

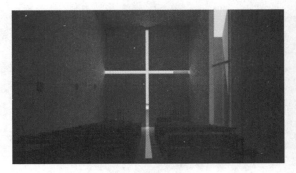

图 7 – 4 –52

步骤 23 我们来创建近处的补光源，由于我们的主色调是冷色，所以我们背后的补光源希望使用一个暖色，这样微弱的暖光会丰富我们画面的细节。

在顶视图，如图 7 - 1 -53 处，创建一盏 Omni（泛光灯）。3DS Max 默认的光线是无限延伸的，所以如果直接使用这盏灯光，会使整个画面过于均匀。

打开修改命令面板，把 Intensity/Color/Attenuation（强度/色彩/衰减）卷展栏下的 Far Attenuation（远处衰减）调整为 start（开始）是 0，End（结束）是 624，如图 7 - 1 -54 效果。

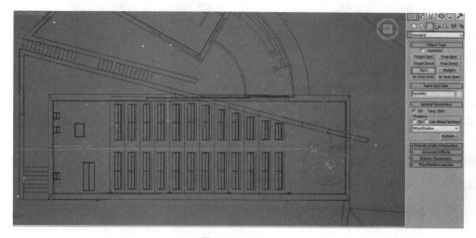

图 7 -4 -53

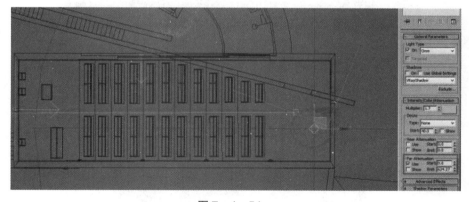

图 7 -4 -54

泛光灯默认光线是无限远距离照射的，只有打开 Near Attenuation（近处衰减）和 Far Attenuation（远处衰减），灯光才会出现由弱变强，由强转弱的趋势（如图 7 -4 -55），Near Attenuation 的 Start 是完全没有光的，从 Start 处开始出现光，到 Near Attenuation 的 End 处光变为最强，一直到 Far Attenuation 的 Start

处光都是最强的，然后开始衰弱，到 Far Attenuation 的 End 处光源完全消失，本节课我们只使用远处的衰减。

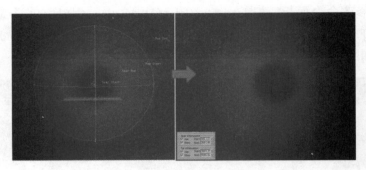

图 7 – 4 – 55

步骤 24 修改命令面板，把 Omni 灯光的 Multiplier（强度）调整为 0.1，颜色调整为一个淡黄色，前视图，使用移动工具把灯光移动至如图 7 – 4 – 56 位置，渲染透视图得到如图 7 – 4 – 57 效果。

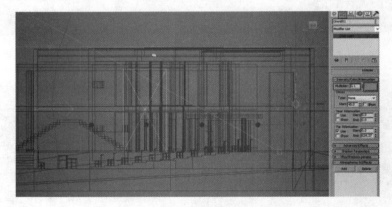

图 7 – 4 – 56

图 7 – 4 – 57

步骤 25　点 H 键，打开按名称选择，选择"deng"，点 OK，如图 7 - 4 - 58 所示。Alt + Q 孤立一下，点 4 键进入面的子物体层级，在前视图选择如图 7 - 4 - 59 的面，点右侧的 Detach（分离）工具，分离的名字取名为"dengA"，如图 7 - 4 - 60。关闭子物体层级。

因为我们灯的下半部是发光的，而上半部是灯罩，不发光，所以我们把它分为两部分。

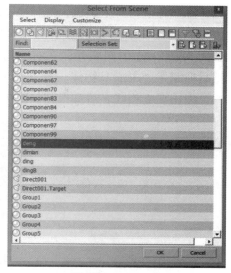

图 7 - 4 - 58

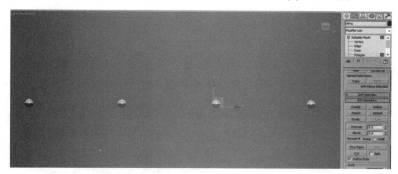

图 7 - 4 - 59

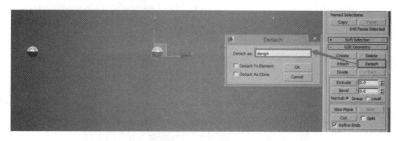

图 7 - 4 - 60

步骤 26　点 H 键，选择"dengA"，打开材质编辑器，创见一个 VrayLight-mtl（Vray 灯光）的材质，双击如图 7 - 4 - 61 圆圈处，在右侧的 Color（颜色）

处，把颜色改为一个黄色，把材质赋予给"dengA"物体。

点 H 键，选择"deng"，打开材质编辑器，创建一个 Vraymtl 的材质，双击如图 7 – 4 – 62 的圆圈处，在右侧的参数面板把 Diffuse 的颜色改为一个灰色，把材质赋予"deng"物体。

退出孤立模式。渲染得到如图 7 – 4 – 63 效果。

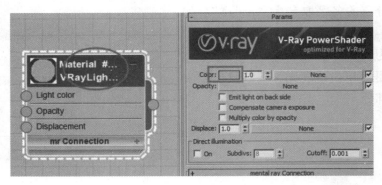

图 7 – 4 – 61

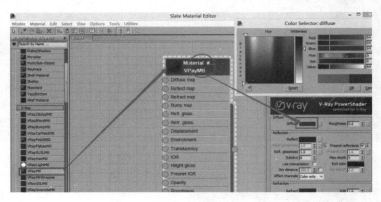

图 7 – 4 – 62

图 7 – 4 – 63

Vraylightmtl 是 Vray 的发光材质，3DS Max 的发光材质在 Vray 渲染器里会显得暗淡，所以我们使用这个材质。但是 Vraylightmtl 并不发光，无法照亮其他物体，所以我们必须继续打灯光来照亮室内的场景。

步骤 27 在顶视图，如图 7－4－64 的灯位置创建一盏 Omni（泛光灯），在修改命令面板打开 Shadows（阴影），阴影类型选择 VrayShadow（Vray 阴影），把其 Far Attenuation（远处衰减）打开，End 的结束处输入 100，让其迅速衰减，把 Multiplier（亮度）调整为 1.0。

前视图，把 Omni 灯移动至与 "deng" 物体的高度一致（如图 7－4－65）。

顶视图，使用移动工具，按住 Shift 键复制三盏灯（如图 7－4－66），注意，要使用 Instance（关联）复制，这样便于我们后期进行调整。

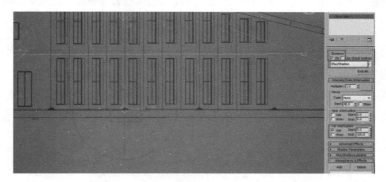

图 7－4－64

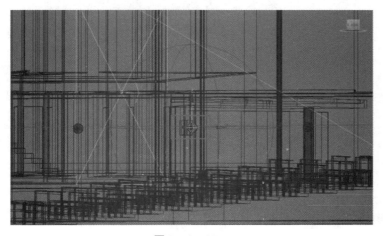

图 7－4－65

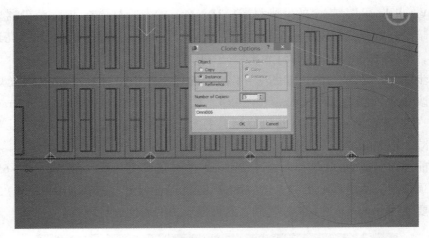

图 7 – 4 – 66

如果我们现在点击渲染，发现我们刚打的四盏灯光没有产生任何的效果，这是因为它们被包裹在"deng"物体内部，无法释放光线。

步骤 28 选择刚打的一盏 Omni 灯，因为刚才我们是关联复制的，所以选任何一盏都可以，在修改命令面板，点击 General Parameters（基础参数）下的 Exclude（排除），如图 7 – 4 – 67 所示。

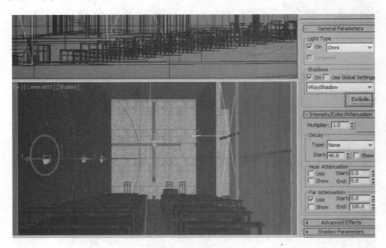

图 7 – 4 – 67

在弹出的对话框中，在左侧选择"dengA"，点中间向右的箭头，如图 7 – 4 – 68 所示，把"dengA"从灯光的照射中排除，点 OK 确定，这样我们刚打的四盏 Omni 灯就不再照射"dentA"物体。

渲染摄像机视图，得到如图 7 - 4 - 69 效果。

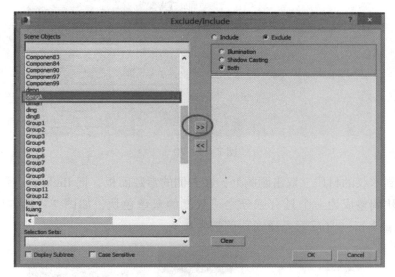

图 7 - 4 - 68

图 7 - 4 - 69

这样基本的布光我们就已经调整完毕，大家可以根据自己的需要，自由地调整灯光的各种参数，下面我们把最后的材质做一下调整。

步骤 29 点 M 键，打开材质编辑器，找到清水混凝土的材质，双击圆圈处，在右侧的参数面板，把 Reflect（反射）右侧的色块调整成为一个具有三分之一灰度的灰色色块（如图 7 - 4 - 70）。把 Refl. glossiness（反射光泽度）调整为 0.85。

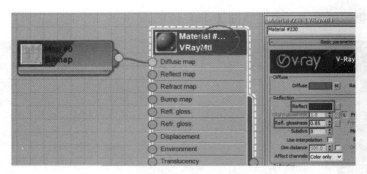

图 7 – 4 –70

找到木纹的材质，双击圆圈处，在右侧的参数面板，把 Reflect（反射）右侧的色块调整成为一个具有三分之一灰度的灰色色块，如图 7 – 4 – 71 所示。把 Refl. glossiness（反射光泽度）调整为 0.9。

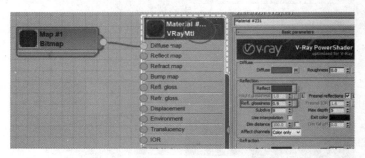

图 7 – 4 –71

可以看到，反射效果已经出来，但是现在有几个问题，一是图 7 – 4 – 72 的 A 处，有三个强烈的光点，这是由于我们左侧的 Omni 灯反射到墙面上造成的，二是 B、C、D 三处的反射过于强烈，这并非是墙面反射的室外天空的色彩，而是反射了我们的光之十字架处的 VrayLight，所以我们要把它们关闭。

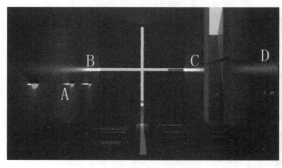

图 7 – 4 –72

Refl. glossiness（反射光泽度）是对不光滑的物体表面的一种反射的表现形式，像粗糙的石头，下过雨的马路的反射效果（如图 7 - 4 - 73），都是通过Refl. glossiness（反射光泽度）来调整，数值越接近 0，反射就越粗糙。

图 7 - 4 - 73

步骤30 选择左侧的一盏 Omni 灯，在右侧的修改命令面板，Advanced Effects（高级特效）卷展栏，把 Specular（反射高光）关闭，这样就关闭了 A 点的反射。如图 7 - 4 - 74。

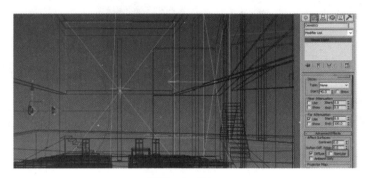

图 7 - 4 - 74

选择如图 7 - 4 - 75 处的光之十字架 VrayLight 灯光，把右侧的 Affect reflections（影响反射）关闭。

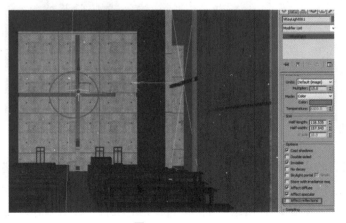

图 7 - 4 - 75

选择图 7 - 4 - 76 处的右侧的窗口 VrayLight 灯光，把右侧的 Affect reflec-
tions（影响反射）关闭。

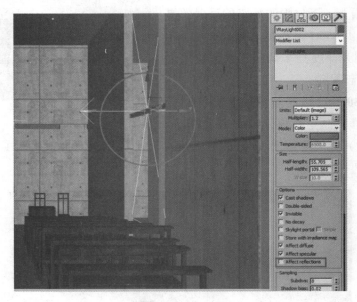

图 7 - 4 - 76

再次渲染摄像机视图，得到如图 7 - 4 - 77 效果。

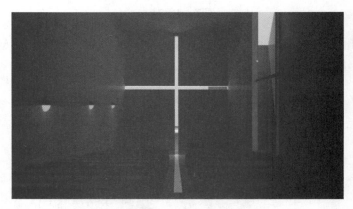

图 7 - 4 - 77

如果我们满意现在的效果，就可以渲染最终的图像，在渲染最终图像前我们
可以渲染一个较小的光子图，在渲染大图时可以调用小光子图，从而达到节约渲
染时间的目的，在渲染光子图之前，我们首先把所有的数值调到较高质量。

步骤31 选择两盏 Vraylight 灯，把右侧修改命令面板的 Subdivs（细分）调整为50，如图 7 - 4 - 78 所示。

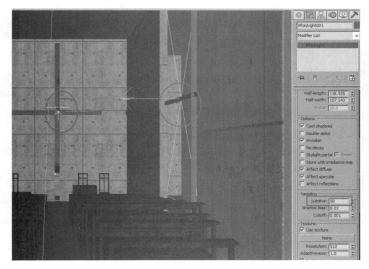

图 7 - 4 - 78

选择左侧的一盏 Omni 灯，在右侧的修改命令面板的 VrayShadows Params（Vray 阴影参数）卷展栏下，把 Subdivs（细分）也调整为50，如图 7 - 4 - 79 所示。

图 7 - 4 - 79

　　打开材质编辑器，双击图 7 - 4 - 80 圆圈处，在右侧的参数面板把 Subdivs（细分）也调整为 32。

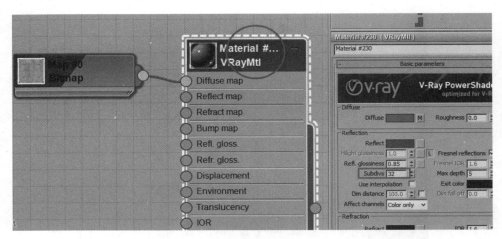

图 7 - 4 - 80

　　打开渲染设置。把 GI 栏的 Irradiance map（发光贴图）中的 preset（预设）设置为 Medium（中等质量），如图 7 - 4 - 81 所示。

　　渲染得到如图 7 - 4 - 82 效果。这时我们发现在渲染光子时需要渲染三次，这是由于我们把渲染质量提高到中等的原因。

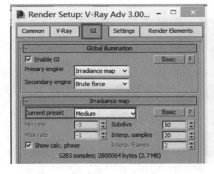

图 7 - 4 - 81

图 7 - 4 - 82

　　步骤 32　渲染完毕后，打开渲染设置面板，GI 栏，把 Irradiance map（发光贴图）下的 Mode（模式）后面点 Save，自己选择一个路径，把光子图保存一下，如图 7 - 4 - 83 所示。

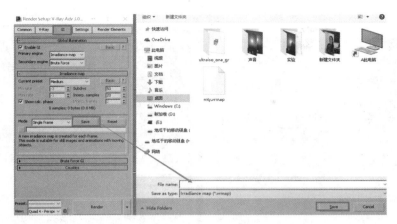

图 7 – 4 – 83

　　这样光子图保存完毕，点 Mode 右面的选项，把 Single frame（单帧）更改为 From file（从文件调用），找到刚才的光子图，这样我们下次再渲染就不用再渲染全局光了，如图 7 – 4 – 84 所示。

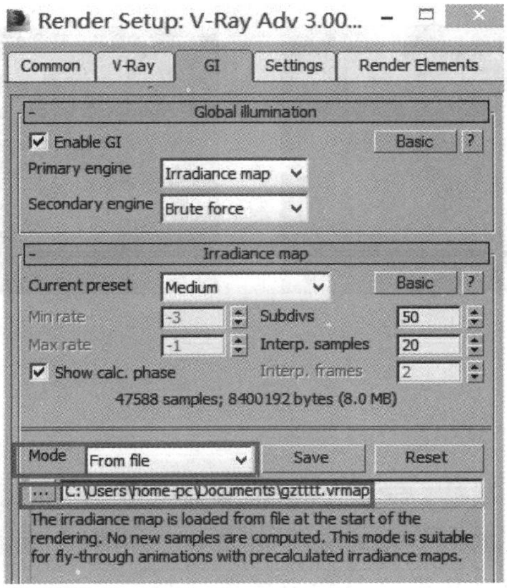

图 7 – 4 – 84

　　然后把渲染的分辨率调整为 1500×868，如图 7 – 4 – 87 所示。然后点 Render Output（渲染输出）后面的 File，自己设置路径，格式可以选择 jpg，这个性价比较高，清晰的话选择 bmp 格式，点 Save，这样渲染完毕后就会自动保存到预设目录，如图 7 – 4 – 86 所示。

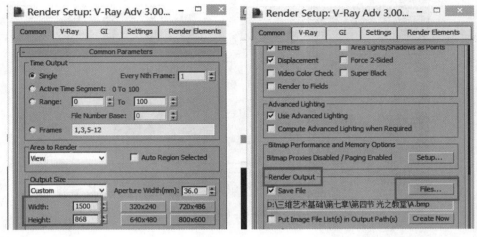

图 7 –4 –85　　　　　　　　　　　　　图 7 –4 –86

最后渲染完后，可以在目录找到我们渲染的图像（如图 7 – 4 – 87）。使用 Photoshop 等图像软件对图像的亮度和色彩略作调整，得到如图 7 – 4 –88 效果。

图 7 –4 –87

图 7 –4 –88

小结

本节课我们初步学习了一下 Vray 渲染器，但是 Vray 渲染器内容很多，我们不可能使用一节课的内容就全部讲解详细，希望大家通过本节课认识一下 Vray 的渲染流程，通过其他途径学习各项详细的知识，把 Vray 下的内容掌握熟练，因为目前国内大部分情况下都使用 Vray 作为主要的渲染器，学习资料也较多，学习渲染的话，Vray 几乎是唯一的选择。